计算机

科学与技术丛书 · 新形态教材

C++语言程序设计

（第2版·微课视频版）

宁 涛 王佳玉 ◎ 编著

清華大学出版社

北京

内 容 简 介

本书以通俗易懂的语言，深入浅出地介绍了C++语言的基本编程方法以及面向对象程序设计的思想，为读者快速掌握面向对象方法和规则提供了很好的参考。

全书分为15章，第1～8章描述了C++语言的面向过程部分；第9～14章介绍了C++语言的面向对象部分；第15章以实例的形式分类型对若干实际问题进行建模和分析求解。同时，每章都附有大量典型应用实例以及强化提高习题。

本书结构简洁、思路清晰、语言简练、通俗易懂、深入浅出，配套习题全面覆盖各主要知识点。本书可作为各类高等院校计算机、软件工程、人工智能以及管理学相关专业的教材，也可作为程序开发人员的参考书。

图书在版编目(CIP)数据

C++语言程序设计：微课视频版/宁涛，王佳玉编著. —2版. —北京：清华大学出版社，2022.5
(计算机科学与技术丛书·新形态教材)
ISBN 978-7-302-60224-8

Ⅰ. ①C… Ⅱ. ①宁… ②王… Ⅲ. ①C++语言－程序设计－教材 Ⅳ. ①TP312.8

中国版本图书馆CIP数据核字(2022)第033361号

责任编辑：曾 珊
封面设计：吴 刚
责任校对：胡伟民
责任印制：曹婉颖

出版发行：清华大学出版社
网　　址：http://www.tup.com.cn，http://www.wqbook.com
地　　址：北京清华大学学研大厦A座　**邮　　编**：100084
社 总 机：010-83470000　**邮　　购**：010-83470235
投稿与读者服务：010-62776969，c-service@tup.tsinghua.edu.cn
质量反馈：010-62772015，zhiliang@tup.tsinghua.edu.cn
课件下载：http://www.tup.com.cn，010-83470236
印 装 者：北京同文印刷有限责任公司
经　　销：全国新华书店
开　　本：185mm×260mm　**印　　张**：22.75　**字　　数**：595千字
版　　次：2018年7月第1版　2022年5月第2版　**印　　次**：2022年5月第1次印刷
印　　数：1～1500
定　　价：69.00元

产品编号：094598-01

前言

PREFACE

随着信息技术的飞速发展，尤其是高级编程语言的发展、普及，面向对象的软件开发方法越来越重要。“C++语言程序设计”是各大专院校计算机类专业、大数据应用专业、人工智能专业学生的必修课程之一。计算机硬件的发展在很大程度上提高了C++语言的运行效率。如何更有效地利用C++语言开发出灵活、易用的软件产品成为能否迅速占领用户市场的关键问题。作者根据多年的教学心得和实际项目开发经验，在第1版的基础上，编写了本书，书中不但描述了C++面向过程部分的语法结构以及面向对象封装、继承和多态等机制，而且增加了大量面向解决实际问题的数学建模题目解析，以提高读者的逻辑思维和建模能力。

本书内容系统完整、结构严谨，由浅入深地介绍了C++语言的语法结构和用法，充分考虑应用性本科学生培养目标和教学特点，在注重讲解基本概念的同时，重点介绍实用性较强的内容。

本书参考了清华大学、大连理工大学、宁波大学、全国自学考试指导委员会等多所院校及机构应用多年的教材内容，结合学生的实际情况和教学经验，有取舍地改编和扩充了第1版的内容，使本书更适合于目标读者的特点，具有更好的实用性和扩展性。

本书共分15章，全面系统地讲解了C++语言的语法结构、函数和数组的使用、指针和引用的用法、类和对象的概念以及继承、多态机制。同时，每章都有大量典型应用实例和课后习题。

由于作者水平有限，书中难免存在疏漏和不足之处，恳请广大读者提出批评和指正建议。

宁　涛

2021年秋于大连

学习建议

LLEARNING SUGGESTIONS

本书的授课对象为计算机、人工智能、电子信息、通信工程以及管理学等专业的本科生，课程类别属于计算机与管理类。参考学时为50学时，包括课程理论34课时教学环节和16课时实验教学环节。

课程理论教学环节主要包括课堂讲授和研究性教学。课程以课堂教学为主，部分内容可以通过学生自学加以理解和掌握。研究性教学针对课程内容进行扩展和探讨，要求学生根据教师布置的题目撰写论文、提交报告，老师在课内发起讨论并讲评。

实验教学环节包括常用的Visual C++软件和工具的应用，可根据学时灵活安排，主要由学生课堂练习和课后自学相结合完成。

本课程的主要知识点、要求及课时分配见下表。

序号	知识单元	知识点	要求	推荐学时
1	C++编程基础	计算机程序设计语言的发展	了解	2
		面向对象程序设计特点	了解	
		面向对象程序设计的基本概念	了解	
		C++语言的特点和开发过程	掌握	
		C++语言的结构和组成元素	掌握	
		C++语言的编程规范	掌握	
2	基本数据类型及表达式	C++的基本数据类型	掌握	2
		各种数据类型数值的表示	掌握	
		标识符的命名规则	掌握	
		不同类型的常量	了解	
		运算符的优先级及表达式构成	掌握	
		类型转换	了解	
3	语句与控制结构	if、switch分支语句的使用	掌握	4
		循环语句的使用	掌握	
		break、continue语句的联系和区别	掌握	
		goto语句的用法	了解	
4	函数	函数的声明与定义	了解	4
		函数的调用	掌握	
		形参与实参的传递过程	掌握	
		递归函数的使用	掌握	
		函数重载机制	掌握	
		带默认形参值的函数	掌握	
		不同函数调用的使用	了解	

续表

序号	知识单元	知识点	要求	推荐学时
5	程序结构	不同变量的内存分配	理解	4
		全局变量、局部变量的使用	掌握	
		静态局部变量的使用	掌握	
		作用域、可见度和生存期	理解	
		不同作用域的范围	理解	
		预处理命令的用法	了解	
6	数组	数组的存储结构	了解	4
		一维数组的定义与初始化	掌握	
		多维数组与一维数组的联系	了解	
		二维数组的使用	掌握	
		数组名作为参数的用法	理解	
		字符数组的定义与使用	理解	
7	指针与引用	指针的初始化	掌握	4
		指针输入、输出字符串的方法	理解	
		查询字符串常量地址的方法	掌握	
		引用的概念和用法	掌握	
		指针与引用的联系	掌握	
8	结构体	声明结构体类型的方法	了解	2
		结构体变量的引用	掌握	
		结构体变量的初始化	掌握	
		结构体与数组的关系	理解	
		结构体与指针的关系	理解	
		结构体与函数的关系	理解	
9	类与对象	类的概念和定义	掌握	6
		对象的概念和用法	掌握	
		构造函数和析构函数的用法	掌握	
		拷贝构造函数的用法	了解	
		new 和 delete 的用法	掌握	
		静态成员的概念和用法	了解	
		友元函数和友元类的概念	理解	
		常对象和常成员的作用	了解	
10	继承与派生	继承与派生的概念	了解	6
		3 种继承方式的用法	掌握	
		构造函数与析构函数的调用顺序	掌握	
		继承中同名成员的使用	掌握	
		多继承的用法	掌握	
		虚拟继承和虚基类	理解	
11	多态性和虚函数	多态性的概念	理解	4
		运算符重载	掌握	
		纯虚函数和抽象类的使用	理解	

续表

序号	知识单元	知识点	要求	推荐学时
12	模板	模板的概念	理解	2
		函数模板的使用	掌握	
		类模板的定义和使用	理解	
13	I/O 流	流的概念及流类库的层次结构	理解	2
		I/O 流的使用	掌握	
		文件的输入与输出	了解	
14	异常处理	异常及异常处理	理解	2
		异常处理的实现方法	掌握	
		异常类的定义	了解	
15	问题建模强化	问题建模思维拓展与应用	掌握	2

微课视频清单

视频名称	时长/分钟	二维码位置
视频 1　C++导引	13	1.1 节节首
视频 2　算术运算符	7	2.4.1 节节首
视频 3　关系逻辑运算符	10	2.4.2 节节首
视频 4　逗号及自加运算符	12	2.4.5 节节首
视频 5　百钱买百鸡	13	3.8 节
视频 6　带默认形参的函数	14	4.5 节节首
视频 7　静态局部变量	13	5.1.4 节节首
视频 8　冒泡排序	10	6.1.3 节节首
视频 9　数组的初始化	14	6.1.1 节
视频 10　指针	10	7.1 节节首
视频 11　引用	10	7.2 节节首
视频 12　带参数的构造函数	8	9.2.2 节节首
视频 13　带默认形参值的构造函数	7	9.2.3 节节首
视频 14　静态数据成员	11	9.4.1 节节首
视频 15　重载构造函数	8	9.2.3 节节首
视频 16　多继承构造函数的调用	11	10.4.1 节节首
视频 17　虚函数	16	11.3 节节首

目录
CONTENTS

第一篇　面向过程篇

第二篇 面向对象篇

第一篇　面向过程篇

C++语言是一门从面向过程到面向对象的过渡性语言，包括面向过程部分和面向对象部分。本篇介绍面向过程部分，主要讲述如下内容。

(1) 函数重载：使同名函数具备多种功能，以定义原型版本为区别，函数名相同，参数以及功能不同，与面向对象类的方法重载类似。

(2) 类型方面：关于数据长度，C++语言标准限定 int 型和 short 型至少需要 16 位，long 型至少需要 32 位，short 型的数据长度不长于 int 型，int 型的数据长度不长于 long 型；void 是无类型标识符，只能声明函数的返回值类型，不能声明变量；C++语言比 C 语言增加了 bool（布尔）型；C++语言也使用转义序列，这一点与 C 语言类似。

(3) 动态分配内存：C 语言必须在可执行语句之前集中声明变量，而 C++语言可以在使用对象时再声明或定义。

(4) 引用：将一个新标识符和一块已经存在的存储区域相关联。因此，使用引用时没有分配新的存储区域，它本身不是新的数据类型，可以通过修改引用来修改原对象。

(5) 指针：作为一种实体或者一种数据类型。若为实体，它用来保存一个内存地址的计算机语言中的变量；若为数据类型，它描述了一种对象，其值为对被引用类型的实体的引用。

(6) 泛型算法：数组不能作为整体输出，C++语言引入 STL 库提供的泛型算法，大大简化数组操作。泛型算法是指提供的操作与元素的类型无关。

（7）数据的简单输入输出格式：C++语言提供了两种格式控制方式，一种是使用 ios_base 类提供的接口，另一种是使用特殊函数——操控符，操控符的特点是可直接包含在输入和输出表达式中，因此更为方便。

第1章 C++编程基础

CHAPTER 1

C++语言是在C语言的基础上发展起来的，兼顾面向过程和面向对象特点的程序设计语言。本章从计算机程序设计语言的发展历程出发，介绍程序设计语言的不同发展阶段和特点，C++语言的产生以及C++与C之间的关系。通过完整的C++程序实例，使读者熟悉C++的开发环境、领会C++的编程风格。

视频

学习目标

- 了解计算机程序设计语言的发展；
- 了解面向过程程序设计语言和面向对象程序设计语言的特点和区别；
- 了解面向对象程序设计的基本概念和思想；
- 熟悉C++语言的特点和开发过程；
- 掌握C++语言的结构和组成元素；
- 掌握C++语言的编程规范；
- 能够自主编写简单的C++程序。

1.1 计算机程序设计语言的发展

程序设计语言(Program Design Language, PDL)是一组由程序员编写、用来定义计算机程序的语法规则。它是一种被标准化的交流方式，通过向计算机发出指令来描述解决问题的方法。

1.1.1 机器语言与汇编语言

最原始的程序设计语言是机器语言，它可以被计算机直接理解执行。机器语言由二进制的0和1表示。机器语言实现100与200相加的计算如下：

```
1101  1000  0110  0100  0000  0000  (B86400)
0000  0101  1100  1000  0000  0000  (05C800)
```

由于机器语言是由一串二进制数组成，这使程序员读起来感觉十分晦涩，造成软件开发难度大、周期长、后期维护困难。

为了克服机器语言编程的缺点，出现了能够将机器指令映射为类似英文缩写的、能被人读懂的助记符，这就是汇编语言(Assembly Language)，如ADD、SUB助记符分别表示加、减运算指令。汇编语言实现100与200相加的计算如下：

```
MOV   AX , 100
ADD   AX , 200
```

程序员运行汇编程序将用助记符写成的源程序通过汇编器（Assembler）转换成机器指令，然后再运行机器指令程序。但是由于汇编语言的抽象层次太低，过多地依赖于具体的硬件系统，一个简单的操作可能需要大量的语句实现，使得汇编语言编程的难度无法降低，这就决定了汇编语言和机器语言一样，同属于低级语言。

1.1.2 高级语言

为了进一步提高编程效率，增加程序的可读性，人们逐渐开发了 Fortran、Basic、C 等高级语言。早期的计算机主要用于数学计算，随着计算机处理问题的复杂和计算机硬件、软件成本的下降，可读性、易维护、可移植成为程序设计的首要目标。20 世纪 60 年代产生了结构化的程序设计思想，结构化程序设计的方法主要是：自顶向下、逐步求精；程序按功能分成树状结构的若干模块；模块间的依赖关系尽可能简单，功能相对独立；每个功能模块均由顺序、选择和循环三种基本结构组成。

结构化编程语言提高了语言的层次性，使编程语言更加接近人类的自然语言。C 语言是结构化编程语言的代表，已广泛用作系统软件和应用软件开发语言。但是结构化编程语言是一种面向过程的语言，它把数据和数据处理过程分离成相互独立的部分，程序的可重用性较差。为了能更加直接地描述客观世界及它们之间的联系，20 世纪 80 年代由 Xerox 公司推出了第一个真正的面向对象编程语言——Smalltalk-80。面向对象编程语言将现实世界中的客观事物描述成具有属性和行为的对象，通过对象抽象出同一类对象共同特征成为类，这使得程序模块间的关系更加简单化，程序模块保持了独立性。面向对象编程语言实现了程序能够较直接地反映问题本身，使程序员能够使用人类观察事物的一般思维方式进行软件开发。

1.1.3 面向对象程序设计语言

面向对象程序设计的本质是把数据和对数据的操作看作一个整体——对象。

面向对象程序设计语言与面向过程程序设计语言的不同在于其出发点是能够更加直接地描述现实世界中存在的客观事物（对象）及它们之间的关系。下面介绍面向对象程序设计的基本概念，在后续章节会对它们做深入剖析和综合运用。

1. 对象

对象是现实世界中存在的客观事物，可以是有形的（一部手机），也可以是无形的（一项计划）。对象是构成现实世界的独立单位，具有静态特性（属性）和动态特性（操作）。

面向对象程序设计方法中的对象是用来描述客观事物的实体，它是构成系统的基本单位。对象由一组属性和对这组属性的操作构成。属性是用来描述对象静态特性的数据项，操作是用来描述对象动态特性的行为序列。

2. 类

把具有共同属性和操作的对象归纳、划分成一些集合是人们认识客观世界的基本方法，这样的集合称为类。划分类的原则就是抽象，即忽略事物的非本质特性，只关心那些与当前目标有关的本质特性，从而总结出事物的共性，把具有共性的事物划分成一类，得到一个抽象的概念。

3. 封装与数据隐藏

封装是面向对象设计方法的一个重要原则。它有两重含义：①把对象属性和操作结合成一个独立的系统单位(对象)；②尽可能隐藏对象的内部细节，对系统外形成一个边界，只保留有限的接口与外部发生联系，这种无须知道系统内部如何工作就能使用的思想称为数据隐藏。例如，计算机技术人员组装计算机的时候，如果需要声卡，会直接去购买他所需要的某种功能的声卡，而不去关心声卡内部的工作原理，声卡本身是一个独立单元。声卡的所有属性都封装在声卡中，不会扩展到声卡之外。

C++通过建立用户定义类型(类)支持封装性和数据隐藏。完好定义的类一旦建立，就可以看成是完全封装的实体。类的实际内部工作隐藏起来，用户使用完好定义的类时，不需要知道类是如何工作的，只需要知道如何使用它即可。

4. 继承与重用

特殊类的对象具有一般类的全部属性和操作，称作特殊类对一般类的继承。例如，要制造新的计算机，可以有两种方法：一种是从草图开始全新设计，另一种是对现有型号计算机加以改进。现有型号的某些功能可能已经开发成熟，无须从头开始，因此设计人员往往会在原有型号基础上增加一组芯片来完成新功能的添加。这样设计出的新计算机，被赋予新的型号后，新型计算机就产生了。这种机制就是继承与重用。

C++使用继承支持重用的思想，程序可以在扩展现有类型的基础上声明新的类型。新的类是从原有类派生出来的。上面实例中，新型计算机在原有型号计算机上增加若干功能而得到，那么，新型计算机是原有计算机的派生，继承了原有计算机的所有属性和操作，并在此基础上增加了新的属性和操作。

5. 消息

消息是面向对象发出操作的请求，系统通过消息完成对象间的通信，消息包含提供服务的对象标识、操作标识、输入信息和回答信息。在面向对象程序设计中，消息是通过函数调用实现的。

6. 多态性

通过继承的方法构造类，采用多态性可以为每个类指定其具体行为。多态性是在一般类中定义的属性和行为，被特殊类继承后，可以具有不同的数据类型或表现出不同的行为。这使同一个属性或行为在一般类及各个特殊类中具有不同的语义。例如，学生类应该有计算成绩的操作。学生类包括小学生、中学生和大学生。大学生是中学生的延伸，对于中学生而言，计算成绩的操作主要包括语文、数学和英语等课程的计算，而对于延伸的大学生而言，计算成绩的操作包括英语、高等数学、物理、计算机等课程计算。大学生计算成绩的操作便表现出了多态性。

通过继承，类似的对象可以共享许多相似的特性；而通过多态性，每个对象可以有独特的属性和操作。

1.2 C++语言概述

C++语言是在C语言的基础上发展起来的为支持面向对象而设计的编程语言。C++对C的扩充是Bjarne Stroustrup博士于1980年在美国新泽西州的贝尔实验室提出的，起初，他把这种语言称为“带类的C”，到1983年更名为“C++”。C++语言的标准化工作从1989年开始，1994年制定了ANSI C++标准草案。

C++语言在保留C语言原来优点的基础上，吸收了面向对象的思想。C++语言包括过程化语言部分和类部分。过程化语言部分与C语言差别不大，类部分是C语言所没有的，它是面向对象程序设计的主体。因为C++语言和C语言在过程化语言部分共有，C++语言分享了C语言的许多技术风格，所以学习过C语言对学习C++语言有一定的促进作用，而没有学习过C语言的人也可以直接学习C++语言。C++语言的程序结构清晰、易于扩展、易于维护，改善了C语言的安全性。与C语言相比，C++语言具有三方面的优越特征。

(1) 支持抽象数据类型(Abstract Data Type，ADT)。

(2) 多态性。C++语言既支持早期联编又支持后期联编，而C语言仅支持早期联编。

(3) 继承性。这既保证了代码重用，确保软件的质量，又支持了类的概念，使对象成为具体实例。

C++语言对C语言完全兼容，这使许多C语言代码不经修改就能在C++编译器下通过，C语言编写的库函数和实用软件可方便地移植到C++里。因此，C++语言不是一门纯粹的面向对象的程序设计语言，它既支持面向对象程序设计方法，又支持面向过程程序设计方法。

1.3 C++程序开发过程

C++程序开发包括5个阶段：编辑、预处理、编译、连接、运行与调试。编辑阶段的任务是编辑源程序，C++源程序文件一般带有.h、.c、.cpp扩展名。.cpp是标准的C++源程序扩展名。程序员通过编译器对编辑好的源程序进行编译，生成目标文件，目标文件的扩展名为.obj。该目标文件为源程序的目标代码，即机器语言指令。但目标代码只是一个个的程序块，仍然不是可执行的程序，为将其转换为可执行程序，必须进行连接(link)。连接通过连接器实现，它的功能是将目标同函数的代码连接起来，生成可执行代码，存储成可执行文件，可执行文件的扩展名为.exe。

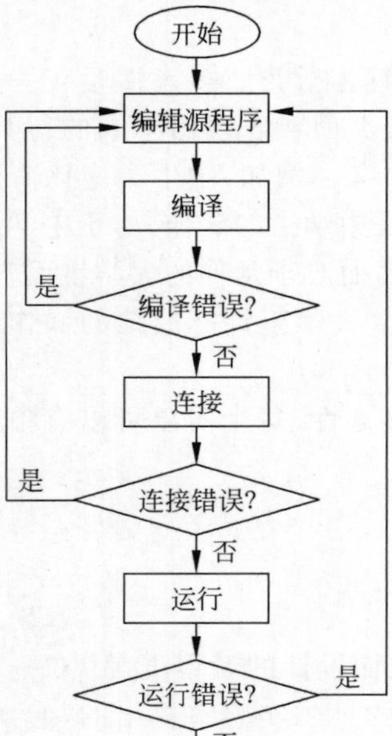

程序员首先在开发环境中编辑源程序，然后在开发环境中启动编译程序将源程序转化成目标文件。编译完成后，若出现编译错误，则回到编辑状态重新开始编辑和编译操作；最后对编译成功的各程序块进行连接，连接阶段若出现连接错误，则再次回到编辑状态修改程序。程序连接通过后，便生成可执行文件，运行过程中，可执行文件被操作系统装入内存，通过CPU从内存中读取程序执行。目前的C++系统产品，如Microsoft Visual C++和Borland C++，除了将程序的编辑、编译和连接集成在一个环境中，还提供源代码级的调试工具，可以直接对源程序进行调试。

在程序开发的各个阶段都可能产生不同的错误，编译阶段出现的错误称为编译错误；连接阶段出现的错误称为连接错误；程序运行过程中出现的错误称为运行错误或逻辑错误。C++系统提供了调试工具debug帮助发现程序的逻辑错误，然后进一步修改源程序，改正错误。C++程序开发步骤如图1-1所示。

图1-1 C++程序开发步骤图

1.4 C++程序举例

下面通过一个简单的程序来熟悉和分析 C++程序的基本构成。

【例 1-1】 本程序是一个完整的可运行的程序，它的输出结果显示："I love C++!"。

```
1   /**************************************************
2                     程序文件名:Ex1_1.cpp
3                     本程序结果:
4                     I love C++!
5                                      设计者:Mr Ning
6                                            3 - 21 - 2021
7    ************************************************* /
8   #include < iostream >                       // 加载头文件
9   using namespace std;                        // 使用命名空间
10  void main()                                 // 程序入口
11  {
12    cout <<"Do you love C++?"<< endl;
13  }
```

C++的程序结构由注释块、编译预处理和程序主体组成。

【程序解释】

(1) 程序中的第 1～7 行为注释块。注释块中通常表明程序的名称、程序完成的功能、程序设计人员姓名、程序最后修改时间。注释块在预处理时被过滤，不被编译器编译，不形成目标代码，编译器把每个注释都视为空格处理。关于 C++中的注释格式，下面会详细介绍，这里不再赘述。

(2) 程序的第 8 行语句以"#"开头，是编译预处理行。C++规定，每个以"#"开头的行，都称为编译预处理行。如本例中"#include"称为文件包含预处理命令。它在编译时由预处理器执行，其作用是将<>中指定位置的头文件 iostream 加载到源程序，iostream 的位置由编译器设定。它是系统定义的一个"头文件"，设置了 C++的 I/O 环境，定义输入/输出流对象 cout 与 cin 等，它们通常放在指定位置的 include 子目录下。预处理命令在编译时由预处理器处理，没有编译成执行指令，也称作伪指令。预处理命令结尾处没有";"。

(3) 程序第 9 行表示使用 std 命名空间。

(4) 程序第 10 行 main()表示主函数，每个 C++程序必须有且只有一个 main()函数。它作为程序的入口，如果一个程序包含多个源程序模块，则只允许一个模块包含 main()函数。void 在此处表示 main()函数没有返回值。函数名 main 全部由小写英文字母构成，C++程序的命名是严格区分大小写的，其规则将在第 2 章中详细介绍。

(5) 第 11 行与第 13 行表示的是一对花括号{}，C++中用一对花括号将多条语句括起来构成函数体，描述一个函数所执行算法的过程称为函数定义。本例中，void main()函数头和函数体构成了一个完整的函数定义。

(6) 第 12 行 cout <<" Do you love C++?"<< endl;中，cout(全是小写英文字母)代表标准输出流对象，它是 C++预定义的对象(定义在 iostream 中)，与显示设备相连。"<<"是插入操

作符，endl 为换行符，双引号括起的数据“Do you love C++?”称为字符串常量，“;”是一个语句的结束标记。整个语句的功能是将“Do you love C++?”字符串与 endl 依次插入 cout 中。

(7) C++程序中的语句必须以“;”结尾。

1.5 注释方法

C++的注释方法有两种形式。一种方法是块注释“/* */”格式，这种风格与 C 语言的注释方法相同。C++是 C 语言的扩充，因此支持 C 的注释方法。注释以“/*”开头，以“*/”结束，编译器忽略这两个符号间的所有语句（同行语句或多行语句），如例 1-1 中的第 1～7 行采用的就是这种方法。另一种方法是行注释“//”双斜线格式，这种风格是 C++区别于 C 语言特有的注释方法，在当前行双斜线之后的部分都会被注释，如例 1-1 中第 8 行。注释是程序员用来说明程序或解释代码的，是程序的组成部分，虽然编译器编译时忽略注释，但注释有非常重要的作用。注释通常用于：

- 版本、版权声明；
- 函数接口说明；
- 重要的代码行或段落提示。

规范的程序编写过程应该有专门的时间来添加注释。假如程序设计人员花费数月时间编写了几万行的 C++代码，调试成功后交给客户。如果客户需要对代码进行维护或修改，看到数万行没有任何注释的代码时，既不能在短时间内搞清楚它们的功能，又不能很好地理解开发人员的设计意图；即使是程序设计人员在间隔很长一段时间后再来阅读曾经编写过的代码，也会有很多理解上的困难。C++程序中正确的注释在代码阅读、验收尤其是后期代码维护阶段可以起到事半功倍的效果。但是不必为程序每一行的代码进行注释，也不必为那些一目了然的代码添加注释。

1.6 C++的编程风格

C++程序员使用标识符、空格、空行、标点符号、代码缩进排列和注释等来安排源代码的方式构成了编程风格的重要组成部分。编程风格的好坏不会影响程序的执行效率和结果，但是阅读者很难读懂书写不规范的程序，例 1-2 是编写不规范的程序段。

【例 1-2】 编写不规范、难以理解的程序。

```
1   /*****************************************************/
2                   程序文件名:Ex1_2.cpp
3                   编写不规范的程序
4                                  设计者:Mr Ning
5                                        3-21-2021
6   *****************************************************/
7   #include <iostream>
8   using namespace std;
9  int main(){int a,b;cout<<"输入变量 a 和 b: ";cin      //晦涩难懂的编程风格
10  >>a>>b; cout<<"a+b="<<a+b<<endl;return 0;
```

尽管编程风格的自由度很大，但是大多程序应该遵循程序设计的国际常规，追求清晰、美观是程序风格的重要构成因素。可以把程序的风格比喻为“书法”，好的书法让人一目了然，兴致勃勃；差的书法让人看得索然无味，更令维护者烦恼有加。

1.6.1　代码行规范

代码行的编写规范包括下列9条规则：

(1) 一行代码只做一件事情，如只定义一个变量，或只写一条语句。这样的代码容易阅读，并且便于添加注释。

(2) if、for、while、do等语句自占一行，执行语句不得紧跟其后。无论执行语句有多少行(包括0行和1行)，都要加{}。下面对不同编码风格的相同程序段进行对比。

【例1-3】 不同编码风格的程序段对比。

例1-3(a)风格不良的程序段：

```
int width, height, depth;          //宽度、高度、深度
x = a + b;y = c + d;z = e + f;
if(width < height) function1();
for (first;second;update)
function1();
other();
```

例1-3(b)风格不良的程序段：

```
int width;                         //宽度
int height;                        //高度
int depth;                         //深度
x = a + b;
y = c + d;
z = e + f;
if (width < height)
{
 function1();
}
for (first;second;update) {
 function1();
}
//空行
other();
```

(3) 关键字之后要留空格。如const、virtual、inline、case等关键字之后至少要留一个空格，否则无法辨析。if、for、while等关键字之后应留一个空格再跟左括号“(”，以突出关键字。

(4) 函数名之后不要留空格，紧跟左括号“(”，以与关键字区别。

(5) “(”向后紧跟，“)”“,”“;”向前紧跟，紧跟处不留空格。

(6) “,”之后要留空格，如function(x, y, z)。如果“;”不是一行的结束符，其后要留空格，如for (initialization; condition; update)。

(7) 赋值操作符、比较操作符、算术操作符、逻辑操作符、位域操作符，如“=”“+=”“>=”“<=”“+”“*”“%”“&&”“||”“<<”“^”等二元操作符的前后应当加空格。

(8) 一元操作符如“!”“～”“++”“--”“&”(地址运算符)等前后不加空格。

(9) “[]”“.”“->”这类操作符前后不加空格。

1.6.2 修饰符和注释符规范

修饰符既可以靠近数据类型,又可以靠近变量名。若靠近数据类型,例如 int * x;从语义上讲这种写法比较直观,即 x 是 int 类型的指针。但这种写法容易引起误解,例如 int * x, y;此处 y 容易被误解为指针变量,因此修饰符应符合“紧靠变量名”的规则。

例如:

```
char *name;
int *x, y;                          // 此行 y 易被误解为指针
```

C++语言中,程序块的注释采用“/*…*/”,行注释一般采用“//…”。注释的编码风格应满足如下规则:

(1) 注释是对代码的“提示”,而不是文档。程序中的注释不可太多,注释的花样要少。

(2) 如果代码本来就是清楚的,则不必添加注释。例如,i++; // i 加 1,此处注释多余。

(3) 边写代码边注释,修改代码同时修改相应的注释,以保证注释与代码的一致性。

(4) 避免在注释中使用缩写,尤其是不常用的缩写。

(5) 注释的位置应与被描述的代码相邻,可以放在代码的上方或右方,不可放在其下方。

(6) 若代码比较长,尤其有多重嵌套时,应当在一些段落的结束处加注释。

1.6.3 类版式的规范

类可以将数据和函数封装在一起,其中函数表示了类的行为。类提供关键字 public、protected 和 private,分别用于声明数据和函数的公有、受保护或者私有的性质,这样可以实现数据隐藏的目的。

类的版式主要有两种方式:

(1) 将 private 类型的数据写在前面,而将 public 类型的函数写在后面,如例 1-4(a)。这种方法是“以数据为中心”,重点关注类的内部结构。

(2) 将 public 类型的函数写在前面,而将 private 类型的数据写在后面,如例 1-4(b)。这种方法是“以行为为中心”,重点关注类应该提供什么样的接口。

本书建议采用“以行为为中心”的书写方式,即首先考虑类应该提供什么样的函数。这样不仅可以使自己设计类时思路清晰,而且方便用户阅读,因为用户最关心的是接口,而不是数据成员。

【例 1-4(a)】 以数据为中心的方法。

```
class X
{
  private:
    int i,j;
    float x,y;
```

```
    …
  public:
      void function1(void);
      void function2(void);
      …
}
```

【例 1-4(b)】 以行为为中心的方法。

```
class X
{
   public:
     void function1(void);
     void function2(void);
      …
   private:
     int i,j;
     float x,y;
      …
}
```

1.7　C++的输入/输出简介

C++程序没有输入/输出语句,它的输入/输出功能由函数(scanf、printf)或输入/输出流(I/O 流)控制来实现。C++定义了运算符"<<"和">>"的 iostream 类。运算符和类的概念在后面章节会详细介绍。当使用 C++的标准输入/输出时,必须包含头文件 iostream。

1. 输入

C++中使用对象 cin 作为标准输入流对象,cin 与键盘操作符">>"连用,格式为:

```
cin>>对象 1>>对象 2>>…>>对象 n;
```

表示从标准输入流提取键盘输入的 n 个数据分别赋给对象 1、对象 2、……、对象 n。例如:

```
#include <iostream>
using namespace std;
void main()
{
    int a = 5,b;
    cin>> a >> b;
}
```

上述程序段的意思是从输入流提取键盘上输入的两个数据,分别赋给变量 a 和变量 b。

2. 输出

C++中使用对象 cout 作为标准输出流对象,cout 与键盘操作符"<<"连用,格式为:

```
cout<<对象 1<<对象 2<<……<<对象 n;
```

表示依次将对象 1、对象 2、……、对象 n 插入到标准输出流中,以实现对象在显示器上的输出。例如:

```
#include <iostream>
using namespace std;
void main()
{
    cout <<"Hello.\n";
}
```

上述程序段的意思是使用插入操作符“<<”向输出流 cout 中插入字符串“Hello.\n”(转义字符“\n”表示回车换行符)，并在屏幕上显示输出。

在 C++程序中，cin 与 cout 允许将任何基本数据类型的名字或值传给流，而且书写格式较灵活，可以在同一行中串连书写，也可以分写在几行，提高可读性。例如：

```
cout <<"hello";
cout << 3;
cout << endl;
等价于:
cout <<"hello"<< 3 << endl;
```

小结

(1) 计算机编程语言经历了从机器语言、汇编语言、高级语言到面向对象语言的过程，编程语言的发展与人类的自然语言越来越接近，提高了编程效率。

(2) 面向对象的基本概念：对象、类、封装和数据隐藏、继承与重用、消息、多态性。

(3) C++语言具有兼容 C 语言的面向过程的特点，又支持面向对象的设计方法。

(4) C++程序设计的步骤包括编辑、编译、连接和运行。

(5) C++语言包括两类注释方法：行注释与块注释。

(6) 为提高程序的可读性和保证程序的易维护性，应该遵循良好的编程风格。

(7) C++通过标准输入/输出流完成输入/输出。

习题 1

单项选择题

(1) C++语言属于(　　)。

A. 机器语言　　B. 汇编语言

C. 低级语言　　D. 高级语言

(2) C++语言程序能够在不同的操作系统下编译、运行，因为 C++具有良好的(　　)。

A. 适应性　　B. 兼容性

C. 可读性　　D. 可移植性

(3) #include 语句(　　)。

A. 总是在程序运行时最先执行　　B. 按照在程序中的位置顺序执行

C. 在程序运行前已经被执行　　D. 在最后执行

（4）C++程序的入口是（　　）。

A. 程序的第一条语句　　B. 预处理命令后的第一条语句

C. main( )　　D. 预处理指令

（5）下列说法正确的是（　　）。

A. 用C++语言书写程序时，不区分大小写字母

B. 用C++语言书写程序时，每行必须有行号

C. 用C++语言书写程序时，一个语句可分几行写

D. 用C++语言书写程序时，一行只能写一个语句

第2章 基本数据类型及表达式

CHAPTER 2

C++数据的处理是通过表达式完成的，根据数据所占内存单元以及表达含义的不同，数据分为不同的类型，并通过各种运算符进行连接组成表达式以实现数据处理。本章主要介绍C++语言的基础部分：数据类型、变量和常量、运算符和表达式。

学习目标

- 掌握C++的基本数据类型；
- 掌握各种类型数据的表示；
- 理解变量的含义以及标识符的命名规则；
- 区分不同类型的常量；
- 掌握常用运算符的优先级、结合性和使用特点；
- 理解表达式的构成规则；
- 掌握自动类型转换和强制类型转换的用法。

2.1 C++的数据类型

一个完整的C++程序由若干程序段组成，程序段包含若干条语句，语句则由C++不同类型的数据组成，数据类型是程序中最基本的元素。如果把C++程序看作一篇文章，各个程序段就可看作文章的各个自然段，程序段中的语句可以看作文章中的句子，不同类型的数据可以看作句子中的字词。数据类型决定了变量和常量的空间大小分配。为了更好地描述客观世界的不同事物以及满足程序处理对象的不同需要，C++提供了严格的数据类型检查机制，这也是C++语言优于C语言的特点之一。C++数据类型如图2-1所示。

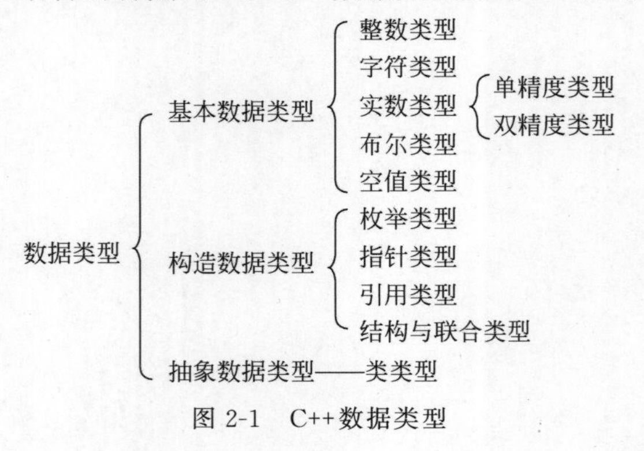

图2-1　C++数据类型

2.1.1　字符集与关键字

字符集是 C++程序的最小元素，C++程序中的语句只能由字符集中的字符组成。C++的字符集由下列字符组成：

(1) 26 个小写英文字母：

a b c d e f g h i j k l m n o p q r s t u v w x y z

(2) 26 个大写英文字母：

A B C D E F G H I J K L M N O P Q R S T U V W X Y Z

(3) 10 个数字：

0 1 2 3 4 5 6 7 8 9

(4) 特殊符号：

空格　+　−　*　/　,　.　_　:　;　?　\"　'　~　|　#　%　&　()　[]　{}　^　< >

C++包含一些特殊的、预先定义的标识符，这些标识符称作关键字(保留字)。表 2-1 列出了 ANSI C 规定的 32 个关键字和 ANSI C++补充的 29 个关键字。

表 2-1　C++关键字

auto	break	case	char	const	continue
default	do	double	else	enum	extern
float	for	goto	if	int	long
register	return	short	signed	sizeof	static
struct	switch	typedef	unsigned	union	void
volatile	while				
bool	catch	class	const_cast	delete	dynamic_cast
explicit	false	friend	inline	mutable	namespace
new	operator	private	protected	public	
reinterpret_cast		static_cast	template	this	throw
true	try	typeid	typename	using	virtual
wchar_t					

C++程序中不允许出现与关键字同名的标识符。

2.1.2　基本数据类型

C++的数据类型分为基本数据类型、构造数据类型和抽象数据类型。基本数据类型是 C++内部预定义的数据类型，包括字符型(char)、整数型(int)、实数型(float)、空值型(void)和布尔型(bool)。其中布尔型也称为逻辑型，是 C 语言不具备的、C++扩充的新数据类型。表 2-2 列出了 C++的基本数据类型。

表 2-2　C++的基本数据类型

类　　型	说　　明	字节数	表示范围	备　　注
bool	布尔型	1	false,true	
[signed] char	字符型	1	−128～127	

续表

类　型	说　明	字节数	表示范围	备　注
unsigned char	无符号字符型	1	0～255	
[signed] int	整型	2	－32768～32768	
unsigned int	无符号整型	2	0～65535	
short int	短整型	2	－32768～32767	
long int	长整型	4	－2147483648～2147483647	
unsigned short int	无符号短整型	2	0～65535	
unsigned long int	无符号长整型	4	0～4294967295	
float	浮点型	4	$-3.4\times10^{38}\sim3.4\times10^{38}$	7 位有效位
double	双精度浮点型	8	$-1.7\times10^{308}\sim1.7\times10^{308}$	15 位有效位
long double	长双精度型	10	$-3.4\times10^{4932}\sim1.1\times10^{4932}$	19 位有效位
void	空值型			

在大多数计算机中，short int 表示 2 字节长，short 只能修饰 int，short int 可以省略为 short；long 只能修饰 int 和 double，修饰 long int 时表示 4 字节，修饰 long double 时表示 10 字节。

在 C++中可以使用 sizeof 确定某数据类型的字节长度。例如下列语句：

```
cout <<"size of double is"<< sizeof(double)<< endl;
```

在 16 位计算机上运行上面语句的结果为：

```
size of double is 8
```

2.2 变量定义

变量是存储数据的内存区域，变量名是所对应内存区域的标识符。标识符是用来标识程序中实体的名字，函数名、变量名、类名和对象名等都属于标识符。变量的“变”体现为在程序运行过程中，变量所标识的内存区域中的数据是可以改变的。比如某图书馆的座位号是 551，座位是不变的，而不同时间座位上的人是可以变化的，那么与变量的定义相对应，则座位相对于变量，座位号相对于变量名，而座位上的人相对于存储在变量的数据。

2.2.1 变量的命名

C++是区分字母大小写的。例如，变量名 virtual、Virtual、VIRTUAL 和 VirTual 是不同的。在 C++中变量名要遵循标识符的命名规则，具体如下：

(1) 不能是 C++的关键字；

(2) 只能以英文字母或下画线开头；

(3) 名字中间不能有空格；

(4) 名字只能由 26 个大小写英文字母、数字和下画线组成；

(5) 大写字母和小写字母表示不同的标识符；

(6) 变量名不能与 C++的库函数名、类名或对象名相同。

例如，下面的变量名定义：

```
const , double ,cout                    //不合法,C++的关键字
8myprograme , 98umk9_i                  //不合法,以数字开头
Myproga&ia , adder@12                   //不合法,包含特殊字符
_myprogame , myfirst12a                 //合法
```

变量名通常是描述性的标识符,为了提高程序代码的可读性,给变量命名时,应尽量做到"见名知义"。例如,有变量名 myAge,可以使人自然想到这个变量表示人的年龄;而变量名 f8de_de 虽然是合法的,但是没有明确的含义,所以是风格很差的变量名。若变量名的描述涉及两个或两个以上单词时,建议使用下画线或大小写对单词加以区分。例如,变量名 my_first_car 和 myFirstCar 要好于变量名 myfirstcar。

2.2.2 变量的定义格式

变量在使用前必须先声明其类型,编译器根据不同类型分配相应的内存空间。变量定义的一般格式为:

```
数据类型 变量名 1[,变量名 2][,变量名 3][,……][,变量名 n];
```

C++允许在同一语句中定义类型相同的多个变量,多个变量名之间用逗号分隔,但同一语句中不能混合定义不同类型的变量。例如,下列语句分别定义了 3 个字符型变量和 2 个整型变量:

```
char a,b,c;                    //定义了 3 个字符型变量,变量名分别为 a,b,c
int myAge, _num;               //定义了 2 个整型变量,变量名分别为 myAge,_num
```

2.2.3 变量的赋值与初始化

C++使用赋值运算符"="给变量赋值。以例 2-1 进行说明。

【例 2-1】 给整型变量 myAge 赋值 18。

```
int myAge;                     //定义整型变量 myAge
myAge = 18;                    //将整数 18 赋给变量 myAge
cout << myAge << endl;
```

这时,名字为 myAge 的整型变量中存储的数据为 18,程序运行结果显示如图 2-2 所示。如果此时增加一条语句 myAge=19;则上例变为:

```
int myAge;
myAge = 18;
cout << myAge << endl;
myAge = 19;                    //将整数 19 赋给变量 myAge
cout << myAge << endl;
```

程序运行结果显示如图 2-3 所示。

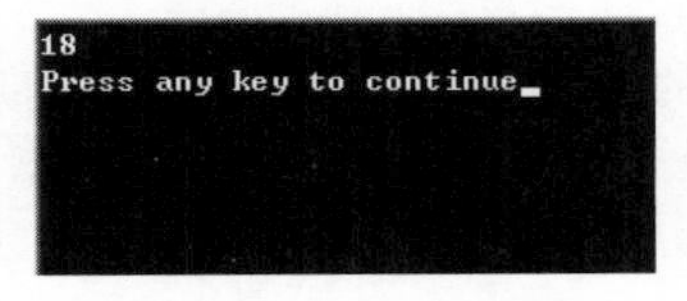

图 2-2　例 2-1 运行结果图

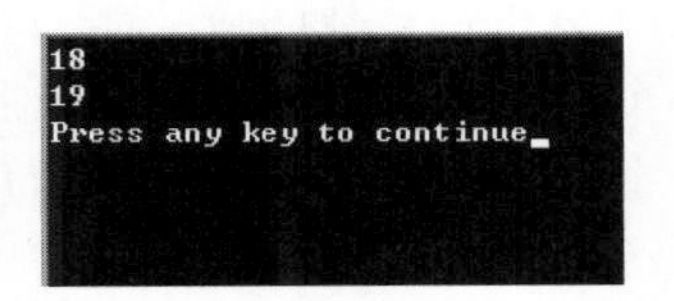

图 2-3　例 2-1 修改后运行结果图

从运行结果可以知道，当给变量 myAge 重新赋值 19 时，原来存储在变量 myAge 中的 18 不复存在，已经被 19 取代。

C++允许定义变量的同时给变量赋初始值，称为变量的初始化。变量初始化的一般格式如下：

```
数据类型 变量名 1 = 初值 1[,变量名 2 = 初值 2][,……][,变量名 n = 初值 n];
```

例如：

```
int sum = 10;                        //定义整型变量 sum,并将其初始化为 10
char n1 = 'a',n2 = 'b';              //定义字符型变量 n1,n2,并将其初始化为'a','b'
double height = 110.333;             //定义双精度变量 height,并将其初始化为 110.333
```

整型变量在没有被初始化的情况下，系统默认其初始值为 0。

C++提供了另外一种初始化的方法，就是在定义变量时，将初始值写在紧跟变量的一对括号中。格式如下：

```
数据类型 变量名 1(初值 1)[,变量名 2(初值 2)][,……][,变量名 n(初值 n);
```

例如，上述初始化语句可等价表示如下：

```
int sum(10);
char n1('a'),n2('b');
double height(110.333);
```

2.3 常量定义

常量是在程序运行过程中，值不能改变的量。根据定义和使用方式不同，可分为文字常量、符号常量和常变量。

2.3.1 文字常量

能够在程序中直接使用的常量叫文字常量。文字常量存储在代码区，按其取值方式和表达方法的不同，可分为整型常量、实型常量、字符型常量和字符串常量。

1. 整型常量

整型常量一般有 3 种表示形式。

(1) 十进制整数，如 456、−321、0。

(2) 八进制整数，它是以 0 开头，包含数字 0～7。如 034 表示 8 进制整数$(34)_8$，等价于 10 进制整数 28。

(3) 十六进制整数，它是以 0X 或 0x 开头，包含数字 0～9、A～F(或 a～f)。如 0X34 或 0x34 表示十六进制整数$(34)_{16}$，等价于 10 进制整数 52。

在一个常数后加 U 或 u 表示该常数是无符号型的整数，如 12U、012u、0xA2U。但八进制整数和十六进制整数只能表示无符号整数。在一个常数后加 L 或 l 表示该常数是长整型(long int)的数，如 12L、0xA2l。

2. 实型常量

实型常量就是浮点数，在内存中以浮点形式存放，并且只能由十进制表示，没有进制的区分。实型常量有两种表示：

(1) 小数形式，由数字和小数点组成(必须写出小数点)。如 0.34、.345、2. 等都是合法的实型常量。

(2) 指数形式，也叫作科学表示法形式。如 0.34×10^5 可表示为 0.34E5 或 0.34e5。注意 E 或 e 前必须有数字，并且 E 或 e 后面的数字必须是整数。E2、0.34e3.2、.e6 和 e 等都是不合法的指数形式。

C++中的实型常量如果没有特殊说明，均表示 double 型；要表示 float 型，则必须在实数后面加上 F 或 f；要表示 long double 型，则必须在实数后面加上 L 或 l。如：

```
0.34F (等价于 0.34f)                    //float 型实数
0.34                                    //默认为 double 型实数
0.34L (等价于 0.34l)                    //long double 型实数
0.34e3F (等价于 0.34e3f)                //float 型实数
0.34e3L (等价于 0.34e3l)                //long double 型实数
```

3. 字符型常量

字符型常量是用单引号括起来的一个字符，如'a''B''?''&'等都是字符型常量。在内存中存放字符所对应的 ASCII 码值，数据类型为 char。除能够直接在键盘输入表示的字符外，C++还提供一种使用特殊形式表示的字符常量，这些字符常量以反斜线"\"开头，改变了原来字符常量的含义，称为"转义"字符。如'n'表示字母 n，而'\n'作为一个独立的字符，表示换行符。表 2-3 列出了 C++中定义的转义字符。

表 2-3 C++中定义的转义字符

转义字符	名　称	功　能
\a	响铃符	用于输出响铃
\b	退格符	输出时回退一个字符位置
\f	换页符	用于输出换页
\n	换行符	用于输出移到下一行行首
\r	回车符	用于输出回退到本行行首
\t	横向制表符	用于输出跳到下一制表起始位置
\v	纵向制表符	用于制表
\\	反斜线字符	用于输出一个反斜线字符
\'	单引号	用于输出一个单引号字符
\"	双引号	用于输出一个双引号字符
\nnn	nnn 是 ASCII 码的八进制值，最多 3 位	用八进制 ASCII 码表示字符
\xhh	hh 是 ASCII 码的十六进制值，最多 2 位	用十六进制 ASCII 码表示字符

4. 字符串常量

字符串常量是用双引号括起来的字符序列，如"hello""I love Xiaoxin!""a2"都表示字符串常量。字符串常量在内存中是按顺序逐个存储串中的字符，并在末尾加上结束标志'\0'，'\0'称为串结束符。字符串的长度是串中'\0'之前所有字符的个数，字符串常量占用的字节数是字符串长度加 1。例如，字符串"hello"，它的字符串长度为 5，在内存中表示 6 个连续的内存单元，如图 2-4 所示这字符串的内存表示。

h	e	l	l	o	\0

图 2-4 字符串的内存表示

注意：虽然一个字符和具有单个字符的字符串在输出

表示上没有差别，例如：

```
cout <<'a'<< endl;                                //输出结果为:a
cout <<"a"<< endl;                                // 输出结果为:a
```

但是由于字符与字符串的类型、占用内存大小以及处理和使用方式的不同，决定了它们本质上的区别，'a'在内存中占 1 字节，"a"在内存中则占 2 字节。

2.3.2 符号常量

在程序中，如果直接使用文字常量，就可能会带来编写烦琐和可维护性差等问题。例如，假设程序中有实型常量 3.1415926，如果程序中多处使用这一常量，则会带来重复编写的烦琐；如果需要对程序中的这一常量进行精度上的修改，例如将 3.1415926 表示为 3.14，则需要在出现的所有位置逐个修改。为了简化这种操作上的烦琐，C++ 提供了允许用一个特定符号代表一个确定常量的机制，这就是符号常量。

符号常量是指程序中符号化的常量，即用一个标识符表示一个常量。在程序的开头定义一个符号常量，令其代表一个常量数值，在下面的程序中直接使用该符号常量即可。符号常量的定义格式如下：

```
#define  符号常量名  常量数值
```

例如：

```
#define  PI  3.1415926                    //定义符号常量 PI            (2-1)
```

式(2-1)中，用标识符 PI 表示实型常量 3.1415926，若要将程序中的 3.1415926 都修改为 3.14，则只需在符号常量定义处直接修改，而不需要重新修改程序中的其他代码。如式(2-2)：

```
#define  PI  3.14                         //修改符号常量 PI            (2-2)
```

通常情况下，使用大写英文字母给符号常量命名。

2.3.3 常变量

符号常量虽然使用比较方便，但是编译器在编译时不会对其进行类型检查。而 C++ 是一种强类型检查机制的语言，为了程序的安全性和稳定性，C++ 提供了一种使常量具有数据类型的机制，称为常变量。常变量的定义格式可使用如下两种方式：

```
const    数据类型    符号常量名 = 数值
```

等价于

```
数据类型    const    符号常量名 = 数值;
```

例如：

```
const   double   pi = 3.14;      //定义一个值为 3.14 的实型常量，名为 pi   (2-3)
const   int      a = 123;        //定义一个值为 123 的整型常量，名为 a     (2-4)
```

上例中，式(2-3)和式(2-4)的常变量 pi 和 a 的值在程序运行过程中不能被修改，也就是在使用过程中，不能对常变量进行赋值。若式(2-3)修改为：

```
const double pi;
pi = 3.14;                               //错误，不能对常变量 pi 赋值
```

则会产生语法错误，并且常变量在定义的同时必须被初始化。常变量定义中初始化的值可以是具体数值，也可以是一个常量表达式。例如：

```
const int height = 300 * sizeof(int);    //正确，300 * sizeof(int)是常量表达式
```

与符号常量相比，常变量与变量的定义格式类似，常变量可以根据需要选择定义为不同的数据类型，既节省了内存空间，又保证了程序的安全性。虽然文字常量、符号常量和常变量统称为常量，但它们在处理和使用上有本质的区别，文字常量和符号常量不占用内存空间，而常变量与变量一样被保存在专门的内存空间。

2.4 运算符与表达式

对变量或常量进行运算和处理的符号统称为运算符，参与运算的对象称为操作数。C++提供了丰富的运算符，依据不同的划分原则，运算符可以进行不同的分类。按要求操作数的多少，可分为单目运算符、双目运算符和三目运算符；按运算符的运算性质可分为算术运算符、关系运算符、逻辑运算符、赋值运算符和位运算符等。

表达式是将运算符与操作数连接起来的式子，单独的常量和变量也可称为表达式。

2.4.1 算术运算符

视频

算术运算符是 C++ 中最常用的运算符，C++ 提供 7 种基本的算术运算符：+(加)、-(减)、*(乘)、/(除)、%(取余)、+(正号)和-(负号)，其中前五个运算符是双目运算符，后两个运算符是单目运算符。

(1) 算术运算符的优先级与数学中相应符号的优先级相一致，+(正号)和-(负号)的优先级高于 *、/、%的优先级，+(加)、-(减)的优先级最低。

例如：

```
a = 8;
b = 6;
a + b * - 3;                             //结果为 - 10
```

由于负号优先级最高，因此首先对 3 进行取负运算，然后做乘法得-18，最后进行加法，最终结果为-10。

(2) 根据操作数的不同，除法的运算规则也不相同。如果进行两个整数相除，则计算结果取商的整数部分。

例如：

```
5/2                                      //结果为 2
5/4                                      //结果为 1
```

如果除数或被除数中至少有一个为浮点数，则进行通常意义的除法。

例如：

```
5.0/2                                     //结果为 2.5
5/2.0                                     //结果为 2.5
5.0/2.0                                   //结果为 2.5
```

（3）%作为取余运算符，要求两个操作数的值必须为整数或字符型数，结果的正负与第一个操作数相同，如果对浮点数操作，则会引起编译错误。

```
-5%2                                      //结果为-1
5%2                                       //结果为1
5.0%2                                     //编译错误
5% -2                                     //结果为1
```

视频

2.4.2 关系运算符

关系运算符也叫作比较运算符，关系运算的结果是 bool 型值：true（即非 0）或 false（即 0）。关系运算符是双目运算符，C++提供了 6 种关系运算符：>（大于）、<（小于）、>=（大于或等于）、<=（小于或等于）、==（等于）、!=（不等于）。

关系运算符的两个操作数可以是任意基本类型的数据。当比较结果成立，则结果为 true；否则，结果为 false。

例如：

```
int a = 1,b = 3,c = 5;
a > b;                                    //结果为 false
b < a + c;                                //结果为 true
```

由于浮点数在计算机中只是近似地表示一个数，因此一般不直接比较两个浮点数。如果要对两个浮点数进行==或!=比较时，通常指定一个极小的精度值，如果两个操作数的差位于精度之内，则认为两个浮点数相等。

例如：

```
float a, b;
a == b                                    //通常写作 fabs(a - b)< 1e - 6
a!= b                                     //通常写作 fabs(a - b)> 1e - 6
```

fabc()是取浮点数的绝对值函数，第 4 章会详细介绍。

2.4.3 逻辑运算符

逻辑运算符用于进行复杂的逻辑判断，一般以关系运算的结果作为操作数，计算结果的类型也是 bool 类型。C++提供了 3 种逻辑运算符，按照优先级由高到低，依次为：

```
!(取反)                                   //单目运算符
&&(与)                                    //双目运算符
||(或)                                    //双目运算符
```

例如：

```
!a 的含义是，当 a 为 true 时，表达式的值为 false，否则为 true.
a&&b 的含义是，当 a、b 均为 true 时，表达式的值为 true，否则为 false.
a||b 的含义是，当 a、b 均为 false 时，表达式的值 false，否则为 true.
```

逻辑运算符的操作数为 bool 型，当操作数是其他数据类型时，将其转换为 bool 型值后参加运算。如果操作数的值非 0，逻辑运算符都把其当作 true 进行计算。

例如：

```
int a = 10, b = 6, c = -2,d = 0;
!a;                                     //结果为 false
!d;                                     //结果为 true
a&&b;                                   //结果为 true
a||b;                                   //结果为 true
```

在逻辑运算符的使用过程中，如下几点需要注意：

(1) C++规定，作为逻辑运算的操作数，任何非 0 值都表示 true，0 值表示 false，例如：a=-6;b=3.4;则表达式 a&&b 的结果为 true。

(2) 如果要表示数学关系 0≤a≤10 时，应该表示为 0<=a&&a<=10，不能表示为 0<=a<=10。例如：如果 a=-2 时，数学关系 0≤a≤10 显然不成立；而作为 C++的表达式 0<=a<=10 的运算过程为：按照自左向右运算，0<=a 的结果为 0(即 false)，再计算 0<=10，结果为 1(即 true)，这与数学关系不一致。而对于表达式 0<=a&&a<=10，先计算 0<=a，结果为 0，再计算 0&&a<=10，结果为 0(即 false)，这与数学关系一致。

(3) 在进行逻辑表达式计算时，从左向右扫描表达式，一旦根据某部分的值能够确定整个表达式的值，则不再进行计算，这是逻辑表达式运算的优化，或称为求值"短路"。

例如：

```
int a = 10, b = 10,c = 10,d = 0;
d = (a < b)&&(a == c);                  //d = 0                          (2-5)
d = (a == c)||(a < b);                  //d = 1                          (2-6)
```

式(2-5)中，先计算 a<b，结果为 0，因为其后紧跟的是"&&"运算符，这时已能确定整个逻辑表达式的值为 0，不再继续 a==c 的计算。

式(2-6)中，先计算 a==c，结果为 1，因为其后紧跟的是"||"运算符，这时已能确定整个逻辑表达式的值为 1，不再继续 a<b 的计算。

2.4.4 赋值运算符

将数据存储到变量所标识内存单元的操作叫作赋值。除了在定义时给变量赋值外，还可以用赋值操作以新值取代旧值。因为常量的值在使用过程中不能改变，所以不能对常量进行赋值操作。C++的赋值运算符是"="，含义是将赋值号右边的值送到左边变量标识的内存单元。赋值操作格式如下：

```
<变量> = <表达式>
```

赋值操作的求解过程为：先计算右边<表达式>的值，再将结果赋给左边<变量>。

【例 2-2】 给变量 i、x 赋值。

```
int i = 100;                            //定义时给整型变量 i 赋值为 100
char x = 'A';                           //定义时给字符变量 x 赋值为'A'
cout <<"i = "<< i <<"x = "<< x << endl; //结果为 i = 100 x = A
```

```
i = 200;                                  //给变量 i 赋新值为 200,取代了旧值 100
x = 'B';                                  //给变量 x 赋新值为'B',取代了旧值'A'
cout <<"i = "<< i <<"x = "<< x << endl;   //结果为 i = 200 x = B
```

C++除了提供一般形式的赋值运算符"="外，还允许所有的双目算术运算符和双目位运算符与赋值运算符结合组成一个复合赋值运算符。C++中的复合赋值运算符如表2-4所示。

表 2-4 C++中的复合赋值运算符

运 算 符	含 义	举 例
+=	加赋值	a+=b 等价于 a=a+b
-=	减赋值	a-=b 等价于 a=a-b
*=	乘赋值	a*=b 等价于 a=a*b
/=	除赋值	a/=b 等价于 a=a/b
%=	取余赋值	a%=b 等价于 a=a%b
<<=	左移赋值	a<<=b 等价于 a=a<<b
>>=	右移赋值	a>>=b 等价于 a=a>>b
&=	位与赋值	a&=b 等价于 a=a&b
^=	位异或赋值	a^=b 等价于 a=a^b
|=	位或赋值	a|=b 等价于 a=a|b

复合赋值运算符所表示的表达式比一般形式的赋值运算符简练，生成的目标代码比较少，从这个角度讲，在C++程序中应该尽量多地使用复合赋值运算符；但是，由于复合赋值运算符的易读性低于一般形式的表达（如 a+=b 和 a=a+b），因此从易读性的角度讲，在C++程序中应该避免过多地使用复合赋值运算符。

视频

2.4.5 自增、自减运算符

C++提供了另外两个使用方便并可以改变变量值的单目运算符：++（自增）和--（自减）。它们的作用分别是给变量的值加1和减1。这两个运算符有前置和后置两种形式。例如：

```
++i                                       // 前置++
j--                                       // 后置--
```

根据自增、自减运算符的前后置形式不同，具体的操作完全不同。以++为例进行说明，--操作类似。++i 表示先对变量 i 的值加 1，然后使用 i 的值参加运算；i-- 表示先使用 i 的值参加运算，然后对 i 的值加 1。以下举例说明。

【例 2-3】 自增、自减运算符的前置、后置操作。

```
1   int i = 3,a,b;
2   a = ++i;                              //先对 i 加 1,再进行赋值操作
3   cout << i << a << endl;               //结果为 i = 4,a = 4
4   b = i++;                              //先进行赋值操作,再对 i 加 1
5   cout << i << b << endl;               //结果为 i = 5,b = 4
```

【程序解释】

(1) 例 2-3 中,第 2 行的操作:首先执行++i,相当于执行 i=i+1 操作,此时,i 的值已经自增 1 变为 4,然后将自增后的结果 4 赋值给变量 a,结果 i=4,a=4。

(2) 第 4 行的操作:首先执行 b=i 操作,也就是将 i 的值 4 先赋给变量 b,然后对变量 i 执行自增操作 i++,相当于 i=i+1,结果 i=5,b=4。

(3) 因为自增、自减运算内含了赋值运算,所以其运算对象只能赋值,不能用于常量和表达式,表达式 3++和++(x+y)等都是非法的。

2.4.6 位运算符

C++保留了低级语言的二进制位运算符,位运算分为移位运算和按位逻辑运算。

1. 左移(<<)

将左操作数向左移动其右操作数所指定的位数,移出的位补 0。其一般格式为:

```
a << n                                                        (2-7)
```

式(2-7)中,a、n 为整型量,其含义为:将 a 按二进制位向左移动 n 位,移出的最高 n 位舍弃,最低位补 n 个 0。例如:

```
short int a = 42, b = a << 1;
变量 a 对应的二进制数为          00101010
变量 b 在 a 的基础上左移 1 位    01010100
```

从本例中可知,变量 b 左移 1 位的结果为 01010110,即十进制的 84。一般来说,将一个数左移 n 位,相当于将该数乘以 2^n。

2. 右移(>>)

将左操作数向右移动其右操作数所指定的位数,移出的位补 0。其一般格式为:

```
a >> n                                                        (2-8)
```

式(2-8)中,a、n 为整型量,其含义为:将 a 按二进制位向右移动 n 位,移出的最低 n 位舍弃,最高位补 n 个 0。例如:

```
short int a = 42, b = a >> 1;
变量 a 对应的二进制数为          00101010
变量 b 在 a 的基础上右移 1 位    00010101
```

从本例中可知,变量 b 右移 1 位的结果为 00010101,即十进制的 21。一般来说,将一个数左移 n 位,相当于将该数乘以 2^{-n}(即除以 2^n)。

3. 按位取反(~)

将运算量的每个二进制位取反,即 0 变为 1,1 变为 0。例如:

```
int a = 42, b = ~a;
变量 a 对应的二进制数为      00101010
变量 b 在 a 的基础上取反     11010101
```

4. 按位与(&)

将两个运算量的对应二进制位逐一按位进行逻辑与运算。运算规则为:对应位都是 1,

结果为1,否则为0。例如：

```
int a = 42,b = 23,c = a&b;
a        00101010
b        00010111
c        00000010
```

运算结果：变量c的值为2。

5. 按位或(|)

将两个运算量的对应二进制位逐一按位进行逻辑或运算。运算规则为：对应位都是0，结果为0,否则为1。例如：

```
int a = 42,b = 23,c = a|b;
a        00101010
b        00010111
c        00111111
```

运算结果：变量c的值为63。

6. 按位异或(^)

将两个运算量的对应二进制位逐一按位进行逻辑异或运算。运算规则为：若对应位不同,结果为1,否则为0。例如：

```
int a = 42,b = 23,c = a^b;
a        00101010
b        00010111
c        00111101
```

运算结果：变量c的值为61。

2.4.7 其他运算符

1. 逗号运算符

逗号运算符是所有运算符中级别最低的,其求解过程为从左向右依次计算各个表达式，并将最后一个表达式的值作为整个逗号表达式的值。逗号运算符的一般格式为：

```
表达式1,表达式2,……,表达式n;
```

例如：

```
a = a + b, b = b + c, c = c + a;
```

设a=1,b=2,c=3,该逗号表达式依次计算a=3,b=5,c=6,整个逗号表达式的值为6。若取

```
i = ( a = a + b, b = b + c, c = c + a);              //i的值为6
```

2. 求字节数运算符(sizeof)

sizeof运算符是单目运算符,用来计算某种类型或变量所占字节数。其一般格式为：

```
sizeof(类型说明符|变量名|常量)
```

例如：

```
1   double x = 100.3;
2   sizeof(double);                    //结果为 8
3   sizeof(x);                         //结果为 8
```

上例中第 2 行和第 3 行的结果 8 均表示 double 型在机器内存中所占的字节数为 8。

2.4.8 运算符的优先级

(1) 运算符的优先级按单目、双目、三目和赋值的顺序依次降低;

(2) 运算符按算术、移位、关系、按位和逻辑运算的顺序依次降低。

表 2-5 表示了本章介绍的各运算符优先级,表中优先级的数字越小,优先级别越高。

表 2-5 运算符优先级

<table>
<tr><th>优 先 级</th><th>运 算 符</th><th>含 义</th><th>结 合 性</th></tr>
<tr><td rowspan="4">1</td><td>()</td><td>括号</td><td rowspan="2">自左向右</td></tr>
<tr><td>[]</td><td>数组下标</td></tr>
<tr><td>++</td><td>后置自增</td><td rowspan="2">自左向右</td></tr>
<tr><td>--</td><td>后置自减</td></tr>
<tr><td rowspan="8">2</td><td>++</td><td>前置自增</td><td rowspan="8">自右向左</td></tr>
<tr><td>--</td><td>前置自减</td></tr>
<tr><td>+</td><td>正号</td></tr>
<tr><td>-</td><td>负号</td></tr>
<tr><td>~</td><td>按位取反</td></tr>
<tr><td>sizeof</td><td>求字节数</td></tr>
<tr><td>*</td><td>间接引用(指针)</td></tr>
<tr><td>&</td><td>取地址</td></tr>
<tr><td rowspan="3">3</td><td>*</td><td>乘</td><td rowspan="3">自左向右</td></tr>
<tr><td>/</td><td>除</td></tr>
<tr><td>%</td><td>取余</td></tr>
<tr><td rowspan="2">4</td><td>+</td><td>加</td><td rowspan="2">自左向右</td></tr>
<tr><td>-</td><td>减</td></tr>
<tr><td rowspan="2">5</td><td><<</td><td>左移</td><td rowspan="2">自左向右</td></tr>
<tr><td>>></td><td>右移</td></tr>
<tr><td rowspan="4">6</td><td>></td><td>大于</td><td rowspan="4">自左向右</td></tr>
<tr><td><</td><td>小于</td></tr>
<tr><td>>=</td><td>大于等于</td></tr>
<tr><td><=</td><td>小于等于</td></tr>
<tr><td rowspan="2">7</td><td>==</td><td>等于</td><td rowspan="2">自左向右</td></tr>
<tr><td>!=</td><td>不等于</td></tr>
<tr><td>8</td><td>&</td><td>按位与</td><td>自左向右</td></tr>
<tr><td>9</td><td>^</td><td>按位异或</td><td>自左向右</td></tr>
<tr><td>10</td><td>|</td><td>按位或</td><td>自左向右</td></tr>
<tr><td>11</td><td>&&</td><td>与</td><td>自左向右</td></tr>
<tr><td>12</td><td>||</td><td>或</td><td>自左向右</td></tr>
<tr><td>13</td><td>?:</td><td>三目条件运算</td><td>自右向左</td></tr>
</table>

续表

优先级	运算符	含义	结合性
14	=	赋值	自右向左
	+=	加赋值	
	-=	减赋值	
	*=	乘赋值	
	/=	除赋值	
	%=	取余赋值	
	<<=	左移赋值	
	>>=	右移赋值	
	&=	位与赋值	
	^=	位异或赋值	
	|=	位或赋值	
15	,	逗号	自左向右

2.5 类型转换

C++遇到两种不同类型的数值运算时，会将两个数值进行适当的类型转换后再运算。表达式的类型转换分为两种方式：自动类型转换和强制类型转换。自动类型转换出现在算术表达式的运算中，而大多数的类型转换使用强制类型转换。

2.5.1 自动类型转换

自动类型转换又称为隐式类型转换。双目运算中的算术运算符、关系运算符、逻辑运算符和位运算符组成的表达式要求两个操作数的类型一致，如类型不一致则转换为高一级的类型。

(1) 实型数据赋给整型变量时，将整数部分赋给整型变量而舍弃小数部分，不进行四舍五入。例如：

```
int  i = 2.6;
```

则 i 的值为 2 而不是 3。

(2) 整型数据赋给实型变量时，数值不变，有效数字位数增加。例如：

```
double  i = 46;
```

则 i 的值为 46.0 而不是 46。

(3) 所有浮点型的运算都是以双精度类型进行的，如果某表达式仅含有 float 型单精度运算，也必须先转换成 double 型后再运算。

(4) bool 型、char 型和 short 型参与运算时，应该先转换成 int 型。例如：

```
char  c = -3;
int  i = 2;
i = c;
```

则 i 的值为－3。

(5) 位运算的操作数必须是整数，当双目位运算的操作数是不同类型的整数时，也首先自动类型转换。

(6) 如果在一个表达式中出现不同类型的数据进行混合运算时，则 C++ 首先使用特定的转换规则将两个不同类型的操作数转换成同一类型的操作数再进行运算。不同类型的转换规则如下所示：

```
char—> short—> int—> long float                                   \
bool                                                               }—> double—> long double
unsigned char—> unsigned short—> unsigned int—> unsigned long     /
————————————————————————————————————————————————————————————————————————————————>
低类型                                                                          高类型
```

【例 2-4】 不同类型数据的混合运算。

```
char c = 'b';
int i = 6;
float f = 4.56;
double db = 8.86;
```

则 c * i＋f * 3.0－db＝592.82

其计算过程为：

(1) 将 c 转换为 int 型，计算 c * i＝98 * 6＝588；

(2) 将 f 转换为 double 型，计算 f * 3.0＝4.56 * 3.0＝13.68；

(3) 将(1)的计算结果转换为 double 型，计算 588.0＋13.68＝601.68；

(4) 计算 601.68－db＝601.68－8.86＝592.82。

当参与运算的两个操作数中至少有一个是 float 型，并且另一个不是 double 型，则运算结果为 float 型。

2.5.2 强制类型转换

强制类型转换又称为显式类型转换，其作用是将某种类型仅在当前运算中强制转换成指定的数据类型，运算结束后，原类型保持不变。强制类型转换格式为在一个数值或表达式前加上带括号的类型名。格式如下：

```
(类型说明符) 变量\数值
```

例如：

```
int i;
float j = 3.64;
i = (int)j;                                    //将 j 转换为整数类型(或理解为取 j 的整数部分)
```

结果 i＝3，j 仍为 float 类型，其值为 3.64。这种格式在 C 语言和 C++语言中都被认为是合法的。

C++还允许在类型名后跟带括号的数值或表达式的格式，形如：

```
类型说明符 (变量\数值)
```

例如：

```
int i;
float j = 3.64;
i = int(j);                                    //将 j 转换为整数类型(或理解为取 j 的整数部分)
```

结果 i=3,j 仍为 float 类型,其值为 3.64。但这种格式在 C 语言中被认为是不合法的。

标准 C++还提供了新式的强制类型转换运算,格式如下：

```
static_cast    <类型说明符>    (表达式)
```

用于一般表达式的类型转换。

```
reinterpret_cast    <类型说明符>    (表达式)
```

用于非标准的指针数据类型转换,如将 void * 转换成 int * 。

```
const_cast    <类型说明符>    (表达式)
```

将 const 表达式转换成非常量类型,常用于将限制 const 成员函数的 const 定义删除。

```
dynamic_cast    <类型说明符>    (表达式)
```

用于进行对象指针的类型转换。

2.6 实例应用与剖析

【例 2-5】 逗号表达式的使用。

```
1   /*************************************************/
2                    程序文件名:Ex2_5.cpp
3                    逗号表达式的使用
4   /*************************************************/
5   # include < iostream >
6   using namespace std;
7   main()
8   {
9      int x,a;
10     x = (a = 3 * 5,a * 4),a + 5;
11     cout <<"x = "<< x <<"a = "<< a << endl;
12  }
```

```
x=60a=15
Press any key to continue
```

图 2-5 例 2-5 运行结果

程序运行结果如图 2-5 所示。

【程序解释】

(1) 第 9 行定义了两个整型变量 x 和 a。

(2) 第 10 行中 x=(a=3 * 5,a * 4),a+5 包含两层逗号表达式,第一层表达式是 a=3 * 5,a * 4,第二层表达式是 x=(a=3 * 5,a * 4),a+5。

(3) 程序首先执行逗号表达式(a=3 * 5,a * 4),逗号表达式的结果为 60,a 的值为 15。

(4) 接下来进行第二层逗号表达式的计算,由于赋值运算符的优先级高于逗号运算符,因此 x=(a=3 * 5,a * 4)是第二层表达式的第一部分,a+5 是表达式的第二部分。

(5) 计算 x=(a=3 * 5,a * 4)后,x 的值为 60,而整个第二层表达式的值为 a+5,即 15+5=20,a 的值为 15。

思考:

如果上例的第 10 行修改为 x=((a=3 * 5,a * 4),a+5),那么 x 的值是多少?

【例 2-6】 关系运算符与逻辑运算符的使用。

```
1    /**************************************************/
2                   程序文件名:Ex2_6.cpp
3                   关系运算符与逻辑运算符的使用
4    /**************************************************/
5    #include <iostream>
6    using namespace std;
7    main()
8    {
9      int i = 1,j = 2,k = 3,x = 345;
10     cout <<((k = i > j)&&++x)<< endl;
11   }
```

```
0
Press any key to continue
```

图 2-6　例 2-6 运行结果

程序运行结果如图 2-6 所示。

【程序解释】

(1) 第 9 行定义了三个整型变量。

(2) 第 10 行中使用了逻辑与运算符连接了 k=i>j 和++x。

(3) 因为关系运算符的优先级高于赋值运算符,计算 i>j 的值为 0,所以 k=0;根据 && 的特点,编译器不再执行++x 操作,整个表达式的值为 0,x 的值仍为 345。

思考:

(1) 如果上例第 10 行中 i>j 改为 i<j,那么运算结果是多少,x 的值是否仍是 345?

(2) 如果上例第 10 行中 && 改为||,运算结果和 x 的值又是多少?

小结

(1) C++语言的基本数据类型包括整型、实型、布尔型和字符型,表示为 int、float、double、bool、char,各种数据类型的表示范围不同。

(2) 常量包括文字常量、符号常量和常变量。

(3) 根据类型的不同,变量内存单元的大小也不相同。

(4) C++语言包含算术运算符、关系运算符、逻辑运算符和位运算符等多种运算符,根据优先级高低,运算符的顺序为:算术运算符、移位运算符、关系运算符、按位运算符和逻辑运算符;单目运算符优先于双目运算符,双目运算符优先于三目运算符。

(5) 不同类型的数据可以出现在同一表达式中,不同类型的数据可以进行自动类型转换或强制类型转换。

习题 2

1. 选择题

(1) 下列选项中，均为合法的标识符的是(　　)。

A. create　m&n　6he　　　　B. aa@126　c++　ba_c

C. π　常量　r@m　　　　D. Luck　_a518　go3

(2) 第(1)题的 4 个选项中，均为不合法的标识符的是(　　)。

(3) 设 m 为 int 型，n 为 float 型，则 69 + m+ 'n'的数据类型为(　　)。

A. int　　B. float　　C. double　　D. char

(4) 设变量 int i=4;float f=5.6;执行 i=f;则 i 的值为(　　)。

A. 4　　B. 5　　C. 5.0　　D. 6.0

(5) 下列运算要求操作数必须是整型的是(　　)。

A. /　　B. ++　　C. %　　D. !=

(6) 六种基本数据类型的长度排列正确的是(　　)。

A. bool = char < int≤long = float < double

B. char < bool = int ≤ long = float < double

C. bool < char < int < long < float < double

D. bool < char < int < long = float < double

(7) 下列运算符中优先级最高的是(　　)。

A. !=　　B. +　　C. &&　　D. <

(8) 设变量 a=1,b=8; 连续执行运算 a=a+b; b=b-a; a=a-b; 后，a 和 b 的值分别为(　　)。

A. 9,8　　B. 9,-8　　C. 10,-1　　D. 10,1

2. 简答题

已知 int i=6,j=5; 下面表达式运算结束后，写出 i、j 以及表达式的值。

(1) i=4*5,i*5;

(2) j=(i=5,5*6);

(3) i=i>j&&j,j+1;

(4) i=(i>j||++j,j+1);

(5) i=i>j&&++j,j+3;

(6) i=(i<j&&++j,j+3)。

第3章 语句与控制结构

CHAPTER 3

C++程序由一系列语句组成，这些语句按照一定的控制结构组织起来，按逻辑顺序运行。控制结构包括不同选择分支的计算与处理，以及对相同语句组的循环执行。C++语言提供了判断、循环和转移等语句来控制程序。

学习目标

- 掌握 if、switch 分支语句的使用；
- 掌握 for、while、do…while 循环语句的使用，并能根据不同要求灵活选择不同的循环语句，熟练使用循环的嵌套；
- 掌握 break、continue 语句的联系和区别，根据不同场合正确地使用；
- 了解 goto 语句的转移用法。

3.1 语句格式

C++的语句类似于自然语言中的句子，它由不同类型的数据组成。数据类型是程序中最基本的元素，而语句则是程序中可以独立执行的最小单元。C++的语句以分号作为结束标记，相当于自然语言中的句号。语句通常由表达式末尾加上分号构成，C++认为不执行任何操作的空语句是合法的。

例如：

```
;                                   //不执行任何操作的空语句
a + b;                              //一般表达式语句
a = a + b;                          //赋值语句
```

空语句一般在循环结构中用来延迟一段时间，空语句的分号是必不可少的。分号的存在是语句成立的必要条件。

在 C++中，声明变量的语句称为声明语句，声明语句可以出现在程序中任何可以出现语句的地方，这提高了变量声明的灵活性。但是在 C 语言中，变量的声明不是语句，只能在模块的首部集中声明。

某些情况下，可以用一对花括号将多条语句括起来组成一个块语句。

例如：

```
{
 int a = 6,b = 3;
```

```
  a = (a + b)/2;
  cout <<"a = "<< a << endl;
}
```

块语句的右括号后没有分号，块语句一般存在于选择和循环结构中。

3.2 控制结构

C++是解决客观世界实际问题的工具，它对每个具体问题的解决是通过不同算法实现的。例如：计算 1＋2＋…＋100 的累加和。

```
int i = 1,sum = 0;
for ( i = 1;i < = 100;i++)
{
  sum = sum + i;
}
```

上例是使用循环结构进行 100 次累加的算法。算法是解决问题的步骤序列，合法的算法具有如下特征：

(1) 有穷性：一个算法必须保证执行有限步之后结束；

(2) 确定性：算法的每一步必须有确切的定义，不能出现二义性；

(3) 输入：一个算法有 0 个或多个输入；

(4) 输出：一个算法有 1 个或多个输出，没有输出的算法是毫无意义的；

(5) 可行性：算法原则上能够精确地运行。

可以使用多种方法对算法进行描述，如自然语言、流程图、判定表、判定树、伪代码等。其中流程图是使用最广泛的表示方法，它具有简洁、直观、准确的特点，流程图的常用符号如图 3-1 所示。

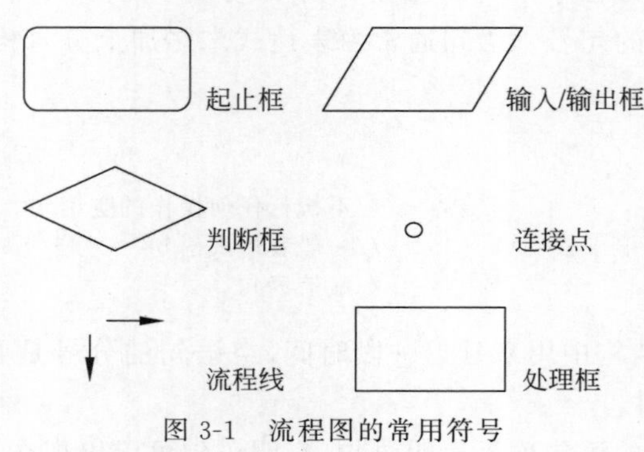

图 3-1 流程图的常用符号

C++的控制结构包括顺序结构、选择结构和循环结构。

(1) 顺序结构是最简单的结构，其特点是各个块按照先后次序依次执行。

(2) 选择结构是先对条件进行判断，然后选择执行相应语句。C++的选择结构主要是 if 语句和 switch…case 语句。

(3) 循环结构也是先对条件进行判断，然后执行语句，并且在执行完语句后继续进行下一次的条件判断，直到条件为假时才不执行结构中的语句。C++的循环结构主要包括 for 语句、while 语句和 do…while 语句。

3.3　if 语句

if 语句属于判断选择结构的语句。C++的判断选择结构也称为条件分支结构，一般包括 if 语句和 switch 语句。

3.3.1　基本 if 语句

基本 if 语句是最简单的条件语句，其功能是根据指定的条件判断是否执行相应的语句。其语法格式如下：

```
if (条件表达式)
语句;
```

其中条件表达式一般是一个关系或者逻辑表达式；其值或者为 true，或者为 false，并且必须写在一对圆括号中；语句可以是单语句也可以是多条语句组成的语句块(块语句)，多条语句组成的语句块必须包含在一对花括号中，单条语句可以包含在花括号中也可以没有花括号。但是为了程序编写的整洁、规范，建议即使是单语句也将其包含在一对花括号中。

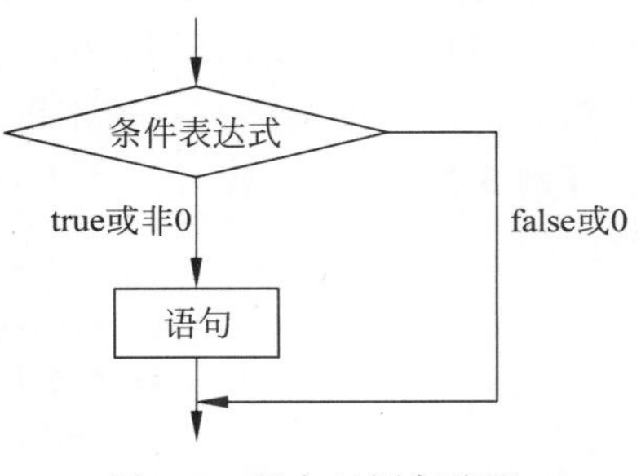

图 3-2　基本 if 语句流程

if 语句执行过程为：首先计算条件表达式的值，如果值为 true，则执行语句；否则跳过语句，执行 if 语句的后继语句，基本 if 语句流程如图 3-2 所示。条件表达式也可以是常量，0 表示 false，非 0 表示 true。

【例 3-1】　从键盘输入学生成绩，如果大于或等于 60 分，输出“通过”。

```
1   /***************************************************
2                      程序文件名:Ex3_1.cpp
3                      基本 if 语句的使用
4    ***************************************************/
5   #include <iostream>
6   using namespace std;
7   main()
8   {
9     int n;
10      cout <<"Please enter the score:"<< endl;
11      cin >> n;
12       if (n >= 60)                     //条件表达式为 n >
 = 60
13          {
14             cout <<"通过"<< endl;
15          }
16  }
```

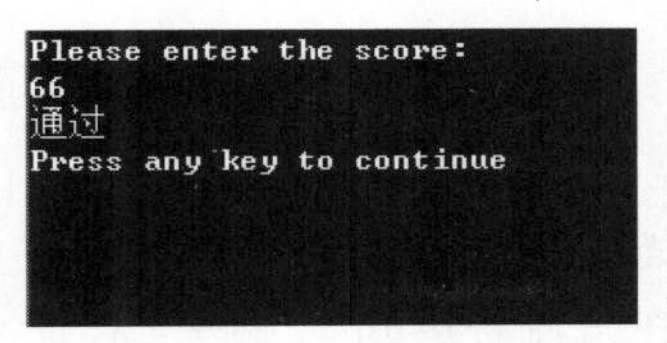

图 3-3　例 3-1 程序运行结果

程序运行结果如图 3-3 所示。

例 3-1 中的整型变量 n 用来保存输入的成绩，第 12 行语句 if(n>=60)的判断条件是表达式 n>=60，如果成立，则从第 13 行开始执行语句，输出“通过”；否则从第 12 行直接跳转到第 16 行。

3.3.2 if…else 语句

if…else 语句的语法格式如下：

```
if (条件表达式)
  语句 1;
else
  语句 2;
```

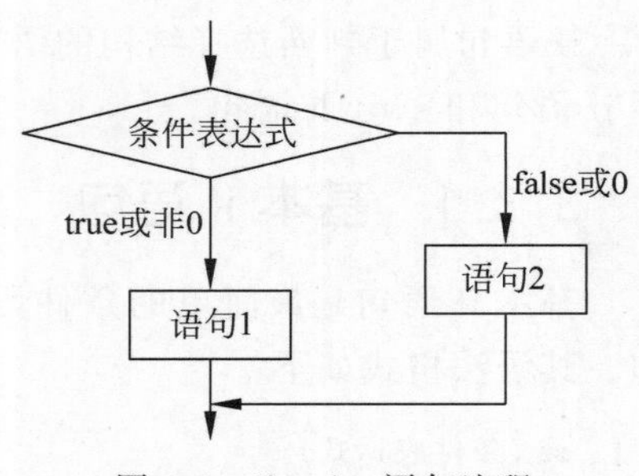

图 3-4 if…else 语句流程

其执行过程为：首先计算条件表达式的值，如果值为 true，则执行语句 1；否则执行语句 2。if…else 语句流程如图 3-4 所示。

else 前面的部分称为 if 分支子句，else 及其后的部分称为 else 分支子句；虽然 if 分支的语句 1 和 else 分支的语句 2 在形式上是独立的两条语句，但是在语法上，从“if”开始到“语句 2；”结束的整体是一条不可分割 if 语句。

【例 3-2】 从键盘输入学生成绩，如果大于或等于 60 分，输出“通过”，否则输出“不通过”。

```
1   /************************************************
2                   程序文件名:Ex3_2.cpp
3                   if … else 语句的使用
4   ************************************************/
5   #include < iostream >
6   using namespace std;
7   main()
8   {
9     int n;
10     cout <<"Please enter the score:"<< endl;
11     cin >> n;
12     if (n >= 60)
13         {                              //第 13～15 行是语句 1
14           cout <<"通过"<< endl;
15         }
16     else
17         {                              //第 17～19 行是语句 2
18           cout <<"不通过"<< endl;
19         }
20  }
```

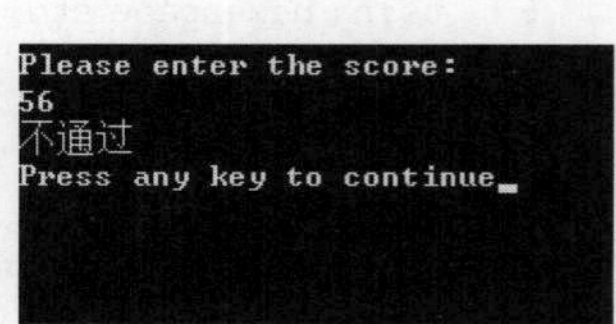

图 3-5 例 3-2 程序运行结果

程序运行结果如图 3-5 所示。

在例 3-2 中，第 13～15 行语句块充当了语句 1；第 17～19 行的语句块充当了语句 2。如果条件表达式 n>=60 成立，则从第 13 行开始执行语句 1，输出“通过”；否则从第 17 行开始执行语句 2，输出“不通过”。if…else 语句中的关键字“else”是必不可少的。

3.3.3 嵌套 if 语句

如果遇到的问题有多重选择，仅使用 if 语句或 if…else 语句无法解决。为了解决多重选择问题，C++提供了嵌套的 if 语句。在 if 语句中，如果分支子句也是 if 语句，就构成了嵌套的 if 语句。

在形式上，嵌套的 if 语句有两种形式：一种是嵌套在 else 分支中，另一种是嵌套在 if 分支中。

1. else 分支的嵌套

else 分支嵌套的 if 语句语法格式为：

```
if(条件表达式 1)
   语句 1;
else if (条件表达式 2)
   语句 2;
 …
    else if (条件表达式 n)
   语句 n;
else
   语句 n+1;
```

else 分支的嵌套图表示如图 3-6 所示。

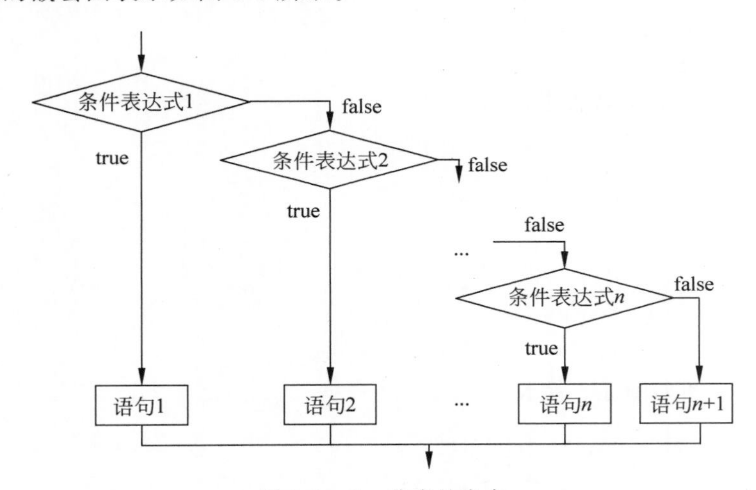

图 3-6 else 分支的嵌套

【例 3-3】 用嵌套 if 语句将百分制成绩按等级输出。

```
1    /*****************************************************
2                     程序文件名:Ex3_3.cpp
3                     嵌套 if 语句的使用
4     *****************************************************/
5   #include <iostream>
6    using namespace std;
7    main()
8    {
9    int n;                          //变量 n 用来存储从键盘输入的成绩
```

```
10      char grade;
11      cout <<"Please enter the score:"<< endl;
12      cin >> n;
13      if (n < 60)
14          grade = 'E';
15      else if(n < 70)
16          grade = 'D';
17      else if(n < 80)
18          grade = 'C';
19      else if(n < 90)
20          grade = 'B';
21      else if(n <= 100)
22          grade = 'A';
23      else
24          grade = 'F';
25      cout <<"The grade is "<< grade << endl;
26  }
```

在例 3-3 中,首先在第 13 行判断关系表达式 n<60,如果结果为真,则执行第 14 行,把字符'E'赋给 grade,然后跳过其他语句,直接执行第 25 行的语句。这种嵌套的 if 语句,只允许选择满足条件的一个分支,其他分支不再判断执行。如果第 13 行结果为假,也就是 n≥60,则跳过第 14 行而执行第 15 行的判断。第 24 行表示如果输入的成绩大于 100,grade 的值为'F'。

2. if 分支的嵌套

if 分支嵌套的 if 语句语法格式为:

```
if(条件表达式 1)
   if (条件表达式 2)
      语句 1;
   else
      语句 2;
else
   语句 3;
```

if 分支的嵌套图如图 3-7 所示。

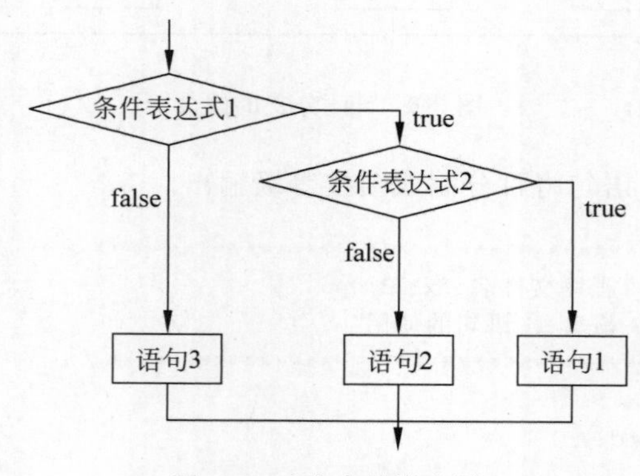

图 3-7 if 分支的嵌套图

使用 if 分支的嵌套形式修改例 3-3 中相应的语句为：

```
if (n>=60)
  if(n>=70)
    if(n>=80)
      if(n>=90)
         grade='A';
      else
        grade='B';
    else
      grade='C';
  else
    grade='D';
else
  grade='E';
```

在使用 if 分支嵌套时，要注意 else 与 if 的匹配原则：else 与上方离它最近的未匹配过的 if 相匹配。

3.3.4　条件运算符

当 if…else 语句是简单语句时，可用条件运算符“?：”来进行简化，其语法格式为：

```
(条件表达式)?语句 1: 语句 2
```

例如，求两个数 a 和 b 中较大的值，使用 if 语句：

```
if(a>b)
   max=a;                          //语句 1
else
   max=b;                          //语句 2
```

将 if 语句替换成等价的条件运算符为：

```
max=(a>b)?a:b;
```

3.4　switch 语句

嵌套的 if 语句能够实现多分支选择，C++还提供了另外一种实现多分支选择的结构——switch 语句。switch 语句也称为开关语句，它根据给定的条件，从多个分支中选择一条语句作为执行的入口。switch 语句虽然与嵌套的 if 语句功能类似，但是 switch 语句每次都计算同一表达式的值，而嵌套的 if 语句要分别计算各个 if 分支语句表达式的值，所以在处理多分支选择问题时，switch 语句更加简便、直观。其语法格式如下：

```
switch(表达式)
{
  case 常量表达式 1:[语句块 1;][break;]
  case 常量表达式 2:[语句块 2;][break;]
  …
  case 常量表达式 n:[语句块 n;][break;]
```

```
    [default:语句块 n+1;]
}
```

(1) switch 后面圆括号中的“表达式”只能是整型、字符型、枚举型或布尔型等离散类型，而不能是实型(float、double 型)等连续类型。

(2) “case”起到标号的作用，其后“常量表达式”的类型必须与“表达式”的类型匹配，并且所有 case 后常量表达式的值不能重复。

(3) 当“表达式”的值与某一个 case 后“常量表达式”的值相等时，就执行这个 case 后的语句；如果所有 case 后“常量表达式”的值都不与“表达式”的值匹配时，就执行“default”后的语句。

(4) 符号“[ ]”表示其中的内容是可选的；语句块、break 和 default 都是可选的，语句块由一条语句或者一个复合语句组成。

switch 语句的执行过程为：

① 计算 switch 后表达式的值；

② 将表达式的值依次与 case 后常量表达式的值相比较，如果表达式的值与某一常量表达式的值相等，则执行该 case 后的语句块，直到遇到 break 或 switch 语句的右花括号；

③ 如果表达式的值与 case 后所有常量表达式的值都不相等，则执行 default 后的语句；如果 switch 语句不包含 default，则不执行任何操作。

【例 3-4】 用 switch 语句将百分制成绩按等级输出。

```
1   /**************************************************
2                   程序文件名:Ex3_4.cpp
3                   switch语句的使用
4   **************************************************/
5   #include <iostream>
6   using namespace std;
7   main()
8   {
9     int n;
10    cout <<"Please enter the score:"<< endl;
11    cin>> n;
12    switch (n/10)
13    {
14        case 10:
15            cout <<"The grade is A"<< endl;
16            break;
17        case 9:
18            cout <<"The grade is A"<< endl;
19            break;
20        case 8:
21            cout <<"The grade is B"<< endl;
22            break;
23        case 7:
24            cout <<"The grade is C"<< endl;
25            break;
26        case 6:
27            cout <<"The grade is C"<< endl;
```

```
28              break;
29          default:
30              cout <<"The grade is D"<< endl;
31      }
32  }
```

```
Please enter the score:
98
The grade is A
Please enter the score:
88
The grade is B
Please enter the score:
78
The grade is C
Please enter the score:
66
The grade is C
Please enter the score:
56
The grade is D
```

图 3-8　例 3-4 运行结果

程序运行结果如图 3-8 所示。

上例中，当 n/10 的值为 10 或 9 时，case 后的语句相同，输出等级都是"A"；同样，当 n/10 的值为 7 或 6 时，case 后的语句也相同，输出等级都是"C"。C++规定，当多个 case 共用相同语句时，可以对相同语句进行简化处理，如例 3-4 中的第 14～19 行代码可替换为：

```
case 10:
case 9:
    cout <<"The grade is A"<< endl;
```

同理，第 23～27 行代码也可替换为：

```
case 7:
case 6:
    cout <<"The grade is C"<< endl;
```

但是下面写法是错误的：

```
case 10, 9:
    cout <<"The grade is A"<< endl;
```

如果 switch 语句中 case 标号后省略了 break，则程序会从第 1 个匹配的 case 开始不加判断地执行 switch 语句中剩下的所有语句，直到遇到第 1 个 break 为止。例如：

```
1   switch(a)
2   {
3     case'A':
4         cout <<" It is A"<< endl;
5     case 'B':
6         cout <<" It is B"<< endl;
7     case'C':
8         cout <<" It is C"<< endl;
9      break;
10  default:
11     cout <<" It is D"<< endl;
```

当字符变量 a 的值为'B'时，程序的执行结果为：

```
It is B
It is C
```

如果去掉第 9 行的 break;则程序的结果变为：

```
It is B
It is C
It is D
```

3.5 for 循环语句

在 C++程序中，常常会出现在满足给定条件下，需要重复执行相同操作的情况。这种重复执行相同的操作就是循环，C++提供了 3 种实现循环的语句：for 语句、while 语句和 do…while 语句。在循环语句中，被重复执行的操作叫作循环体，循环体可以由一条语句组成，也可以由一个语句块或空语句组成。

3.5.1 for 语句

for 语句的语法格式如下：

```
for(表达式 1;表达式 2;表达式 3)
   循环体
```

其中，for 是关键字；表达式 1 用来给循环变量赋初值，表达式 1 在循环变量中仅执行一次；表达式 2 是循环继续进行的条件；表达式 3 是对循环变量的值进行修改。

for 语句的执行过程为：

① 计算表达式 1 的值；

② 计算表达式 2 的值，如果值为 false 或 0，则结束循环，转到⑥；

③ 如果表达式 2 的值为 true 或非 0，则执行循环体；

④ 计算表达式 3 的值；

⑤ 转到②；

⑥ 执行 for 语句的后续语句。

for 语句流程如图 3-9 所示。

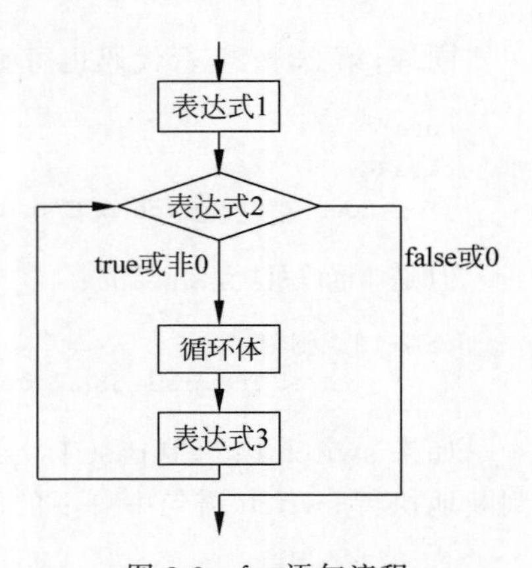

图 3-9 for 语句流程

for 语句不仅可以用于循环次数确定的情况，还可以用于循环次数虽不确定但给出了循环继续条件的情况。

【例 3-5】 用 for 语句计算 1＋2＋3＋…＋100。

```
1    /***************************************************
2                          程序文件名:Ex3_5.cpp
3                          for 语句计算 1 + 2 + 3 + … + 100
4    ***************************************************/
5    #include <iostream>
6    using namespace std;
7    main()
8    {
9        int i,sum = 0;                              //将累加变量 sum 初始化为 0
10         for(i = 1; i <= 100; i++)                 //i 为循环变量,循环次数为 100
11       {
12           sum += i;                               //实现累加
13       }
14     cout <<"sum = "<< sum << endl;
```

```
15 }
```

```
sum= 5050
```

图 3-10 例 3-5 运行结果

程序运行结果如图 3-10 所示。

根据程序的不同要求，对 for 语句中的表达式可以进行相应默认。

（1）表达式 1 可以默认。由于表达式 1 的作用是给循环变量赋初值，所以若默认表达式 1，则应在 for 语句之前有给循环变量赋初值的语句。虽然默认表达式 1，但是其后的分号不能默认。

例如：

```
int a = 0;
for( ; a < 100 ; a++)                    //默认表达式 1,但分号必须保留
   sum += a;
```

（2）表达式 2 可以默认。表达式 2 的作用是判断循环继续进行的条件，若默认表达式 2，则循环会无条件永远进行下去。虽然默认表达式 2，但是其后的分号同样不能默认。

例如：

```
for(a = 0; ;a++)                         //默认表达式 2,但分号必须保留
   sum += a;
```

等价于：

```
for(a = 0;1 ;a++)                        //默认表达式 2 相当于循环条件永远为真
   sum += a;
```

（3）表达式 3 可以默认。表达式 3 的作用是对循环变量进行修改，因此若默认表达式 3，则在每次循环结束后，应该有对循环变量进行修改的语句，否则循环一旦开始运行则永远无法正常结束。

例如：

```
for(a = 0;a < 100 ; )          //默认表达式 3,循环变量的值永远为 0,程序将永远进行下去
   sum += a;
```

若默认表达式 3 并让程序能够正常结束，则需要添加如下修改循环变量的语句：

```
for(a = 0;a < 100 ; )
{
   sum += a;
   a++;                                  //使循环变量 a 自增 1
```

for 语句不但可以默认 3 个表达式中的一个，而且可以同时默认 3 个表达式中的任意两个，C++认为最极端的同时默认 3 个表达式的写法也是合法的。不管表达式默认与否，for 语句圆括号中的两个分号缺一不可。

3.5.2 for 语句的循环嵌套

在一个循环中又包含其他循环的结构称为循环嵌套。for 语句可以实现循环嵌套。

【例 3-6】 用 for 语句实现在屏幕上输出以下图案：

```
       *
     * * *
   * * * * *
 * * * * * * *
```

```
1  /*************************************************
2                 程序文件名:Ex3_6.cpp
3                 for语句实现循环嵌套
4  *************************************************/
5   #include <iostream>
6  using namespace std;
7  main()
8  {
9   int i,j,k;
10 for (i = 0;i <= 3;i++)                    //外重循环,循环4次,显示4行
11 {
12    for (j = 0;j <= 2 - i;j++)             //内重循环
13    {
14      cout <<" ";
15    }
16    for (k = 0;k <= 2 * i;k++)             //内重循环
17    {
18      cout <<" * ";
19    }
20      cout <<"\n";                          //外重循环中的语句
21  }
22 }
```

【程序解释】

(1) 在例3-6中,共有两重循环嵌套,第10行的for语句对应的是外重循环,主要控制对应图案显示的行数。

(2) 第12行和第16行的for语句对应的都是内重循环,分别显示每一行的空格符和“ * ”。

(3)第20行是外重循环的语句,用来实现每行输出结束后换行,其中“\n”的作用和endl的作用完全相同。

3.6 while循环语句

3.6.1 while语句

while循环语句也称为当型循环,当满足判断条件,则执行循环；语句的语法格式如下：

```
while(条件表达式)
    循环体
```

其中,while是关键字；条件表达式是C++中的一个合法表达式,表示是否执行循环体的判断条件。循环体可以是一条语句,也可以是复合语句。如果循环体是一条语句,则其两边有无花括号皆可；如果循环体是复合语句,则复合语句必须被包含在一组花括号中。

while 语句的执行过程为：

① 计算条件表达式的值，如果值为 false 或 0，则结束循环，转到④；

② 如果条件表达式的值为 true 或非 0，则执行循环体；

③ 转到①；

④ 执行 while 语句的后续语句。

while 语句流程如图 3-11 所示。

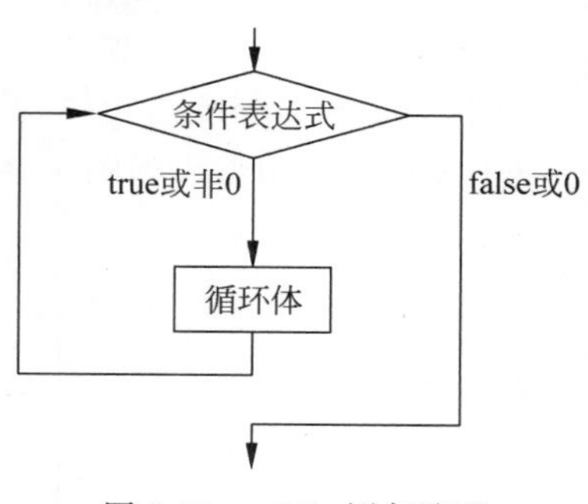

图 3-11 while 语句流程

【例 3-7】 用 while 语句计算 1+2+3+…+100。

```
1   /**************************************************
2                   程序文件名:Ex3_7.cpp
3                   while 语句计算 1 + 2 + 3 + … + 100
4    **************************************************/
5   #include <iostream>
6   using namespace std;
7   main()
8   {
9    int i = 1, sum = 0;
10   while(i <= 100)                    // 判断 i<100 是否成立
11   {
12     sum += i;                        // 实现累加
13     i++;
14   }
15   cout <<"sum = "<< sum << endl;
16  }
```

sum= 5050

图 3-12 例 3-7 运行结果

程序运行结果如图 3-12 所示。

(1) 对比例 3-5 和例 3-7 可以看出，while 前“i=1”的作用相当于 for 语句的表达式 1，用来给循环变量赋初值。

(2) while 语句中条件表达式“i<=100”的作用相当于 for 语句的表达式 2。

(3) while 语句中“i++”的作用相当于 for 语句的表达式 3，用来修改循环变量。

(4) while 语句和 for 语句可以相互替换使用。

3.6.2 do…while 语句

do…while 循环语句也称为直到型循环，语句的语法格式如下：

```
do
  循环体
while(条件表达式);
```

其中，do 和 while 都是关键字；循环体可以是一条语句，也可以是复合语句；条件表达式是 C++中的一个合法表达式，给出是否继续执行循环体的判断条件。

do…while 语句的执行过程为：

① 执行循环体；

② 计算条件表达式的值，如果值为 false 或 0，则结束循环，转到④；

③ 如果条件表达式的值为 true 或非 0，则转到①；

④ 执行 do…while 语句的后续语句。

do…while 语句流程如图 3-13 所示。

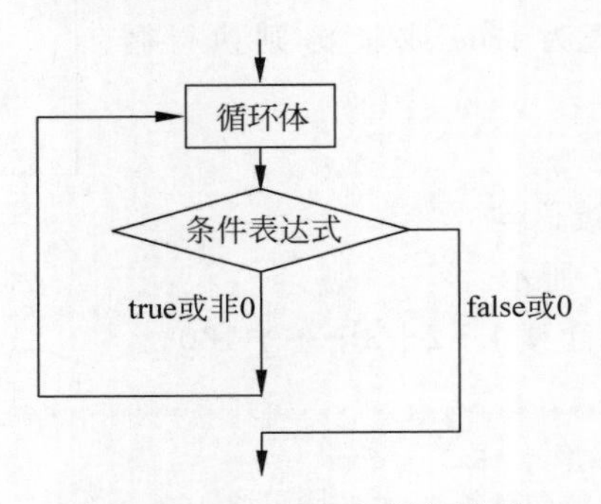

图 3-13　do…while 语句流程

【例 3-8】 用 do…while 语句计算 1＋2＋3＋…＋100。

```
1   /*****************************************************
2                   程序文件名:Ex3_8.cpp
3                   do … while 语句计算 1 + 2 + 3 + … + 100
4    *****************************************************/
5   #include <iostream>
6   using namespace std;
7   main()
8   {
9    int i = 1,sum = 0;
10   do                                   // 不判断条件,先执行一次循环体
11   {
12     sum += i;                          // 实现累加
13     i++;
14   } while(i <= 100);                   //判断 i <= 100 是否成立,分号不能漏掉
15   cout <<"sum = "<< sum << endl;
16  }
```

sum= 5050

图 3-14　例 3-8 运行结果

程序运行结果如图 3-14 所示。

(1) 对比 do…while 语句和 for 语句、while 语句可以看出，不管条件表达式是否成立，do…while 语句中循环体最少执行次数为 1，而 for 语句和 while 语句的最少执行次数为 0。

(2) do…while 语句条件表达式后的分号一定不能漏掉。

3.7 转移语句

C++语言提供了一些用以改变程序中语句执行顺序的转移语句，转移语句能够使程序从某一条语句有目的地转移到另一条语句执行。常用的转移语句有 break 语句、continue 语句和 goto 语句。其中 break 语句和 continue 语句是半结构化的控制语句，goto 语句是非结构化的控制语句。

3.7.1 break 语句

break 语句用在 switch 语句和所有循环语句中。

break 语句在 switch 语句中，用来跳出 switch 语句，继续执行 switch 后的语句；在循环语句中，用来跳出包含它的最内层循环体。例如，下面的代码在执行了 break 语句后，继续执行“sum＝100”处的语句，而不是跳出所有循环：

```
for(i = 0;i < 100;i++)
{
  for(j = 0;j < i;j++)
  {
      if(j > 100)
      {
        break;
      }
      sum += j;
  }
  sum = 100;
}
```

【例 3-9】 输出 10～100 的全部素数(素数 i 是指除 1 和 i 之外，不能被 2～(i－1)的任何整数整除的数)。

```
1   /**************************************************
2                   程序文件名:Ex3_9.cpp
3                   输出 10～100 的全部素数
4    **************************************************/
5   #include < iostream >
6   using namespace std;
7   main()
8   {
9    int i = 11, j, counter = 0;
10   for( ; i< = 100; i += 2)                //外循环:为内循环提供一个整数 i
11   {
12     for(j = 2; j < = i - 1; j++)          //内循环:判断整数 i 是否是素数
13     {
14       if(i % j == 0)                      //i 不是素数:因为能被 2～(i - 1)的某个数整除
15           break;                          //强行结束内循环,执行第 17 行语句
16     }
17     if(counter % 10 == 0)                 //输出 10 个数后换行
18       cout <<"\n";                        //换行
19      if(j >=  i)                          //整数 i 是素数:输出后计数器加 1
20      {
21       cout <<" "<< i;
22       counter++;
23      }
24   }
25   cout <<"\n";
26  }
```

程序运行结果如图 3-15 所示。

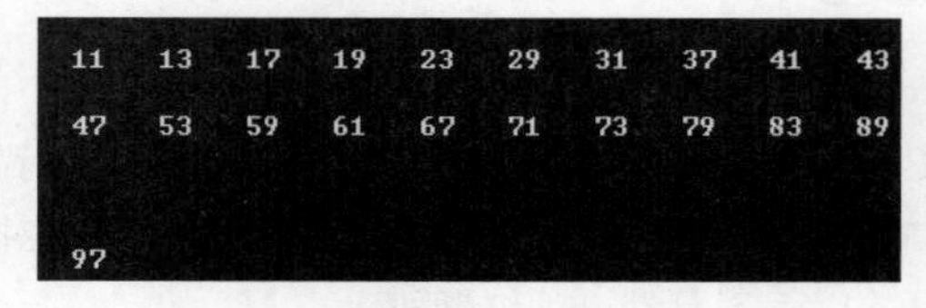

图 3-15 例 3-9 运行结果

【程序解释】

(1) 在例 3-9 中，共有两重循环嵌套，第 10 行的 for 语句对应外重循环，第 12 行的 for 语句对应内重循环。

(2) 当执行到第 15 行的 break 时，跳出内重循环，继续执行第 17 行。

3.7.2 continue 语句

continue 语句仅用在循环语句中。

continue 语句的功能是从包含 continue 的最内层循环体的当前位置，跳过循环体中本次循环尚未执行的语句，接着进行下一次是否执行循环的判定。也可以这样理解：在循环体中如果遇到了 continue 语句，则立即结束循环体的本次循环，接着开始下一次循环的判定。

例如：

```
1    for(int i = 100;i <= 200;i++)
2    {
3      if(i % 3 == 0)                              //判断 i 能否被 3 整除
4        continue;
5      cout << i << endl;
6    }
```

这段代码用来输出 100～200 所有不能被 3 整除的整数。

其执行过程为：

① 判断表达式 2(即 i<=200)是否成立；

② 如果值为 false 或 0，则结束循环，转到⑧；

③ 如果值为 true 或非 0，则转到④；

④ 判断“i%3==0”是否成立，如果不成立，转到⑤，否则转到⑥；

⑤ 执行第 5 行，转到⑦；

⑥ 执行第 4 行“continue”，转到⑦；

⑦ 计算表达式 3(即 i++)的值，转到①；

⑧ 执行 for 的后续语句。

continue 语句与 break 语句的区别是：遇到 continue 语句，立即结束本次循环，但不终止包含它的整个循环；遇到 break 语句则立即结束循环，并且终止包含它的整个循环。

3.7.3 goto 语句

goto 语句使程序跳转到语句标号所指的位置开始执行，其格式如下：

```
goto 语句标号;
```

语句标号属于标识符,其形式如下:

```
语句标号: 语句
```

这里的语句可以是任何语句,如 while 语句、for 语句等。

在 C++中。goto 语句只能用在函数体。在同一函数体中,语句标号应该是唯一的。例如:

```
i = 1,sum = 0;
wen: sum += i;
if(i <= 100)
   goto wen;
cout <<"sum is"<< sum < endl;
```

编译器遇到了 goto 语句会无条件地转向语句标号后的语句。但是在循环语句中,只能利用 goto 语句从循环体内跳出,而不能从循环体外跳到循环体内。

3.8 实例应用与剖析

【例 3-10】 输出 100～200 所有不能被 3 整除也不能被 7 整除的整数。

```
1   /**************************************************
2                      程序文件名:Ex3_10.cpp
3                      for 语句求素数
4   **************************************************/
5   #include <iostream>
6   using namespace std;
7   main()
8   {
9      cout <<"100～200 不能被 3 和 7 整除的数为\n";
10     for(int i = 100;i <= 200;i++)
11     {
12       if(i % 3!= 0&&i % 7!= 0)
13         cout << i <<" ";
14     }
15    cout <<"\n";
16  }
```

程序运行结果如图 3-16 所示。

```
100-200不能被3和7整除的数为
100     101     103     104     106     107     109     110     113     115
116     118     121     122     124     125     127     128     130     131
134     136     137     139     142     143     145     146     148     149
151     152     155     157     158     160     163     164     166     167
169     170     172     173     176     178     179     181     184     185
187     188     190     191     193     194     197     199     200
Press any key to continue
```

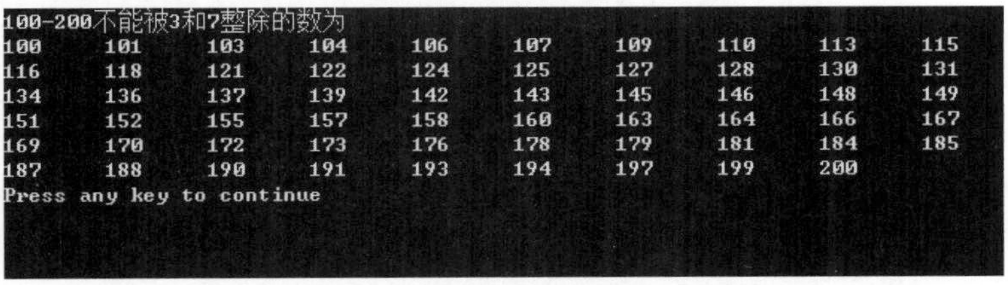

图 3-16 例 3-10 运行结果

【程序解释】

(1) 第10行使用了for语句,表达式1“int i=100”在定义循环变量i的同时给其赋初值100。

(2) for语句从第10行开始,到第14行结束,循环体循环201次。

视频

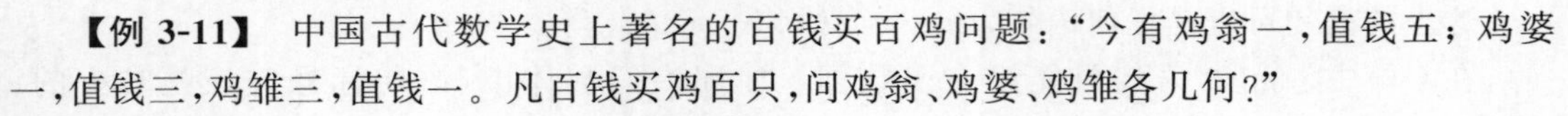

【例3-11】 中国古代数学史上著名的百钱买百鸡问题:“今有鸡翁一,值钱五;鸡婆一,值钱三,鸡雏三,值钱一。凡百钱买鸡百只,问鸡翁、鸡婆、鸡雏各几何?”

```
1    /*****************************************************
2                       程序文件名:Ex3_11.cpp
3                       嵌套for语句计算百钱买百鸡问题
4     *****************************************************/
5    #include<iostream>
6    using namespace std;
7    main()
8    {
9      int cock,hen,chick;
10     cout<<" 鸡翁 鸡婆 鸡雏"<<endl;
11     for(cock = 0;cock <= 20;cock++)
12       for(hen = 0;hen <= 33;hen++)
13       {
14          chick = 100 - cock - hen;
15          if(cock * 5 + hen * 3 + chick/3 == 100 && chick % 3 == 0)
16            cout<<" "<<cock<<" "<<hen<<" "<<chick<<endl;
17       }
18   }
```

程序运行结果如图3-17所示。

图3-17 例3-11运行结果

【程序解释】

(1) 这是双重for循环嵌套问题。

(2) 由cock+hen+chick=100和5 * cock+3 * hen+chick/3=100可知,百钱最多能买鸡翁20只或鸡婆33只,这与第11行和第12行的两个循环继续条件相对应。

(3) 第15行的判断条件为鸡翁、鸡婆和鸡雏的总和为100,并且鸡雏的数目要被3整除。

【例3-12】 编写程序,从键盘输入一个整数,逆向输出其各位数字,同时求出其位数以及各位数字之和。

```
1    /*****************************************************
2                       程序文件名:Ex3_12.cpp
3                       while语句求逆序问题
4     *****************************************************/
5    #include<iostream>
6    using namespace std;
7    main()
8    {
9      int num,sum = 0,k,i = 0;
10     cout<<"请输入一个整数:";
11     cin>>num;
12     cout<<"逆序为:";
```

```
13    while(num > 0)
14    {
15      k = num % 10;
16      cout << k;
17      sum += k;
18      i++;
19      num/ = 10;
20    }
21   cout <<"\n 各个位数数字之和为:"<< sum << endl;
22   cout <<"你输入的是:"<< i <<<" 位数"<< endl;
23  }
```

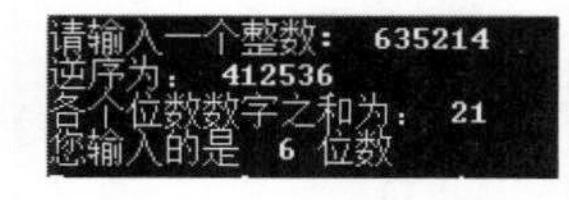

图 3-18 例 3-12 运行结果

程序运行结果如图 3-18 所示。

【程序解释】

(1) 根据提示输入整数,如“635214”,编译器会自动生成逆序“412536”以及各位数字之和“21”。

(2) num 存储被输入的整数；第 15 行“k＝num％10”,表示每次循环时,k 变量的值是 num 的个位数字。

(3) 每次循环结束后,num＝num/10,使编译器能够依次获取每位数字；编译器将每次获取的个位数字输出,其输出的组合便是原数字的逆序。

(4) 变量 sum 的作用是将每次循环计算得到的 k 值相加,所得结果便是各位数字之和,循环的次数便是输入数字的位数。

3.9 建模扩展与优化

【例 3-13】 基于例 3-11 的百钱买百鸡问题进行扩展如下：鸡翁一,值钱五；鸡婆一,值钱三,鸡雏三,值钱一。凡 n 钱买鸡 n 只,问鸡翁、鸡婆、鸡雏各几何？

```
1  /*************************************************/
2                  程序文件名:Ex3_13.cpp
3                  降低时间复杂度计算 n 钱买 n 鸡问题
4  /*************************************************/
5  #include <bits/stdc++.h>
6  using namespace std;
7  main(){
8  int n,cock,hen,chick,s = 0;
9  cout <<"请输入钱数:";
10 cin >> n;
11 for(cock = 0; cock < = n/5;cock++)
12 {
13   hen = (n - 7 * cock)/4;
14   chick = n - cock - hen;
15   if (5 * cock + 3 * hen + chick/3 == n&&chick % 3 == 0)
16   {
17    if (hen >=  0 && cock >= 0)
18    {
19      s++;
```

```
20         cout <<"鸡翁"<< cock <<"只"<<" 鸡母"<< hen <<"只 鸡雏"<< chick <<"只"<< endl;
21       }
22     }
23   }
24   if(s == 0)
25   {
26     cout <<"无解";
27   }
28   else
29   {
30     cout << endl <<"共有"<< s <<"种方案组合"<< endl;
31   }
32 }
```

程序运行结果如图 3-19 所示。

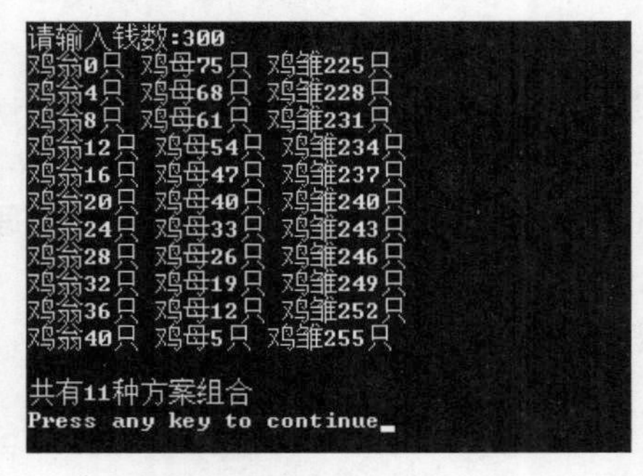

图 3-19 例 3-13 运行结果

【程序解释】

(1) 例 3-11 的时间复杂度为 $O(n^2)$，本题将时间复杂度降低为 $O(n)$。

(2) 第 5 行导入万能头文件 stdc++.h。

(3) 设鸡翁 cock 只，鸡婆 hen 只，则鸡雏 chick＝n－cock－hen 只，可得到方程：5＊cock＋3＊hen＋(n－cock－hen)/3＝n。

(4) 第 11～23 行，用一层循环来枚举鸡翁数量 cock。

(5) 第 14 行计算鸡母数量为 hen＝(n－7＊cock)/4，则第 17 行只需判断鸡雏、鸡婆个数是否为非负数即可。

思考：

在使用多重循环求解问题时，如何减少循环嵌套数量进行枚举，以降低时间复杂度。

【例 3-14】 一诺是小动物保护协会成员，她在家里养了 n 只兔子，除去生病和走失的情况，兔子的数量每个月以 1.72 倍的速度递增。请计算 k 个月后，一诺家共有多少只兔子？（如果计算出的数字是小数，则小数部分按照一只进行计算。）

```
1  /*****************************************************/
2                  程序文件名:Ex3_14.cpp
3                  兔子繁殖问题
4  /*****************************************************/
5  #include <iostream>
```

```
6     #include <cmath>
7     using namespace std;
8     main( )
9     {
10     int n,k;
11     cout <<"请输入兔子初始数量 n:";
12     cin >> n;
13     cout <<"请输入经历的月数 k:";
14     cin >> k;
15     double s = 1.0 * n;
16     for (int i = 1;i <= k;i++)
17     {
18       s = s * 1.72;
19     }
20     cout <<"经过"<< k <<"个月后,兔子的数量变为"<< ceil(s)<<"只"<< endl;
21    }
```

程序运行结果如图 3-20 所示。

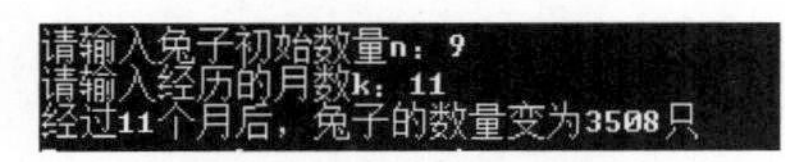

图 3-20　例 3-14 运行结果

【程序解释】

(1) 初始兔子数量 1＜n≤10,月份 0＜k≤12。

(2) 经过 k 月后,经过 1.72 倍递增后的值可能包含小数部分,故第 15 行中数量 s 的数据类型定义为 double。

(3) 第 20 行 ceil()是取整函数,返回大于等于 s 的最小整数。

小结

(1) 在表达式后添加分号构成语句；语句包括单语句和块语句,若干语句通过{}组成块语句。

(2) if 语句是最简单的判断控制语句,包括 if 和 if…else 两种基本形式,简单的 if…else 语句可以与条件运算符相互替换使用。

(3) switch…case 语句常用来解决多重选择分支问题,使程序的结构更加清晰；case 语句可以有不同的精简表示形式,与 break 语句结合使用。

(4) C++的循环语句包括 for 语句、while 语句和 do…while 语句，for 语句通常可与 while 语句互相替换。当循环次数不确定时,常使用 while 语句；当循环次数不确定且循环体至少执行一次时,常使用 do…while 语句；当循环次数已知时,常使用 for 语句。for 语句的 3 个表达式有不同的功能,在某些情况下可以缺省,但是表达式间的分号必须保留。

(5) C++语言提供 3 种转移语句,其中 break 语句在 switch 语句和循环语句中,用以结束 switch 语句或其所在的最内层循环体；continue 语句仅在循环语句中使用,用以其所在循环体的本次循环继续进行下一次循环,建议尽量少使用 goto 语句。

习题 3

1. 选择题

（1）下列正确的 if 语句是（　　）。

A. if(1＜＝m＜＝n)m＋＋；

B. if(m＝＝n) m＋＋；

C. if(m＜n) {m＋＋ n＋＋；}

D. if(m！＝n) cout＜＜m；　else cout＜＜n；

（2）下列程序的输出结果是（　　）。

```
main()
{
  int a(24),b(35),c(46);
  if(a > b)
    a = b; b = c; c = a;
  cout <<"a = "<< a <<",b = "<< b <<",c = "<< c;
}
```

A. a＝24,b＝35,c＝46　　B. a＝24,b＝46,c＝24

C. a＝35,b＝46,c＝24　　D. a＝35,b＝46,c＝35

（3）下列程序段的输出结果是（　　）。

```
int i(2),j(3), k(9), m(8), n(7);
if (i < j)
if(k < m)
n = 1;
else if(i < k)
if(j < m)
n = 6;
else n = 3;
else n = 7;
else n = 11;
cout << n;
```

A. 3　　B. 6　　C. 7　　D. 11

（4）下列程序的输出结果是（　　）。

```
main()
{
 int i(0),j(0),k(1);
 switch(k)
 {
   case 0:j++;
   case 1:i++;
   case 2:i++;j++;
 }
 cout <<"i = "<< i <<"j = "<< j;
```

```
}
```

A. i=2,j=2　　B. i=1,j=1　　C. i=1,j=0　　D. i=2,j=1

(5) j=(i>0? 1：i<0? −1：0);的功能等同于下列哪个 if 语句？(　　)

A.
```
j = -1;
if(i)
if(i>0) j = 1;
else if(i == 0) j = 0;
else j = -1;
```

B.
```
if(i)
if(i>0) j = 1;
else if(i<0) j = -1;
```

C.
```
if(i>0) j = 1;
else if(i<0) j = -1;
else j = 0;
```

D.
```
j = 0;
if(i>=0)
if(i>0) j = 1;
else j = -1;
```

(6) 下列程序段的结果是(　　)。

```
int i(1),j(10) ;
do
{
  j -= i;i++;
}while(j-- >=9);
cout << i <<","<< j;
```

A. i=3,j=11　　B. i=3,j=5　　C. i=1,j=−1　　D. i=4,j=9

(7) 下列的程序段循环了多少次？(　　)

```
int k = 10;
 while (k = 3)
  k = k - 1;
```

A. 0 次　　B. 3 次　　C. 7 次　　D. 死循环

(8) 下列与“for(式 1；式 2；式 3；)循环体；”功能相同的语句是(　　)。

A. 式 1；while(式 2){循环体；式 3；}

B. 式 1；while(式 2){式 3；循环体；}

C. 式 1；do{循环体；式 3；} while(式 2)

D. do{式 1；循环体；式 3；} while(式 2)

(9) 下列循环执行的次数是(　　)。

```
for(int x = 0,y = 0;(y = 1)&&(x < 3);x++)
```

A. 1 次　　B. 2 次　　C. 3 次　　D. 4 次

(10) 下列程序段的运行结果是(　　)。

```
int i(2),j(1);
for(;i <= 100;i++)
{
  if(j >= 10) break;
  if(j % 3 == 1)
```

```
    {
        j += 3;
        continue;
    }
    i = i + 1;
}
cout << i;
```

A. 101　　B. 6　　C. 5　　D. 4

2. 编程题

(1) 求 sn＝a＋aa＋aaa＋…＋aa…aa(n 个 a)之值，其中 a 是一个数字(例如：3＋33＋333＋3333，此时 n＝4，n 由键盘输入)。

(2) 从键盘输入一个整数，判断该数是否为回文数(所谓回文数就是从左向右读和从右向左读一样的数，如 7887、23432)。

(3) 编写程序，分别正向、逆向输出 26 个大写英文字母。

3. 读程序写结果。

(1)
```
#include <iostream>
using namespace std;
int sum,k;
main()
{
    for(sum = 0,k = 1;k < 10;k++)
    {
        if(k % 2 == 0)
          continue;
        sum += k;
    }
  cout <<"sum = "<< sum << endl;
}
```

(2)
```
#include <iostream>
using namespace std;
main()
{
    int a(18),b(21),m(0);
    switch(a % 3)
    {
        case 0: m++;break;
        case 1: m++;
                switch(b % 2)
                {
                  default: m++;
                  case 0: m++;break;
                }
    }
    cout << m;
}
```

第4章 函　数

CHAPTER 4

随着程序代码量和复杂度的增加，需要将一些功能重复的程序段抽象出来形成独立的功能模块，继而将程序分成规模小且容易管理的模块，此类模块叫作函数。函数是C++程序的基础，学习本章后，应能够领会函数调用的内部实现机制，区分函数声明与定义。

学习目标

- 熟练掌握函数的声明与定义；
- 掌握函数的调用、嵌套调用及形参和实参的传递过程；
- 掌握递归函数的使用，并区分递归函数与循环结构；
- 掌握函数重载的机制；
- 掌握带有默认形参值的函数及其与重载函数的区别；
- 灵活使用各种函数及调用关系。

4.1 函数的定义与调用

在C++实际编程中，很多程序的代码动辄几万甚至上百万行。对这样规模的程序代码进行修改和维护需要高效的策略，一种策略是将大的程序分解成若干相对独立、易于管理的程序单元，也就是模块化，这样不仅可以方便程序员对代码进行修改和维护，还可以方便用户阅读。

C++由函数实现模块化的功能，函数把相关语句组织在一起，并注明相应的名称。C++中的函数分为标准库函数和用户自定义函数。标准库函数是由系统提供的公共函数，可以在包含了相应头文件后被程序直接使用；用户自定义函数是由用户根据需要自己编写的函数。任何C++程序都是从main()函数开始的，main()函数也叫主函数，它是程序执行的入口。程序中其他的函数是子函数。主函数只能被系统自动调用，而不能被其他子函数或自身调用；子函数可以被主函数调用，也可以被其他子函数或自身调用。

4.1.1 函数的定义

函数只有在定义后才能被使用。函数定义是指编写实现某种功能的程序块。函数定义的语法格式为：

```
函数返回类型 函数名 ([数据类型 1 参数 1][,数据类型 2 参数 2][,……])
                    形参列表
```

```
{
  函数体
}
```

函数首部是定义格式中的第1行，包括函数返回类型、函数名和形式参数列表（简称形参列表）。其中：

（1）函数返回类型是函数返回值的类型，可以是任意数据类型，它是函数执行过程中通过 return 语句返回值的类型；如果函数没有返回值，则需要使用“void”作为函数返回类型。

（2）函数名是函数的标识，应该符合 C++标识符的命名规则，用户通过使用该函数名和实际参数可以调用该函数。

（3）形参列表可以包含任意多个参数，也可以没有。当形参列表多于一个参数时，前后两项之间必须用逗号隔开。每个参数项由一种已经定义的数据类型和一个合法的变量标识符组成，该变量标识符称为函数的形式参数（简称形参），其前面的数据类型是该形参的类型。

（4）如果函数没有形参，则形参列表位置为空白，但是其两边的圆括号不能省略。这种没有形参的函数称为无参函数，如 int func()；但是这种形式在 C 语言中表示一个可带任意参数（任意数目、任意类型）的函数。

（5）花括号中的函数体由若干语句序列组成，用于完成具体的操作。函数体中没有任何语句的函数称为空函数。

（6）每个函数完成独立的功能，在一个函数体中定义另外一个函数的情况称为函数的嵌套定义。C++不允许出现嵌套定义。

例如，下面程序段中 max()函数定义在 function()函数中，是非法的嵌套定义：

```
int function1(float a, int b)
{
    …
    double max( double m, double n)                          //错误!嵌套定义
    {
      …
    }
    …
}
```

（7）main()函数是程序的入口，称为主函数。C++规定在一个程序中有且仅有一个 main()函数。

【例 4-1】 定义一个求两个整数中最大值的函数。

```
1    int max(int x, int y)                            //int max(int x, y) 是错误的
2    {
3      return x > y?x:y;
4    }
```

上面程序段第1行是函数首部，函数返回类型是 int，函数名是 max；函数有两个形参，第1个是 x，第2个是 y，两个形参的类型都为 int（注意：每个形参的类型都必须单独说明，即使类型相同也不能省略）；第2～4行是函数体，return 语句后的表达式 x > y？ x：y 的类

型必须与函数返回类型完全一致,也为 int。

函数一经定义,就可以在程序中被多次使用,C++通过函数调用来实现函数的使用。

4.1.2 函数的调用

在 C++中,除了 main()函数被系统自动调用外,其他的函数都被 main()函数直接或间接调用。调用函数就是执行该函数的函数体,调用函数的语法格式如下:

```
函数名 ([参数 1][,参数 2]……[,参数 n]);
                实参列表
```

(1) 函数的调用语句由三部分组成:函数名、实际参数列表(简称实参列表)和分号。

函数的实参用来给形参赋值,因此实参的个数、顺序以及数据类型应该与形参的完全一致。

(2) 函数被调用时,首先计算实参的值,然后跳转到该函数的定义部分,将实参的值

赋给相应的形参(第 1 个实参的值赋给第 1 个形参,第 2 个实参的值赋给第 2 个形参,……)。

(3)如果函数没有返回值,即返回值类型为 void,则该函数没有返回值,调用函数一般可作为单独的语句使用;如果函数有返回值,调用函数一般以表达式的形式出现,其返回值直接参与运算。

函数调用的执行过程分 3 个步骤:①函数调用;②函数体的执行;③返回函数值,即将函数运算结果返回函数调用语句。

【例 4-2】 输入两个整数,求其中较大的数。

```
1   /****************************************************
2                    程序文件名:Ex4_2.cpp
3                    函数调用应用举例
4   ****************************************************/
5   #include <iostream>
6   using namespace std;
7   int max(int x,int y)
8   {
9     return x>y?x:y;
10  }
11  main()
12  {
13    int m,n;
14    cout<<"请输入两个整数:";
15    cin>>m>>n;
16    cout<<"较大的数是:"<<max(m,n)<<endl;
17  }
```

```
请输入两个整数:66 98
较大的数是: 98
```

图 4-1 例 4-2 运行结果

程序运行结果如图 4-1 所示。

例 4-2 中,第 7～10 行是函数的定义,定义了名为 max,返回值类型为 int 的函数。第 16 行的 max(m,n)是函数的调用,其值可直接参与运算。程序的执行过程为:

(1) 进入 main()函数，按照提示输入两个整数，分别存储在变量 m 和 n 中；

(2) 在第 16 行遇到了函数的调用 max(m,n)，跳转到第 7 行，也就是函数的定义体，并且将实参 m、n 的值分别赋给形参 x、y；

(3) 将函数体运算后的结果（即两个数中较大者）通过 return 语句返回到函数的调用位置，此例中 max(m,n)获得返回值 98。

注意： 函数参数的传递是单向的，只能由实参传给形参，而不能由形参传给实参。

4.1.3 函数的嵌套调用

C++中函数的定义是平行的，除了 main()函数被系统自动调用外，其他函数都可以互相调用。假设存在三个函数：f1()、f2()和 f3()，函数 f1()既可以直接调用函数 f3()，也可以先调用函数 f2()，再由函数 f2()调用函数 f3()，达到由函数 f1()间接调用函数 f3()的目的。函数的嵌套调用如图 4-2 所示。这种函数间的间接调用称为嵌套调用。

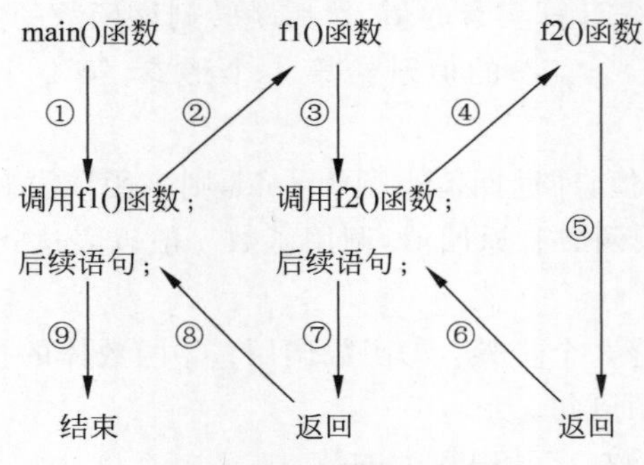

图 4-2 函数的嵌套调用

【例 4-3】 计算 $sum=1^k+2^k+3^k+\cdots+N^k$。

```
1   /*****************************************************
2                         程序文件名:Ex4_3.cpp
3                         函数的嵌套调用
4    *****************************************************/
5    #include < iostream >
6   using namespace std;
7    #define K 4                                    //符号常量
8    #define N 5
9   long f1(int n, int k)                          //计算 n 的 k 次方
10  {
11    long power = n;
12    int i;
13    for(i = 1;i < k;i++)
14    {
15      power * = n;
16    }
17    return power;
18  }
19  long f2(int n, int k)                          //计算 1～n 的 k 次方累加和
20  {
```

```
21    long sum = 0;
22    int i;
23    for(i = 1;i <= n;i++)
24    {
25      sum += f1(i, k);                              //调用函数 f1()
26    }
27    return sum;
28  }
29  main()
30  {
31    cout <<"Sum of "<< K <<" powers of integers from 1 to "<< N <<" = ";
32    cout << f2(N,K)<< endl;                         //调用函数 f2(),N、K 是实参
33  }
```

程序运行结果如图 4-3 所示。

```
Sum of 4 powers of integers from 1 to 5= 979
```

图 4-3 例 4-3 运行结果

【程序解释】

(1) 函数 f1()和 f2()的作用分别为计算 n 的 k 次方和计算 1～n 的 k 次方累加和。

(2) 例 4-3 中第 32 行,由主函数调用函数 f2(),此时执行将跳转到函数 f2()定义处,即第 19 行,并且将实参 N 和 K 传给函数定义的形参 n 和 k。

(3) 第 25 行,函数 f2()的 for 循环语句调用了函数 f1(),此时执行跳转到函数 f1()处,即第 9 行。

(4)函数 f1()的计算结果通过第 17 行的 return 语句返回到第 25 行的调用点;函数 f2()的计算结果通过第 27 行的 return 语句返回第 32 行的调用点。

(5) main()函数通过函数 f2()间接调用了函数 f1(),实现了函数的嵌套调用。

4.1.4 递归调用

有的 C++程序中会出现一个函数直接或间接调用自身的情况,这种函数调用自身称为递归调用。在递归调用中,调用函数又是被调函数,执行递归函数将反复调用其自身,每调用一次就进入新的一层。为了防止递归调用无终止地进行,必须在函数内设定终止递归调用的条件,并返回一个已知值。

使用递归的方法可以定义许多学科的概念。例如计算数学中的阶乘:

$$n! = \begin{cases} 1, & n=0 \\ n*(n-1)!, & n>0 \end{cases}$$

上式中 n 为不小于 0 的整数,"n=0 时,n!=1"就是终止递归调用的条件。求阶乘问题是一个经典的递归调用问题,从定义公式可以知道,阶乘采用了自己定义自己的方法。

【例 4-4】 利用递归求 n!。

```
1    /*****************************************************
2                   程序文件名:Ex4_4.cpp
3                   函数的递归调用
4    *****************************************************/
```

```
5   #include <iostream>
6   using namespace std;
7   long power(int n)                                //递归调用函数定义
8   {
9     long f;
10    if(n>0)
11      f = power(n-1) * n;
12    else
13      f = 1;
14    return f;
15  }
16  main()
17  {
18    int n;
19    long y;
20    cout <<"Please input an integar: ";
21    cin >> n;
22    y = power(n);
23    cout << n <<"!= "<< y << endl;
24  }
```

```
Please input an integar: 5
5!=120
```

图 4-4　例 4-4 运行结果

程序运行结果如图 4-4 所示。

【程序解释】

(1) 第 7 行的函数 power()是递归调用函数，因为在其函数体内，即第 11 行调用了函数自身，所不同的是参数有了变化，正是由于递归函数参数的变化才能在不同层次进行计算。

(2) 在函数内第 13 行设定终止递归调用的条件，其含义解释为“if(n<=0) f=1”。

(3) 当程序执行到 n==0 的层次时，给 f 赋指 1，即 power(0)=f=1；由 power(1)=power(0) * 1，便可计算出 power(1)的值，以此类推，便可回归到 power(n)=power(n-1) * n 的层次，最终得到 power(n)的值。

(4) 由例 4-4 可知，递归调用实际包含了“递推”和“回归”两个过程：当程序执行到递归调用函数时开始向新层次进行递推，一直递推到递归函数的终止条件时返回一个已知值，然后在已知值的基础上进行回归计算，最终得到函数值。

4.2　函数的声明

在 C++程序中，如果某函数在被调用前已经被定义过，编译器就可获得该函数的名称、类型和形参列表信息；如果某函数定义在其函数调用后，由于 C++程序执行前总是先由上向下顺序进行编译，编译到该函数调用时，会认为该函数是未经定义的非法函数。

因此，如果函数调用在函数定义之前，必须在函数调用语句前先对该函数原型进行声明，以通知编译器函数的名称、类型和形参列表信息，这样编译器才会认为该函数是合法的。

函数原型声明的语法格式如下：

```
函数返回类型　函数名([数据类型 1 参数 1][,数据类型 2 参数 2][,……]);
```

形参列表

（1）函数原型声明和函数定义时的首部在形式上基本相同，不同的是函数原型的声明是一条语句，结尾必须有分号，而函数定义没有分号。

（2）函数原型中的返回类型、函数名和形参列表必须与函数定义完全一致。

例如，下面对例4-2进行部分修改，使用了函数原型的声明：

```
int max(int x,int y);                          //函数原型声明
main()
{
  int m,n;
   cout <<"请输入两个整数:";
   cin >> m >> n;
   cout <<"较大的数是:"<< max(m,n)<< endl;     //函数的调用
}
int max(int x,int y)                           //函数定义
{
  return x > y?x:y;
}
```

（3）函数原型声明中的形参名可以与函数定义的形参名不一致，并且C++允许函数原型声明可以默认形参名。

例如，下面两个函数原型的声明：

```
int max(int x,int y);
int max(int ,int );
```

都是合法的，并且意义完全相同，函数原型声明中的形参名仅起到使程序清晰、增强可读性的作用。

4.3 内联函数

函数的使用不仅有利于代码重用，提高程序开发效率，还能够增强程序的可维护性。但是，频繁地进行函数调用也可能降低系统的效率，因为无论函数简单与否，其调用都包括参数传递、执行函数体和返回三个过程。程序遇到函数调用语句后，立即将执行转移到函数定义所在内存的某个地址，执行完函数体后再返回到函数的调用点继续执行后续语句。这要求程序在转移执行函数体之前，系统要保存现场并记忆调用语句的地址，当执行完函数体后再恢复现场，并按记忆的地址继续执行。因此，函数调用需要一定时间和空间方面的开销，尤其是某些规模不大、语句简单的函数体，如果被频繁地调用，其开销就要相对增加。

为了解决这一矛盾，C++提供了一种称为"内联函数"的机制。内联函数也称为内嵌函数。当在一个函数的定义或声明前加上关键字"inline"，则该函数被定义为内联函数。若一个函数被定义为内联函数，在程序编译阶段，编译器会把每次调用该函数的地方都直接替换为该函数体中的代码，这样节省了函数调用的保存现场、参数传递和返回等开销，从而提高了程序的执行效率。

需要注意的是，关键字 inline 必须与函数体放在一起才能使函数成为内联函数，仅将 inline 放在函数声明前面不起任何作用。如下面程序段的函数 isNumber 不能成为内联函数：

```
inline int isNumber(char);                     //inline 仅与函数声明放在一起
main()
{
  …
}
int isNumber(char ch)
{
  return (ch>= '0' && ch<= '9')?1:0;
}
```

而下面风格的函数 isNumber 则是内联函数：

```
int isNumber(char);
main()
{
  …
}
inline int isNumber(char ch)
{
  return (ch>= '0' && ch<= '9')?1:0;
}
```

因此，inline 是一种“用于实现的关键字”，而不是“用于声明的关键字”。虽然内联函数的声明、定义前都加 inline 关键字在语法上没有错误，但从高质量 C++/C 程序编程风格的角度讲，inline 不应该出现在函数声明中，函数声明与定义不可混为一谈。

【例 4-5】 判断输入项是否为数字。

```
1   /*************************************************
2                     程序文件名：Ex4_5.cpp
3                     内联函数的使用
4    *************************************************/
5   #include <iostream>
6   using namespace std;
7   int isNumber(char);
8   main()
9   {
10    char c;
11    while((c = getc(stdin))!= '\n')
12    {
13      if(isNumber(c))
14        cout <<"you entered a digit"<< endl;
15      else
16        cout <<"you entered a non_digit"<< endl;
17    }
18  }
19  inline int isNumber(char ch)
20  {
21    return (ch>= '0' && ch<= '9')?1:0;
22  }
```

程序运行结果如图 4-5 所示。

例 4-5 中第 19 行将 isNumber 定义为内联函数。当程序执行到第 13 行遇到了 if(isNumber(c))时，由于 isNumber 是内联函数，相当于把函数体 return (ch>='0' && ch<='9')? 1:0; 直接复制到 if()的圆括号中，而无须进行调用。

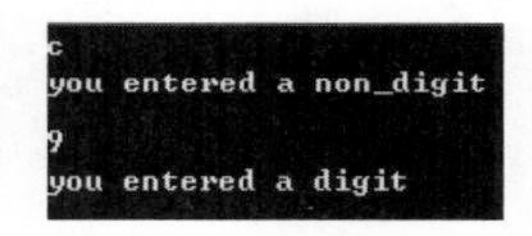

图 4-5　例 4-5 运行结果

虽然内联函数在某种程度提高了程序的执行效率，但是由于内联函数是以代码膨胀(复制)为代价，仅节省了函数调用的开销，如果执行函数体内代码的时间开销远大于函数调用的开销，那么内联函数提高的执行效率就会很少。因为内联函数的使用要复制代码，这也将增大程序的总代码量，消耗更多的内存空间，所以以下情况不宜使用内联函数：

(1) 函数体内的代码较长，使用内联将导致内存消耗代价较高。

(2) 函数体内出现循环、switch 和 goto 语句，那么执行函数体内代码的时间要比函数调用的开销大。

(3) 函数体内出现数组的说明和递归函数。

(4) 内联函数只适合于包含 1～5 行简单语句的小函数。

4.4　函数重载

C 或 PASCAL 等很多编程语言规定程序中的函数名不能重复，需要为每个函数名设定唯一的标识符。例如，求整型、字符型和浮点型数据的和，不得不设定三个不同的函数名：addint()、addchar()和 adddouble()，这不仅增加了编程人员的工作量，还增加了程序阅读的困难。

为解决这一矛盾，C++借鉴客观世界的方法，提供了“函数重载”的机制。函数重载是指程序中定义两个或两个以上函数名完全相同的函数，但是函数的参数列表(参数类型或参数个数)不完全相同。例如，在客观世界中人们可以说“打饭”“打毛衣”或“打篮球”，虽然“打”字相同，但是由于所施动的宾语不同，这三个“打”便有了不同的含义。如果把打(饭)、打(毛衣)、打(篮球)近似看作三个函数原型的话，那么“打”就是函数名，“饭”“毛衣”和“篮球”就是对应函数的参数列表的值，按照函数重载的概念，这三者之间就是互为重载的关系。所谓重载就是函数名的重复加载(使用)。在函数调用时，编译器根据实参和形参的类型和个数进行匹配，调用合适的重载函数。例如：

```
int add(int,int);
long add(long,long,long);
double add(double,double);
```

都是合法的函数重载。

【例 4-6】 定义 4 个名为 add 的重载函数，分别实现两个整数相加、两个浮点数相加、一个整数和一个浮点数相加(要求返回值为整型)以及一个浮点数和一个整数相加的功能。

```
1    /*************************************************
2                程序文件名:Ex4_6.cpp
3                函数重载应用举例
4    *************************************************/
```

```
5   #include < iostream >
6   using namespace std;
7   int add(int x, int y);
8   double add(double x,double y);
9   int add(int x,double y);
10  double add(double x, int y);
11  main()
12  {
13    cout << add(9,16)<< endl;
14    cout << add(9.0,16.0)<< endl;
15    cout << add(9,16.0)<< endl;
16    cout << add(9.0,16)<< endl;
17  }
18  int add(int x, int y)
19  {
20    cout <<" 两个整数相加 ";
21    return x + y;
22  }
23  double add(double x,double y)
24  {
25    cout <<" 两个浮点数相加 ";
26    return x + y;
27  }
28  int add(int x,double y)
29  {
30    cout <<" 整数和浮点数相加,返回值为整数 ";
31    return int(x + y);                                  //强制类型转换为 int 型
32  }
33  double add(double x, int y)
34  {
35    cout <<" 浮点数和整数相加 ";
36    return x + y;
37  }
```

程序运行结果如图 4-6 所示。

```
两个整数相加  25
两个浮点数相加  25
整数和浮点数相加, 返回值为整数  25
浮点数和整数相加  25
```

图 4-6　例 4-6 运行结果

【程序解释】

（1）第 7～10 行分别声明了函数名都为 add 的 4 个互为重载函数原型。

（2）当程序执行到第 13 行时，根据表达式 add(9,16)，调用函数名为 add，包含两个参数，并且参数类型都为 int 型的函数定义体，即第 18～22 行代码段。

（3）当程序执行到第 14 行时，根据表达式 add(9.0,16.0)，调用函数名为 add，包含两个参数，并且参数类型都为 double 型的函数定义体，即第 23～27 行代码段。

（4）当程序执行到第 15 行时，根据表达式 add(9,16.0)，调用函数名为 add，包含两个参数，并且第一个参数类型为 int 型，第二个参数类型为 double 型的函数定义体，即第 28～32 行代码段。

（5）当程序执行到第 16 行时，根据表达式 add(9.0,16)，调用函数名为 add，包含两个参数，并且第一个参数类型为 double 型，第二个参数类型为 int 型的函数定义体，即第 33～37 行代码段。

使用重载函数应该注意以下方面：

(1) 重载函数的类型(即函数返回值的类型)可以相同,也可以不同。如果仅仅是重载函数返回类型不同而函数名相同、形参列表也相同,则是不合法的,编译器会报“语法错误”。例如：

```
int add(int a, int b);
double add(int a, int b);
```

编译器不认为是重载函数,只认为是对同一个函数原型的重复声明。

(2) 让重载函数执行不同的功能虽然在语法上是合法的,但这将导致程序的可读性降低。

(3) 确定对重载函数的哪个函数进行调用的过程称为绑定(binding),绑定的优先次序为精确匹配、对实参的类型向高类型转换后的匹配、实参类型向低类型转换后的匹配。例如,add(float(9),float(16));的实参向(double,double)转换,然后与 add(double,double)函数体绑定。

视频

4.5 带默认形参值的函数

C++可以在函数声明或函数定义中为形参赋默认的参数值。在调用函数时,要为函数的形参给定相应的实参,但在有些情况下,程序没有提供实参值,就需要使用默认的形参值。例如：

```
int func1(int a = 4,int b = 5)              //给形参 a、b 分别赋默认值 4、5
{
    return a + b;
}
main()
{
    int x;
    x = func1(6,7);                         //给形参 a、b 传值分别为 6、7,x = 6 + 7 = 13
    x = func1(6);                           //给形参 a 传值为 6,b 使用默认值 5,x = 6 + 5 = 11
    x = func1();                            //形参 a、b 分别使用默认值 4、5,x = 4 + 5 = 9
}
```

(1) 当一个函数既有定义又有声明时,形参的默认值必须在声明中指定,而不能在定义中指定。只有当函数没有声明时,才可以在函数定义中指定形参的默认值。

(2) 形参默认值的定义必须遵守从右到左的顺序,如果某个形参没有默认值,则它左边的形参也不能有默认值。例如：

```
void func1(int a, double b = 4.5, int c = 3);        //合法
void func1(int a = 1, double b, int c = 3);          //不合法
```

(3) 在进行函数调用时,实参与形参的匹配按从左到右的顺序进行。当实参的数目少于形参时,如果对应位置形参没有设定默认值,就会产生编译错误；如果设定了默认值,编译器将为那些没有对应实参的形参取默认值。

(4) 形参默认值可以是确定的常量值,也可以是函数调用。例如：

```
int func1(int a,int b = 3,int c = add(4,5));                        //add()为合法函数
```

（5）函数原型声明中给形参赋默认值时，形参名可以省略。例如：

```
int func1(int a,int  = 3,int c = add(4,5));                         //第二个参数省略形参名
```

（6）如果某函数的声明或定义中有 n 个形参设置了默认值，则对应的函数调用语句中最多可以省略 n 个实参。

【例 4-7】 带默认形参值的函数举例。

```
1   /****************************************************
2                  程序文件名:Ex4_7.cpp
3                  带默认形参值函数举例
4   ****************************************************/
5   #include <iostream>
6   using namespace std;
7   int add(int a, int b = 2, int c = 3);                    //函数原型声明中设置默认值
8   main()
9   {
10    int x(5),y(6),z(7);                                    //相当于 x = 5,y = 6,z = 7
11    int sum;
12    sum = add(x,y,z);
13    cout <<" sum = "<< sum << endl;
14    sum = add(x,y);
15    cout <<" sum = "<< sum << endl;
16    sum = add(x);
17    cout <<" sum = "<< sum << endl;
18  }
19  int add(int a, int b, int c)
20  {
21     cout <<" a = "<< a <<" b = "<< b <<" c = "<< c << endl;
22     return(a + b + c);
23  }
```

```
a=5 b=6 c=7
sum=18

a=5 b=6 c=3
sum=14

a=5 b=2 c=3
sum=10
```

图 4-7　例 4-7 运行结果

程序运行结果如图 4-7 所示。

【程序解释】

（1）第 7 行在函数原型声明中给后两个形参分别赋值 b=2,c=3。

（2）第 10 行给变量 x、y、z 分别赋值为 5、6、7。

（3）第 12 行调用 add()函数时，三个实参都没有省略，因此 x 传给形参 a，y 传给形参 b，z 传给形参 c，即 a=5，b=6，z=7。

（4）第 14 行调用 add()函数时，省略了一个实参，因此 x 传给形参 a，y 传给形参 b，形参 c 取默认值 3，即 a=5，b=6，c=3。

（5）第 16 行调用 add()函数时，省略了两个实参，因此 x 传给形参 a，形参 b 取默认值 2，形参 c 取默认值 3，即 a=5，b=2，c=3。

4.6　实例应用与剖析

【例 4-8】 输出 10～1000 之内的所有回文数 x，并且同时满足 x^2 和 x^3 也是回文数。

（回文数是一种左右对称的整数，无论从左到右看还是从右到左看都是同一个数字，即从中间的数字左右对称。例如737、59395、12321等。回文数的判断主要根据该数逆置构成的数是否与原数相等。）

```
1   /**************************************************
2                 程序文件名:Ex4_8.cpp
3                 判断回文数
4   **************************************************/
5   #include <iostream>
6   #include <iomanip>
7   using namespace std;
8   bool palindrome(int n);
9   main()
10  {
11   int x;
12   cout <<" x        x * x       x * x * x"<< endl;
13   for(x = 10;x <= 1000;x++)
14   if(palindrome(x)&& palindrome(x * x)&&palindrome(x * x * x))
15      cout << x << setw(13)<< x * x << setw(16)<< x * x * x << endl;
16  }
17  bool palindrome(int n)
18  {
19   int m = 0,t = n;
20   while(n!= 0)
21   {
22      m = m * 10 + n % 10;
23      n/ = 10;
24   }
25   return m == t;
26  }
```

```
x           x*x        x*x*x
11          121         1331
101       10201      1030301
111       12321      1367631
```

图4-8　例4-8运行结果

程序运行结果如图4-8所示。

【程序解释】

(1) 第6行包含格式化输出头文件iomanip.h，因为程序第15行使用了函数setw()，setw(n)的作用是设域宽为n个字符。

(2) 第8行对函数原型palindrome()进行了声明，对应于第17行开始的函数定义体。

(3) 第19行通过变量t先保存n的值，第20～24行得到原数n的逆序m，循环结束时赋值为0。

(4) 第25行判断m是否与原来的n值（变量t）相等。

(5) 函数的返回值返回调用点的过程为：当函数执行到return语句时，系统将在内存中创建一个临时变量来保存函数的返回值，然后结束函数的运行；调用函数从该临时变量中获取值后释放该临时变量。

【例4-9】 求圆的周长，使用内联函数表示周长函数。

```
1   /**************************************************
2                 程序文件名:Ex4_9.cpp
3                 使用内联函数求圆的周长
4   **************************************************/
```

```
5   #include <iostream>
6   using namespace std;
7   double Circumference(double radius);
8   main()
9   {
10      double r1(3.0),r2(5);
11      cout <<"半径为 r1 的圆周长为"<< Circumference(r1)<< endl;
12      cout <<"半径为 r1 + r2 的圆周长为"<< Circumference(r1 + r2)<< endl;
13  }
14  inline double Circumference(double radius)
15  {
16     return 2 * 3.14 * radius;
17  }
```

```
半径为r1的圆周长为18.84
半径为r1+r2的圆周长为50.24
```

图 4-9 例 4-9 运行结果

程序运行结果如图 4-9 所示。

【程序解释】

(1) 第 14 行定义了内联函数 Circumference(),只有在函数定义体使用 inline 定义内联函数才是有效的;仅在声明中使用 inline 的函数,系统不认为是内联函数。

(2) 内联函数的函数体是被"复制"到函数调用点,而不是被调用。

【例 4-10】 递归调用求解汉诺塔问题。

(汉诺塔问题的描述是:有三根柱子分别为 A、B、C,汉诺塔示意图如图 4-10 所示。A 柱上有从小到大依次排列的若干个盘子,要求借助于 B 柱把这些盘子全部搬到 C 柱上,每次只能搬动一个盘子,并且在搬动时每个柱子上必须保持盘子从小到大的排放次序。)

图 4-10 汉诺塔示意图

问题分析:将 A 柱上的盘子移到 C 柱可按如下步骤进行(汉诺塔问题解决步骤示意图如图 4-11 所示):

① 将 A 柱上的 n−1 个盘子借助于 C 柱按照要求的顺序移到 B 柱上;

② 将 A 柱剩下的第 n 个盘子也就是最大的盘子移到 C 柱上;

③ 将 B 柱上的 n−1 个盘子借助于 A 柱按照要求的顺序移到 C 柱上。

程序如下:

```
1   /**************************************************
2              程序文件名:Ex4_10.cpp
3              使用递归调用求解汉诺塔问题
4   **************************************************/
5   #include <iostream>
6   using namespace std;
7   void move(int n,char a,char c)                    //n表示第 n 个盘子
8   {
9      cout <<"(第"<< n <<"个盘子从 "<< a <<" 移动到 "<< c <<")"<< endl;
```

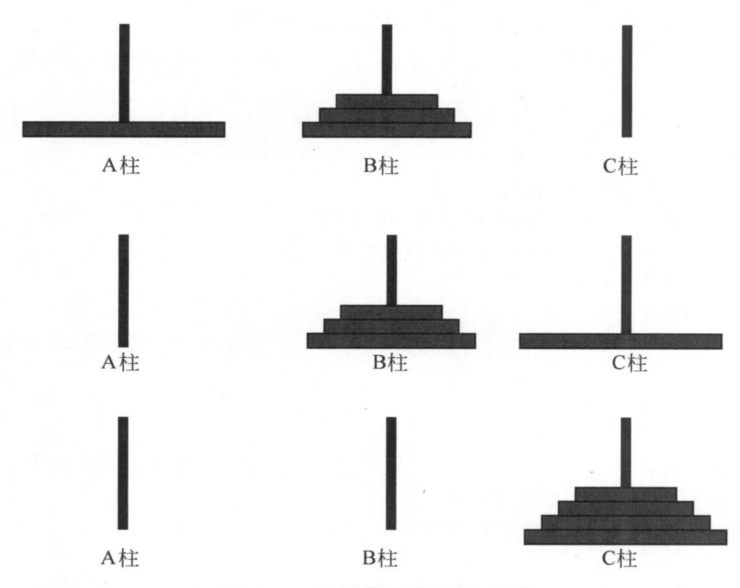

图 4-11　汉诺塔问题解决步骤

```
10  }
11  void hanoi(int n,char A,char B,char C)
12  {
13    if(n == 1)
14      move(1,A,C);
15    else
16    {
17      hanoi(n - 1,A,C,B);
18      move(n,A,C);
19      hanoi(n - 1,B,A,C);
20    }
21  }
22  main()
23  {
24    int number;
25    cout <<"请输入汉诺塔盘子的数量";
26    cin >> number;
27    hanoi(number,'A','B','C');
28  }
```

```
请输入汉诺塔盘子的数量 4
(第1个盘子从 A 移动到 B)
(第2个盘子从 A 移动到 C)
(第1个盘子从 B 移动到 C)
(第3个盘子从 A 移动到 B)
(第1个盘子从 C 移动到 A)
(第2个盘子从 C 移动到 B)
(第1个盘子从 A 移动到 B)
(第4个盘子从 A 移动到 C)
(第1个盘子从 B 移动到 C)
(第2个盘子从 B 移动到 A)
(第1个盘子从 C 移动到 A)
(第3个盘子从 B 移动到 C)
(第1个盘子从 A 移动到 B)
(第2个盘子从 A 移动到 C)
(第1个盘子从 B 移动到 C)
```

图 4-12　例 4-10 运行结果

程序运行结果如图 4-12 所示。

【程序解释】

(1) 第 11 行的 hanoi()是递归调用函数,递归终止的条件是“n==1”。

(2) 汉诺塔的递归调用算法可用数学归纳法证明其正确性。

(3) 对于既能使用循环又能使用递归解决的问题,使用循环的效率要高于递归,因为递归过程的本质是函数调用过程,需要在栈中为局部变量(第 5 章介绍)分配空间、保存返回地址等,这些需要大量的时间和空间开销。

(4) 在递归执行过程中通过递推和回归实现循环的功能。

【例 4-11】 编写重载函数 max,分别求取 2 个整数,3 个整数,2 个双精度数,3 个双精度数的最大值。

```
1   /*****************************************************
2               程序文件名:Ex4_11.cpp
3               使用重载函数求不同数据的最大值
4   *****************************************************/
5   #include <iostream>
6   using namespace std;
7   int max(int a1,int a2)                          //求取 2 个整数的最大值
8   {
9     return a1 > a2?a1:a2;
10  }
11  int max(int a1,int a2,int a3)                   //求取 3 个整数的最大值
12  {
13    return max(a1,a2)> a3?max(a1,a2):a3;
14  }
15  double max(double d1,double d2)                 //求取 2 个双精度数的最大值
16  {
17    return d1 > d2?d1:d2;
18  }
19  double max(double d1,double d2,double d3)       //求取 3 个双精度数的最大值
20  {
21    return max(d1,d2)> d3?max(d1,d2):d3;
22  }
23  main()
24  {
25    int a1 = 1,a2 = 2,a3 = 3;
26    cout << max(a1,a2)<<'\n';
27    cout << max(a1,a2,a3)<<'\n';
28    double d1 = 2.5,d2 = 3.5,d3 = 4.5;
29    cout << max(d1,d2)<<'\n';
30    cout << max(d1,d2,d3)<<'\n';
31  }
```

【例 4-12】 编写递归函数,求从 1 开始的 n 个奇数和,如 fun(3)=1+3+5。

```
1   /*****************************************************
2               程序文件名:Ex4_12.cpp
3               递归函数应用
4   *****************************************************/
5   #include <iostream>
6   using namespace std;
7   int fun(int n)
8   {
9      int a;
10     if (n == 1)
11         a = 1;
12     else
13     {
```

```
14        a = 2 * n - 1 + fun(n - 1);
15      }
16    return a;
17  }
18  main()
19  {
20    int m;
21    cout <<"请输入奇数的个数:";
22    cin >> m;
23    cout <<"The sum is "<< fun(m)<< endl;
24  }
```

【程序解释】

第 7 行递归函数的参数 n 表示奇数个数。

4.7 建模扩展与优化

【例 4-13】 “开心消消乐”是一款流行的客户端小游戏,规则是从一定序列的图片中找到连续 3 个相同的图片进行消除(如图 4-13 所示)。本题将图片抽象为不同的英文字母进行简易“开心消消乐”的建模设计。

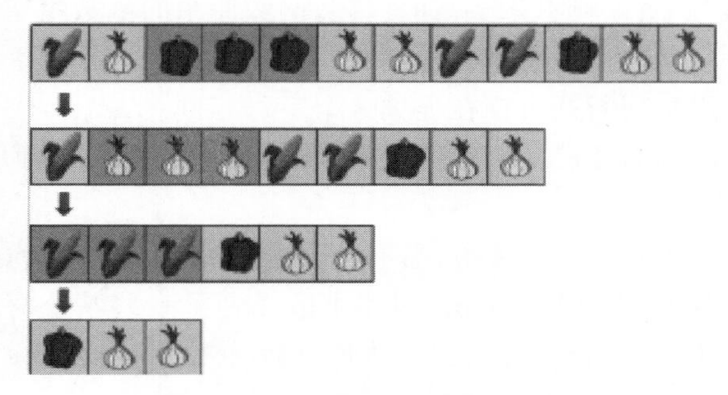

图 4-13 “开心消消乐”游戏界面

```
1   /************************************************************/
2                     程序文件名:Ex4_13.cpp
3                     开心消消乐
4   /************************************************************/
5   #include < iostream >
6   #include < string >
7   using namespace std;
8   main()
9   {
10     string s;
11     cout <<"请输入英文字母序列:\n";
12     cin >> s;
13     int i = 0;
14     while(i + 2 < s.size())
15     {
16       string a = s.substr(i,3);
```

```
17        if (a[0] == a[1]&&a[1] == a[2])
18        {
19          s.replace(i,3,"");
20          i = 0;
21        }
22        else
23        {
24          i++;
25        }
26      }
27      cout <<"游戏结果为:\n"<< s << endl;
28    }
```

程序运行结果如图 4-14 所示。

请输入英文字母序列:
NuuuuooLLLLuccccccckk
游戏结果为:
NuooLuckk

图 4-14 例 4-13 运行结果

【程序解释】

(1) 程序运行时，每次找出最左侧的连续 3 个相同字母，如果存在则将连续的 3 个相同字母消去。

(2) 第 14 行 while 循环的条件限定了游戏的结束条件，即 i＋2＞＝s. size()时游戏停止。

(3) 第 16 行 s. substr(i,3)函数的作用是从字符串 s 中的位置 i 开始(i 为起点)截取 3 个字符，若第 2 个参数“3”省略则截取到 s 的末尾，函数库中的函数由字符串 s 通过“.”操作符进行调用。

(4) 第 17 行的作用是判断是否存在连续 3 个字母相同。

(5) 第 19 行 s. replace(i,3,"")的作用是将字符串 s 中从位置 i 开始的 3 个字符用""来替换。

【例 4-14】 某小区与海滨浴场接壤，总有人随意在海边进行海钓，不仅给小区内居民带来困扰，还影响了周边环境和生态平衡，因此小区设计了一些禁止海钓的标语，但有的标语错把“No_fishing”写成了“Ban_fishing”。请设计程序找到错误的标语，并将其替换为正确的标语。

```
1   /*****************************************************/
2                   程序文件名:Ex4_14.cpp
3                   禁止海钓
4   /*****************************************************/
5   #include < iostream >
6   #include < string >
7   using namespace std;
8   main()
9   {
10    int n;
11    cout <<"请输入标语行数:";
12    cin >> n;
13    for(int i = 0;i < n;i++)
14    {
15      cout <<"请输入第"<< i + 1 <<"行标语:"<< endl;
16      string s;
17      cin >> s;
```

```
18        if(s.find("Ban_fishing")!= string::npos)
19      {
20            s.replace(s.find("Ban_fishing"),11,"No_fishing");
21        }
22      cout <<"第"<< i + 1 <<"次替换后的结果为:\n"<< s << endl;
23    }
24  }
```

程序运行结果如图 4-15 所示。

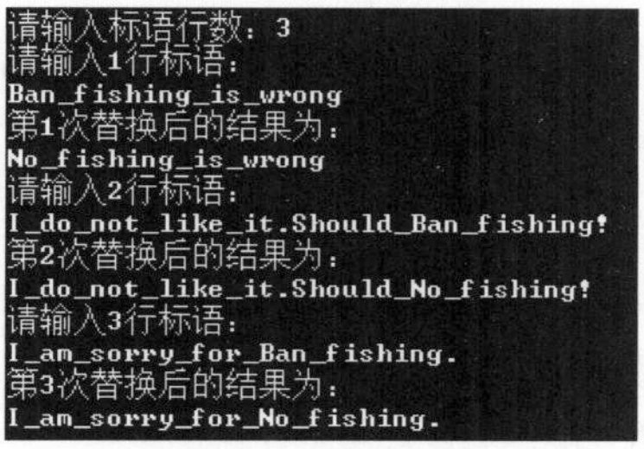

```
请输入标语行数: 3
请输入1行标语:
Ban_fishing_is_wrong
第1次替换后的结果为:
No_fishing_is_wrong
请输入2行标语:
I_do_not_like_it.Should_Ban_fishing!
第2次替换后的结果为:
I_do_not_like_it.Should_No_fishing!
请输入3行标语:
I_am_sorry_for_Ban_fishing.
第3次替换后的结果为:
I_am_sorry_for_No_fishing.
```

图 4-15　例 4-14 运行结果

【程序解释】

(1) 该题中使用字符串查找函数 find( )和替换函数 replace( )。

(2) 程序运行时,第 17 行的输入字符串中不能出现空格。

(3) 第 18 行由字符串类型变量 s 调用查找函数 find( ),其中 s. find("Ban_fishing")!= string::npos 表示在字符串中未找到“Ban_fishing”字符串。

(4) 第 20 行 replace(s. find("Ban_fishing"),11,"No_fishing")用 No_fishing 替换 s. find("Ban_fishing")字符串中的 11 个字符。

小结

函数是具有独立功能的代码段,在程序中通过函数名与传递参数值实现对函数的调用,一个函数只有被声明或定义后才能使用。C++程序必须知道函数的返回类型、参数个数及类型,如果函数定义出现在函数调用之后,则必须在程序开始部分进行函数原型声明。

函数调用通过栈操作实现,函数可以进行递归,但不允许函数嵌套定义;带有 inline 关键字的函数称为内联函数,在编译时将函数体复制到函数调用点;函数重载允许用相同的函数名定义功能不同的多个函数;在函数定义中通过赋值运算,可以指定默认参数值。

函数的优点如下:

(1) 可读性好;

(2) 易于查错和修改;

(3) 便于分工编写,分阶段调试;

(4) 各函数之间接口清晰,便于进行交换信息;

(5) 节省程序代码和存储空间;

(6) 减少用户工作量;

(7) 扩充语言和计算机的原设计能力；

(8) 便于验证程序正确性。

习题 4

1. 选择题

(1) 下列函数定义形式中的正确项是(　　)。

A. double add() { }

B. double add(int x,int y)

C. int add();

D. double add (int x,y){}

(2) C++语言中规定函数返回值的类型是由(　　)决定的。

A. 调用该函数时的主调函数类型

B. 定义该函数时所指定的数据类型

C. 调用该函数时系统临时

D. return 语句中的表达式类型

(3) 若有函数调用语句：fun(a+b,(x,y),(x,y,z))；则此调用语句中的实参个数为(　　)。

A. 3　　B. 4　　C. 5　　D. 6

(4) 下面关于默认形式参数值的描述正确的是(　　)。

A. 设置默认形参值时，形参名可以省略

B. 只能在函数定义时设置默认形参值

C. 应该先从左边的形参开始向右边依次设置

D. 应该全部设置

(5) 下面关于重载函数的描述正确的是(　　)。

A. 重载函数参数的个数必须不同

B. 重载函数参数中至少有一个类型不同

C. 重载函数参数个数相同时，类型必须不同

D. 重载函数的返回类型必须不同

(6) 若同时定义了如下函数，add(3,4.5)调用的是下列哪个函数(　　)？

A. add(float,int)　　B. add(double,int)

C. add(char,float)　　D. add(double,double)

(7) 下列哪个选项是带有默认形参值函数的正确表示？(　　)

A. int add(int a,int b=5,int c)

B. int add(int ,int=5,int =8)

C. int add(int a;int b=5;int c=6)

D. int add(int a=3,int b=4,int c)

(8) 下面关于内联函数的描述不正确的是(　　)。

A. 内联函数的关键字 inline 可以只放函数定义中

B. 内联函数的关键字 inline 可以只放在函数原型声明中

C. 内联函数的关键字 inline 可以在函数声明和函数定义中同时存在

D. 内联函数的执行本质上是函数体的复制

2. 程序补充

设计函数 GetPower(int x,int y),其功能是计算 x 的 y 次幂。

```
#include < iostream >
using namespace std;

long GetPower(int x,int y);
main()
{
   int number,power;
   long answer;
   cout << "Enter a number:";
   cin >> number;
   cout <<"To what power?";
   cin >> power;
   answer = GetPower(number,power);
   cout << number <<"to the"<< power <<"th power is"<< answer << endl;
}
long GetPower(int x,int y)
{
__________①__________
__________②__________
__________③__________
__________④__________
}
```

3. 编程题

(1) 用递归和非递归的方法分别实现 1!+2!+…+5!。

(2) 编写函数分别求两个数的最大公约数和最小公倍数,并在主函数中分别调用这两个函数。

(3) 判断 2~100 的数是否为素数,如果不为素数,则把它分解为素数之积,并输出。

4. 读程序写结果

```
#include < iostream >
using namespace std;
void f(int n)
{
  if(n/10)
    cout << n % 10 << endl;
  else
    cout << n << endl;
}
main()
{
  f(235);
}
```

第5章 程序结构

CHAPTER 5

C++的程序由一个或多个函数组成，要对C++的程序结构有一个全面的了解，就必须掌握如何将多个函数组成模块，几个模块如何构成程序，以及如何在模块之间共享数据和调用同一工程文件中其他模块的函数的方法。掌握这些方法的基础是理解程序编译的过程以及系统内存空间的分配和释放。

学习目标

- 区分各种变量的类型及其分配的内存空间；
- 掌握全局变量、一般局部变量的特点和使用；
- 掌握静态局部变量的特性；
- 能够区分并综合运用不同类型的变量；
- 理解作用域、可见度和生存期的概念；
- 掌握不同作用域的范围；
- 掌握几种预处理命令的用法。

5.1 全局变量与局部变量

C++程序中的变量根据定义位置的不同，其可见度和生存期也不同。可见是指变量可以被正常使用，可见区域也称为作用域；生存期是指变量占用的内存单元。某些变量可能在生存期内某时刻占用内存单元，却不能被使用(即不可见)。根据定义位置的不同，变量可以分为全局变量和局部变量。

5.1.1 内存区域的布局

C++程序运行时所占用的内存空间分为4个区域，程序运行时内存空间的分配如图5-1所示。

代码区(code area) 程序中的可执行代码
全局数据区(data area) 存储全局变量和静态变量
栈区(stack area) 存储局部变量
堆区(heap area) 存储动态申请与释放的数据

图5-1 程序运行时内存空间的分配图

(1) 代码区，存储程序的可执行代码，即程序中的各函数代码块。

(2) 全局数据区，存储一般的全局变量和静态变量(静态全局变量、静态局部变量)。该区的变量在没有初始化的情况下被自动默认为0。

(3) 栈区，存储程序的局部变量，包括函数的形参和定义在函数内的一般变量。分配栈区时，不处理原内存中的值，即栈区中的变量在没有初始化的情况下，其初值是不确定的。

(4) 堆区，存储程序的动态数据，堆区中的数据多与指针有关。分配堆区时，也不处理原内存中的值。

5.1.2 全局变量

全局变量是指定义在所有函数体外的变量，在整个程序中都是可见的，能够被所有函数所共享。全局变量存储在全局数据区，在主函数 main()运行之前就已经存在了，如果其在定义时没有给出初始值，则自动初始化为 0。例如：

```
int i = 10;                                    //全局变量
void sub()
{
    i = i + 10;
    cout << i;
}
```

【例 5-1】 全局变量应用举例。

```
1   /**************************************************
2                  程序文件名:Ex5_1.cpp
3                  全局变量应用举例
4   **************************************************/
5   #include < iostream >
6   using namespace std;
7   int i = 10;                                    //全局变量
8   void add()
9   {
10      i = i + 10;
11      cout <<" i = "<< i << endl;
12  }
13  main()
14  {
15    i = i + 5;
16    cout <<" i = "<< i << endl;
17    add();
18    i = i + 6;
19    cout <<" i = "<< i << endl;
20  }
```

```
i= 15
i= 25
i= 31
```

图 5-2 例 5-1 运行结果

程序运行结果如图 5-2 所示。

【程序解释】

(1) 第 7 行定义了全局变量 i，定义在所有函数之外。

(2) 程序从入口第 13 行 main()函数开始，第 15 行执行了 i=i+5 后，全局变量 i 的值变为 15。

(3) 程序执行到第 17 行调用 add()函数后，跳转到 add()函数定义体执行 i=i+10，此时全局变量 i 的值变为 15+10=25；因为全局变量对程序中所有函数是可见的，所以如果程序中的某个函数修改了全局变量，则其他函数仅能“可见”并共享修改后的结果。

(4) 执行完 add()函数后返回到函数调用点执行其后续语句，即 i=i+6，这时，全局变量 i 的值变为 25+6=31。

全局变量通常定义在程序顶部，其一旦被定义后就在程序中的任何位置可见，C++允许在程序中的任何位置定义全局变量，但要在所有函数之外。全局变量对其定义之前的所有函数定义是不可见的。例如，若例 5-1 中第 7 行全局变量的定义位置修改到 add()与 main()之间，即：

```
void add()
{
  i = i + 10;
  cout <<" i = "<< i << endl;
}
int i = 10;                                    //定义位置修改到此处
main()
…
```

这时，程序就会提示 add()函数中"i 未定义"的编译错误。

5.1.3 局部变量

局部变量是指在一个函数或复合语句中定义的变量。局部变量在栈中分配空间，其类型修饰是 auto，但习惯上通常省略 auto。局部变量仅在定义它的函数内，从定义它的语句开始到该函数结束的区域是可见的。

由于函数中的局部变量存放在栈区，在函数开始运行时，局部变量在栈区被分配空间，函数结束时，局部变量随之消失，其生命期也结束。在一个函数内可以为局部变量定义合法的任意名字，而无须担心与其他函数中的变量或者全局变量同名。当某函数中的局部变量与全局变量同名时，在该函数内部局部变量的可见区域中，局部变量的优先级要高于同名的全局变量，即局部变量可见，而同名的全局变量不可见。

如果局部变量没有被显式初始化，其值是不可预知的。

【例 5-2】 局部变量应用举例。

```
1   /****************************************************
2              程序文件名:Ex5_2.cpp
3              局部变量应用举例
4   ****************************************************/
5   #include <iostream>
6   using namespace std;
7   int i = 10;                                //全局变量 i
8   void add()
9   {
10     i = i + 7;                              //全局变量 i
11     cout <<" i = "<< i << endl;             //全局变量 i
12     int i = 3;                              //局部变量 i
13     i = i + 10;                             //局部变量 i
14     cout <<" i = "<< i << endl;             //局部变量 i
15  }
16  main()
```

```
17  {
18      i = i + 5;                          //全局变量 i
19      cout <<" i = "<< i << endl;         //全局变量 i
20      add();
21      i = i + 6;                          //全局变量 i
22      cout <<" i = "<< i << endl;         //全局变量 i
23  }
```

程序运行结果如图 5-3 所示。

```
i= 15
i= 22
i= 13
i= 28
```

图 5-3　例 5-2 运行结果

【程序解释】

(1) 第 7 行定义了全局变量 i,定义在所有函数之外。

(2) 在 add()函数中,第 12 行定义了同名的局部变量 i,并初始化为 3。局部变量 i 仅在 add()函数中是可见的,其生命期从第 12 行开始,到第 15 行结束。根据同名变量的特点可以知道,在此区域内同名的全局变量 i 不可见。

(3) 在 add()函数中,局部变量 i 定义之前的变量 i 系统都认为是全局变量,如第 10 行和第 11 行的语句是对全局变量 i 的操作。

(4) 局部变量与其同名的全局变量是相互独立的变量,局部变量存储在栈区,而全局变量存储在全局数据区。

(5) 第 18 行全局变量 i 的值为 10＋5＝15；之后调用 add()函数,第 10 行全局变量 i 的值为 15＋7＝22,第 13 行局部变量 i 的值为 3＋10＝13；返回到函数调用点执行第 21 行全局变量 i 的值为 22＋6＝28。

当定义局部变量的函数又调用了其他函数,例如：

```
…
1   int i;
2   void sub()
3   {
4     i = i - 5;
5   }
6   void add()
7   {
8     int i = 3;
9     i = i + 6;
10    sub();
11  }
12  main()
13  {
14   …
15   add();
     …
```

上面程序段中定义了全局变量 i,在 add()函数中定义了局部变量 i；main()函数调用 add()函数,add()函数又调用 sub()函数；局部变量 i 的可见区域仅为第 8～11 行,而被调用的 sub()函数中的代码不是局部变量 i 的可见区域,所以第 4 行是对全局变量 i 的操作。

局部变量包括函数的形参、函数内定义的变量和复合语句内定义的变量；由于局部变量具有一定的范围局限,所以在不同的函数中可以定义同名的变量,这些变量之间没有任何逻辑关系，不会相互影响。

视频

5.1.4 静态局部变量

用 static 修饰的变量称为静态变量。定义的语法格式为：

```
static  数据类型  变量名 = 初值;
```

根据变量声明位置的不同，可分为静态全局变量和静态局部变量。静态变量存储在全局数据区，像全局变量一样，如果没有显式地给静态变量初始化，那么该变量将自动默认为 0。静态变量的初始化仅进行一次。

静态全局变量是定义在所有函数体外的静态变量，只能供本模块使用，不能被其他模块重新声明为 extern 变量（外部变量，5.2 节介绍）；静态局部变量是定义在函数或复合语句块中的静态变量。静态局部变量既具有局部变量的性质又具有全局变量的性质，即具有局部作用域和全局生命期。静态局部变量实质上是一个可供函数局部存取的全局变量。

【例 5-3】 静态局部变量应用举例。

```
1   /*****************************************************
2                    程序文件名:Ex5_3.cpp
3                    静态局部变量应用举例
4   *****************************************************/
5   #include <iostream>
6   using namespace std;
7   void add()
8   {
9     static int i = 0;
10    int j = 1;
11    i++;
12    j++;
13    cout <<" i = "<< i <<","<<" j = "<< j << endl;
14  }
15  main()
16  {
17    for(int i = 0;i < 5;i++)
18      add();
19  }
```

程序运行结果如图 5-4 所示。

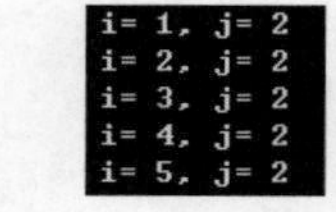

图 5-4　例 5-3 运行结果

【程序解释】

（1）第 9 行在 add()函数中定义了静态局部变量 i，并初始化为 0。

（2）程序的执行过程为：

① 进入 main()函数，执行 for 语句的第一次循环，即调用 add()函数；

② 进入 add()函数，执行第 9 行语句“static int i=0”，定义静态局部变量 i 并赋初值；

③ 执行第 10 行语句“int j=1”，定义局部变量并赋初值，依次执行第 11～13 行的语句；

④ 结束 add()函数，返回调用点，并判断 for 循环语句是否结束，若结束跳转到第⑤步，否则，跳转到第③步；

⑤ 程序结束。

(3) 从程序的执行过程可以知道，静态局部变量的定义语句“static int i=0”在程序中仅执行一次。

(4) 因为静态局部变量的生命期与全局变量一样是全局生命期，所以每次 add()函数结束时，静态局部变量 i 的内存空间和值被保留下来，由结果可以看出，后续有关 i 的运算都是在上一次计算结果的基础上进行的；而局部变量 j 在每次 add()函数结束时都被释放，再一次调用 add()函数时，局部变量 j 被重新分配空间和初始化。

5.2 外部存储类型

一个源文件(.cpp)仅能够完整表达规模较小的程序，本节之前章节中的程序都是由单个源文件组成的。但是，实际应用中的程序大多由若干个源文件组成，几个源文件分别编译成目标文件(.obj)，最后连接成一个完整的可执行文件(.exe)。这些源文件一般添加在同一个工程文件(.prj)中，C++规定，同一工程的多个文件中，有且只有一个源文件包含主函数 main()，否则会出现程序入口的二义性。

如果存在同一工程的多个文件共同使用的全局变量，就在其中的一个文件中定义全局变量或函数，在其他文件中使用“extern”关键字进行声明，其作用既通知了编译器该变量或函数已经被定义过，又避免了重复定义的错误发生。被使用“extern”说明的变量或函数是外部文件。语法格式如下：

```
extern 数据类型变量名\函数原型;
```

如图 5-5 所示为工程文件的创建图。工程文件的创建方法是：

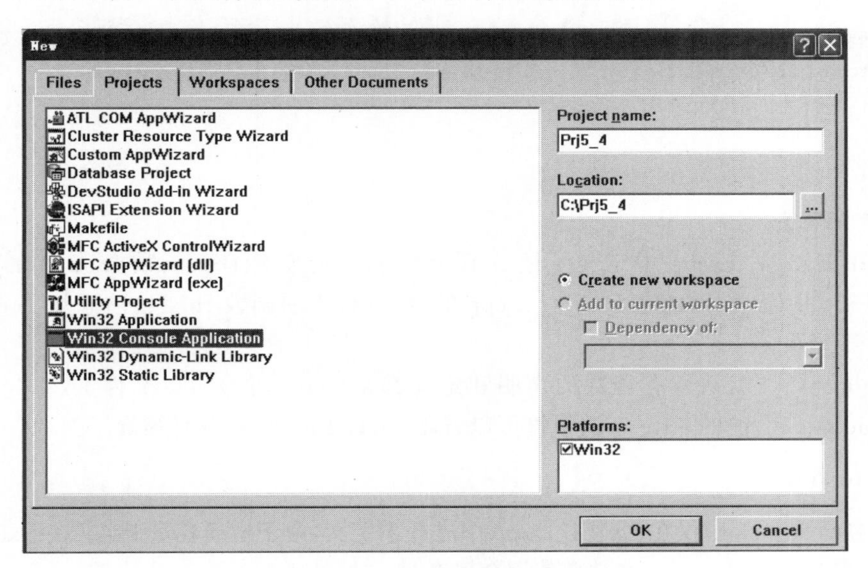

图 5-5 工程文件的创建

(1) 选中 Projects 标签的“Win32 Console Application”(Win32 控制台应用)项；

(2) 选择存储工程文件的磁盘位置(Location)并给工程命名(Project name)，工程名和其包含的文件名可以同名。

【例 5-4】 外部存储结构应用举例。

```
1   /************************************************
2                 工程文件名:E5_4.prj
3                 源文件名:Ex5_4_1.cpp
4                          Ex5_4_2.cpp
5                 外部存储结构应用举例
6    ************************************************/
    //Ex5_4_1.cpp
7   #include <iostream>
8   using namespace std;
9   void fun1();
10  extern void fun2();
11  int i;
12  main()
13  {
14    i = 3;
15    fun1();
16    cout << i << endl;
17  }
18  void fun1()
19  {
20    fun2();                                  //fun2()的定义体不在本文件中
21  }

    //Ex5_4_2.cpp
1   extern int i;                              //i定义在本工程的其他源文件中
2   void fun2()
3   {
4     i = 18;
5   }
```

【程序解释】

(1) 在 Ex5_4_1.cpp 中定义了函数 fun1()和全局变量 i,而函数 fun2()在本工程的 Ex5_4_2.cpp 中定义,因此在 Ex5_4_1.cpp 的第 10 行声明函数 fun2()前添加了 extern,说明其为外部文件。

(2) 由于 C++默认所有函数的声明和定义都是 extern 的,所以文件 Ex5_4_1.cpp 中 extern void fun2()前的 extern 说明符可以省略,函数 fun2()的声明等价于:

```
void fun2();
```

(3) 主函数 main()仅在 Ex5_4_1.cpp 中进行了定义,由于全局变量 i 定义在 Ex5_4_1.cpp 文件中,所以当 Ex5_4_2.cpp 文件要使用全局变量 i 时,就需要在其开头声明“extern int i”,表示该变量 i 不在本文件中分配空间,而在程序其他文件中进行了定义。

(4) 在工程的各个源文件中,使用 extern 只是将其他源文件中已经定义的变量或函数声明为外部文件,可以在本文件中使用,不是对变量或函数的定义,因此不能进行赋值操作。

例如,下面写法是错误的:

```
extern int i = 8;
```

(5) 假设某个工程文件由两个或两个以上源文件组成,其中一个源文件中出现了 extern 修饰的变量或函数,那么在其他某个源文件中必须有对该变量或函数的定义。

5.3 作用域

作用域是标识符在程序代码中的有效范围,按其范围可分为函数原型作用域、局部作用域(块作用域)、函数作用域和文件作用域。除标号外的标识符的作用域都开始于标识符的声明处。

5.3.1 函数原型作用域

函数原型作用域是 C++ 中范围最小的作用域。函数原型声明中的形参就在该作用域内,其范围起始于函数原型声明的左圆括号,结束于函数原型声明的右圆括号。例如,下面的函数原型声明:

```
void fun1( inti, int j = 4, int m = 6);
```

标识符 i、j 和 m 的作用域为函数原型声明内部,因此函数原型声明中形参的标识符名可以省略,保留标识符的作用在于增强程序的可读性。习惯上将函数原型声明的形参标识符与其对应的函数定义中形参的标识符保持一致。例如:

```
void fun1( inti, int j = 4, int m = 6);                //函数原型声明
…
void fun1( inti, int j, int m)                         //函数定义
{
   …
}
```

5.3.2 局部作用域

局部作用域也称为块作用域。所谓块是指用一对花括号“{}”括起来的部分。当标识符位于某块内时,其作用域从声明处开始,到块结束处终止。

块可以进行嵌套,即块中内嵌新的块。在出现嵌套块的情况下,标识符的作用域属于包含它的最近的块。

函数定义的形参和函数体同属于一个块;语句是一个程序单位,如果语句中出现标识符的声明则标识符的作用域在语句中,如 if…else 语句、switch 语句和循环语句等。例如,下面的程序段将出现变量重复定义的错误:

```
void func( int i)
{
   int i;                                              //错误,变量重复定义
}
```

如果将上面程序段中的“int i”包含到新的内嵌块中,则代码是正确的,即:

```
void func( int i)
{
    {
      int i;
    }
}
```

形参中i的作用域从声明处开始到外层花括号结束时终止，函数体i的作用域从声明处开始到内层花括号结束时终止。

而语句中如果出现标识符新的定义，则标识符的作用域从新的声明处开始而不会有重复定义的错误提示。以while循环语句为例：

```
1    while( int i = 3)
2    {
3      int i = 6;
4      cout << i << endl;
5    }
```

第1行定义的i=3的作用域从声明处开始到第5行结束；第3行定义的i=6的作用域从声明处开始到第5行结束；当相互嵌套块中有名字相同的标识符时，则块重叠部分标识符的作用域从属于内层块，因此第4行的i是指第3行定义的i，其值为6；while()后{}中的块相当于while的内嵌块。

5.3.3 函数作用域

C++中，goto语句的标号是唯一具有函数作用域的标识符。标号的声明使其在声明的函数内的任何位置都可以被使用。例如：

```
…
void fun1()
{
    goto M;
    int i = 5;
    if( i > 5)
    {
      M:
        cout <<"i = "<< i << endl;
      }
    }
…
```

5.3.4 文件作用域

既不在函数原型中，又不在块中的标识符具有文件作用域。文件作用域是在所有函数定义之外说明的，从声明处开始，到文件结束时终止。全局变量和常量具有文件作用域。

如果头文件(下节介绍)被其他源文件导入“include”，则在头文件的文件作用域中声明的标识符的作用域也扩展到该源文件，直到源文件结束。

C++中函数的定义是平行的，除了 main()函数被系统自动调用外，其他函数都可以互相调用。假设存在三个函数：f1()、f2()和 f3()，函数 f1()既可以直接调用函数 f3()，也可以间接调用它，即先调用函数 f2()，再由 f2()调用 f3()。

5.4 文件结构

5.4.1 头文件

头文件是指以.h 作为扩展名的文件，头文件里包含被同一工程文件中多个源文件引用的具有外部存储类型的声明。头文件的引入可以将工程文件中共享的变量或函数的声明集合化，每个需要使用这些共享信息的源文件只需在自身文件顶端导入头文件即可。头文件的导入使用编译预处理"#include"方法。头文件一般可以包含如下声明：

```
函数声明,如 extern int func1();
常量定义,如 const int a = 3;
数据声明,如 extern int i;
内联函数定义,如 inline int add(int i)
                {return ++i;}
包含文件,如 #include <math.h>
宏定义,如 #define PI 3.14159;
```

头文件中不能包含一般函数和数据的定义。

【例 5-5】 设计一个包含三个源文件的工程文件，源文件的功能分别为计算球体的体积、计算球体的表面积和输入球体半径并调用另外两个源文件，共享的声明存储在头文件。

```
/*************************************************
                工程文件名:Ex5_5.prj
                头文件名: myball.h
                头文件应用举例
*************************************************/
double volume(double i);
double area(double i);
const float PI = 3.14;

/*************************************************
                工程文件名:Ex5_5.prj
                源文件名: Ex5_5_1.cpp
                计算球体的体积
*************************************************/
#include "myball.h"
double volume(double i)
{
    return 4 * PI * i * i * i/3;
}

/*************************************************
                工程文件名:Ex5_5.prj
                源文件名:Ex5_5_2.cpp
```

```
                    计算球体的表面积
************************************************/
#include "myball.h"
double area(double i)
{
    return 4 * PI * i * i;
}

/************************************************
                    工程文件名:Ex5_5.prj
                    源文件名:Call.cpp
                    调用函数
************************************************/
#include < iostream >
#include "myball.h"
using namespace std;
main()
{
  double radius;
  cout <<" 请输入球体的半径: ";
  cin >> radius;
  cout <<" 球体的体积为"<< volume(radius)<< endl;
  cout <<" 球体的表面积为"<< area(radius)<< endl;
}
```

```
请输入球体的半径: 4
球体的体积为267.947
球体的表面积为200.96
```

图 5-6　例 5-5 运行结果

程序执行前需要分别对三个源文件进行编译，然后与头文件进行链接，程序运行结果如图 5-6 所示。

5.4.2　编译预处理

C++中以#开头，以换行符结尾的命令行称为预处理命令。一个程序运行前，首先进行去掉注释行、变换格式等预处理操作，然后再通过编译器将高级语言编写的程序翻译成计算机能识别的机器语言。预处理命令不以分号结尾。

1. #include 命令

#include 命令也称为文件包含命令，是指在一个 C++文件中将另一个文件的内容全部包含进来。文件包含命令的语法格式为：

```
#include <包含文件名>
```

和

```
#include "包含文件名"
```

第一种形式<>表示包含的文件在编译器指定的文件包含目录中；第二种形式“”表示系统首先到当前目录下查找包含文件，如果没找到，再到系统指定的文件包含目录中查找。通常情况下，<>包含的是系统提供的头文件，而“”包含的是程序员自己定义的头文件。一条 include 命令只能指定一个被包含文件，如果要包含 m 个文件，就要使用 m 条 include 命令。

2. 条件编译

在有些情况下，不需要程序中的所有语句都参加编译，而是根据一定的条件去编译程序中的不同部分，这称为条件编译。这种机制使同一程序在不同的编译条件下生成不同的目标文件。常用的条件编译指令有：

1）表达式作为编译条件

其语法格式为：

```
#if 表达式
      程序段 1
[#else
      程序段 2]
#endif
```

其中，#if 后只能是常量表达式，表示如果表达式的值不为零，则执行程序段 1，否则执行程序段 2。

2）宏名已经定义作为编译条件

其语法格式为：

```
#ifdef 宏
       程序段 1
[#else
       程序段 2]
#endif
```

表示如果宏已经被定义，则编译程序段 1，否则编译程序段 2。

3）宏名未被定义作为编译条件

其语法格式为：

```
#ifndef 宏
         程序段 1
[#else
         程序段 2]
#endif
```

表示如果宏未被定义，则编译程序段 1，否则编译程序段 2。

利用条件编译还可以在调试程序的过程中增加调试语句，借以达到程序跟踪的目的。

5.5 实例应用与剖析

【例 5-6】 全局变量、局部变量和静态局部变量的综合应用。

```
1   /**************************************************
2             工程文件名:Ex5_6.cpp
3             全局变量、局部变量和静态局部变量综合应用
4   **************************************************/
5   #include <iostream>
6   using namespace std;
7   void func();
8   int n = 1;                                    // 全局变量
9   main()
10  {
```

```
11     static int a;                                    // 静态局部变量
12     int b =  - 10;                                   // 局部变量
13     cout <<" a:" << a <<" b:" << b <<" n:" << n << endl;
14     b += 4;
15     func();
16     cout <<" a:" << a <<" b:" << b <<" n:" << n << endl;
17     n += 10;
18     func();
19   }
20   void func( )
21   {
22     static int a = 2;                                // 静态局部变量
23     int b = 5;                                       // 局部变量
24     a += 2;
25     n += 12;
26     b += 5;
27     cout <<" a:"<< a <<" b:"<< b <<" n:"<< n << endl;
28   }
```

```
a:0  b:-10  n:1
a:4  b:10  n:13
a:0  b:-6  n:13
a:6  b:10  n:35
```

图 5-7 例 5-6 运行结果

程序运行结果如图 5-7 所示。

【程序解释】

(1) 运行结果显示本例共有 4 行输出。

(2) 本例定义了 1 个全局变量，2 个一般局部变量和 2 个静态局部变量。局部变量互相重名，但本质上是相互独立的变量。

(3) 程序的执行过程为：进入 main()函数，在第 11 行定义了 main()中的静态局部变量 a，系统自动赋初始值为 0；第 12 行定义了一般局部变量 b，其初值为－10，因此第 1 行分别输出 main()中的 a、b 以及全局变量 n 分别为 0、－10 和 1。

(4) 第 14 行语句对 main()的一般局部变量 b 进行加 4 操作，此时 main()中 b 的值为－6；第 15 行调用 func()函数，跳转到对应的函数定义体。

(5) 在 func()函数中，定义了名为 a 的静态局部变量并赋初始值为 2，此函数中的 a 与 main()函数中的 a 分配的内存空间不同，它们之间没有任何逻辑关系。第 27 行分别输出 func()中的 a、b 以及全局变量 n，结果分别为 4、10 和 13。

(6) 执行完 func()函数后，跳回函数调用点执行第 16 行语句，此处的变量分别为 main()中的 a、b 和全局变量 n，结果分别为 0、－6 和 13。

(7) 第 17 行对全局变量 n 进行加 10 操作，即 n 的值变为 23；第 18 行第二次调用 func()函数，根据静态局部变量的特点，在执行函数体的过程中，不再执行第 22 行中变量定义语句，而直接从第 23 行开始执行；第 24 行对 a 的操作是在上次计算结果 a＝4 的基础上加 2，因此 a＝6，即输出结果第 4 行的值分别为 a＝6、b＝10、n＝35。

【例 5-7】 作用域应用举例。

```
1    /*************************************************
2            工程文件名:Ex5_7.cpp
3            作用域应用举例
4    ************************************************* /
5    # include < iostream >
```

```
6    using namespace std;
7    int i = 36;                                    //全局变量
8    void func(int i = 12);
9    main()
10   {
11     cout <<" 作用域示例:"<< endl;
12     func();
13   }
14   void func(int i)
15   {
16     cout <<" 局部作用域: i = "<< i << endl;
17     {
18       int i = 13;
19       cout <<" 内嵌局部作用域: i = "<< i << endl;
20       {
21         for(int i = 14;i < 15;cout <<"for 局部作用域:i = "<< i << endl,i++)
22         {
23           cout <<" for 局部作用域: i = "<< i << endl;
24           int i = 15;
25           i++;
26           cout <<" for 的内嵌局部作用域:i = "<< i << endl;
27         }
28       }
29     }
30    cout <<" 局部作用域: i = "<< i << endl;
31   }
```

程序运行结果如图 5-8 所示。

```
作用域示例:
局部作用域:              i=12
内嵌局部作用域:          i=13
for局部作用域:           i=14
for的内嵌局部作用域:     i=16
for局部作用域:           i=14
局部作用域:              i=12
```

图 5-8　例 5-7 运行结果

【程序解释】

(1) 第 8 行为函数声明,形参的定义 i=12 是范围最小的函数原型作用域。

(2) 第 16 行显示是 func()函数的局部作用域,从第 14 行开始,到第 31 行结束;第 19 行显示是 func()内的内嵌局部作用域,第 18 行定义的 i 不同于第 14 行定义的 i,作用域到第 29 行结束。

(3) 第 21 定义的 i=14 的作用域从定义点开始,到 for 语句结束时终止;但是在 for 语句内第 24 行又定义了 i=15,此处的 i 不同于第 21 行定义的 i,属于不同的块。

(4) 只有在不同的块中才能定义同名的变量,否则系统会提示重复定义的错误。

(5) 第 16、30 行的 i 对应的是第 14 行的定义,第 25 行的 i 对应的是第 24 行的定义,第 21 行的 i 对应的是第 21 行的定义,第 19 行的 i 对应的是第 18 行的定义。

5.6　建模扩展与优化

【例 5-8】　数学课上,老师让班长一诺带领大家一起复习巩固最大公约数和最小公倍数问题,一诺给全班出了一道题:请输入两个正整数 $x(2\leqslant x\leqslant 10^5)$ 和 $y(2\leqslant y\leqslant 10^6)$,求出满足以 x 为最大公约数和以 y 为最小公倍数的两个正整数(表示为 M 和 N)及个数。

```
1   /**********************************************/
2                     程序文件名:Ex5_8.cpp
3                     最大公约数和最小公倍数
4   /**********************************************/
5   #include <bits/stdc++.h>
6   using namespace std;
7   int gcd(int a, int b)                              //输出两个数的最大公约数
8   {
9     if(b == 0)
10    {
11      return a;
12    }
13    return gcd(b,a % b);
14  }
15  main()
16  {
17      int x,y,cnt = 0;
18      cout <<"请输入两个正整数 x 和 y 的值:";
19      cin >> x >> y;
20    cout << endl;
21      for(int i = x;i <= y;i++)
22      {
23        for(int j = i;j <= y;j++)
24        {
25          int h = gcd(i,j);
26          if( h == x && i/h * j == y)
27          {
28              cout <<"满足条件的正整数 M = "<< i <<" N = "<< j << endl;
29              cout <<"满足条件的正整数 M = "<< j <<" N = "<< i << endl;
30            cnt++;
31          }
32        }
33      }
34      cout <<"满足条件的正整数共 "<< cnt * 2 <<"个"<< endl;
35  }
```

程序运行结果如图 5-9 所示。

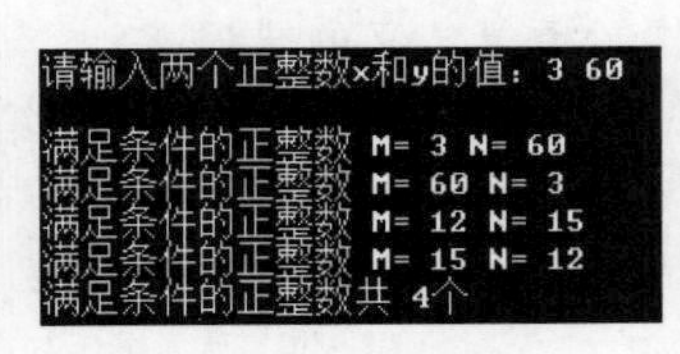

图 5-9　例 5-8 运行结果

【程序解释】

(1) 根据最大公约数和最小公倍数特点可知：x×y=M×N。

(2) 第 7～14 行定义函数 gcd()来求两个参数的最大公约数。

(3) 第 23 行中 for(int j=i; j<=y; j++)用简单暴力枚举法，在逻辑上可写为 for(int j=x; j<=y; j++)，此时需要删除第 29 行，同时第 34 行输出个数为 cnt 个；但这样改写后，该 for 语句的执行次数将翻倍，不满足时间复杂度最低的优化要求。

(4) 第 34 行中发现了一对 M、N 实际就发现了两对 M、N，因为二者可以互换且不等，

如找到了 M=12,N=15,则同时可获取 M=15,N=12。

【例 5-9】 一诺在美术课上给马上要过生日的老师做了张贺卡,为了装饰这张贺卡,一诺买了一条彩带,但是彩带上并不是所有颜色一诺都喜欢,于是一诺决定裁剪这条彩带,以取得最好的装饰效果,请设计程序找出彩带最好装饰效果区间。

现已知彩带由 n 种不同的颜色顺次相接而成,而每种颜色的装饰效果用一个整数表示(包括正整数、0 或负整数),从左到右依次为 $a_1, a_2, \cdots, a_n$,一诺可以从中裁剪出连续的一段用来装饰贺卡,而装饰效果就是这一段上各个颜色装饰效果的总和,一诺需要选取装饰效果最好的一段颜色来制作贺卡(取该段颜色数值之和的最大值)。当然,如果所有颜色的装饰效果都只能起到负面的作用(即 $a_i<0$),一诺也可以放弃用彩带来装饰贺卡(获得的装饰效果为 0)。

```
1    /****************************************************/
2                   程序文件名:Ex5_9.cpp
3                   装饰彩带效果
4    /****************************************************/
5    #include<bits/stdc++.h>
6    using namespace std;
7    int n,m = 0,a[1000];
8    main()
9    {
10    int i,j,x,y;
11       cout<<"请输入原始彩带上的颜色条数:";
12       cin>>n;
13       cout<<"请输入"<<n<<"条颜色的数值表示:"<<endl;
14       for(i = 1;i< = n;i++)
15       {
16         cin>>a[i];
17       }
18       for(i = 1;i< = n;++i)
19       {
20         int tmp = a[i];
21         for(j = i + 1;j< = n;++j)
22       {
23       tmp += a[j];
24       if(tmp>m)
25       {
26         m = tmp;
27         x = i;
28         y = j;
29       }
30         }
31       }
32     cout<<"获得最佳彩带装饰效果区间为第"<<x<<"段到第"<<y<<"段"<<endl;
33       cout<<"最佳彩带装饰效果值为"<<m<<endl;
34   }
```

程序运行结果如图 5-10 所示。

【程序解释】

(1) 第 12 行输入彩带的颜色条数,如彩带颜色顺次为红、黄、蓝、红、绿、黄,则条数为 6,不同颜色的数值不同。

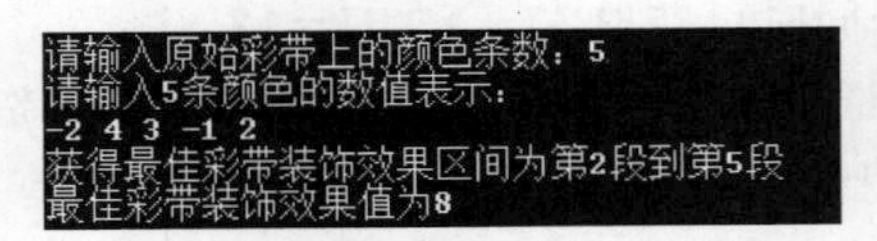
请输入原始彩带上的颜色条数：5
请输入5条颜色的数值表示：
-2 4 3 -1 2
获得最佳彩带装饰效果区间为第2段到第5段
最佳彩带装饰效果值为8

图 5-10　例 5-9 运行结果图

（2）第 14～17 行输入不同彩带颜色的数值。

（3）第 27 行和第 28 行使用变量 x 和 y 存储当前彩带颜色数值累加和最大区间的起始点和终点的位置。

（4）第 33 行中变量 m 存储颜色数值最大区间的累加结果。

小结

（1）全局变量是定义在所有函数元外的变量，能够被所有函数所共享；局部变量是定义在某函数或复合语句内部的变量，只在函数或复合语句内部有效。

（2）静态局部变量有全局变量和一般局部变量双重性质：定义在全局数据区，函数被多次调用，变量的值只被初始化一次，且每次都是在上一次计算结果的基础上执行新的操作；只能在定义的函数体内有效。

（3）全局变量、静态变量、字符串常量存储在全局数据区，函数和代码存储在代码区，函数参数、局部变量、返回地址存放在栈区，动态内存分配在堆区。

（4）如果存在同一工程文件多个文件共同使用的全局变量，就在其中的一个文件中定义全局变量或函数，在其他文件中使用“extern”关键字进行声明，extern 说明的变量或函数为外部文件。

（5）C++程序的作用域按范围由小到大可分为函数原型作用域、局部作用域（块作用域）、函数作用域和文件作用域。除标号外的标识符的作用域都开始于标识符的声明处。

（6）以＃开头、以换行符结尾的行称为预处理命令。预处理命令在程序编译前由预处理器执行。

习题 5

1. 找出下列程序的错误（注：每道题中的源文件都属于相同的工程文件。）

（1）工程文件中包含 func1.cpp 和 func2.cpp 两个源文件。

```
// func1.cpp
    int a = 6;
    int b = 7;
    extern double c;

// func2.cpp
    int a;
    extern double b;
    extern int c;
```

(2) 工程文件中包含 file1.cpp、file2.cpp 和 file3.cpp 三个源文件。

```
// file1.cpp
   int a = 1;
   double func()
   {
       …
   }

// file2.cpp
   extern int a;
   double func();
   void add()
   {
       a = int(func());
   }

// file3.cpp
   extern int a = 2;
   int add();
   main()
   {
       a = add();
   }
```

2. 选择题

(1) 以下叙述正确的是(　　)。

A. 在相同的函数中不能定义相同的名字变量

B. 函数中的形参是静态局部变量

C. 在一个函数体内定义的变量只在本函数范围内有效

D. 在一个函数内的复合语句中定义的变量在本函数范围内有效

(2) 以下叙述不正确的是(　　)。

A. 预处理命令必须以#开头

B. 凡是以#开头的语句都是预处理命令行

C. 在程序执行前执行预处理命令

D. #define PI=3.14 是一条正确的预处理命令

(3) 下列程序的运行结果为(　　)。

```
main()
{
  int i = 100;
  {
     i = 1000;
     for(int i = 0;i < 1;i++)
     {
       int i = - 1;
     }
     cout << i;
  }
```

```
    cout <<","<< i;
}
```

A. −1,−1　　B. 1,1000　　C. 1000,100　　D. 死循环

（4）下列程序的运行结果为（　　）。

```
#indude < iostream >
using namespace std;
int i = 100;
int fun()
{
    static int i = 10;
    return ++i;
}
main()
{
    fun();
    cout << fun()<<","<< i;
}
```

A. 10,100　　B. 12,100　　C. 12,12　　D. 11,100

（5）下列程序的运行结果为（　　）。

```
#include < iostream >
using namespace std;
void func()
{
    static int i = 1;
    cout <<"i = "<<++i << endl;
}
main()
{
    for(int x = 0;x < 3;x++)
        func();
}
```

A. i=1
i=1
i=1　　B. i=2
i=2
i=2　　C. i=1
i=2
i=3　　D. i=2
i=3
i=4

3. 读程序写结果

```
int a = 1;
int fun()
{ static int a = 1;
  return ++a;
}
main()
{
    fun();
    cout << fun()<<","<< a;
}
```

第6章 数　　组

CHAPTER 6

C++程序除了支持使用基本数据类型描述的数据外，还支持使用用户构造的复杂数据类型以描述复杂的问题。构造数据类型也称为自定义数据类型或导出类型，主要包括数组、指针、引用、字符串和结构体。

本章主要介绍数组类型。数组是由单一类型的数据元素组成的有序集合，可以是一维的，也可以是多维的，多数实际应用都是基于数组数据类型。

学习目标

- 了解数组的存储结构及与一般变量的联系；
- 掌握一维数组的定义与初始化；
- 理解多维数组与一维数组的联系；
- 掌握二维数组的定义与初始化；
- 熟练使用一维数组和二维数组解决实际问题；
- 掌握数组名作为形参的方法和传值过程；
- 掌握字符数组的定义和初始化；
- 熟悉字符数组操作的特点，并能够区分字符数组输入/输出方式与其他数组的不同。

6.1 一维数组

数组是由单一类型的数据元素组成的有序数据集合，每个数据元素使用数组名和下标来表示。数组中的数据元素不但类型相同，而且存放在连续的内存单元中，这方便了程序对数据的快速查找和存取。因此，数组这种数据类型适合于处理批量相同类型的数据，如某班学生的学号或姓名。

6.1.1 一维数组的定义

1. 数组的定义

一维数组定义的语法格式为：

```
数据类型 数组名[常量表达式];
```

其中：

(1) 数据类型可以是除 void 型以外的任何一种基本数据类型(整型、字符型、浮点型等)，也可以是用户自己已定义的构造数据类型。

(2) 数组名的命名应该遵循标识符的命名规则。

(3) 数组名除了表示数组的名称外，还代表数组元素在内存中的起始地址，是一个地址常量。

(4) 数组名后是用方括号[]括起来的常量表达式，[]也称为数组下标运算符。

(5) 数组定义中的常量表达式是 unsigned int 型的正整数或 const 常量，表示数组中元素的个数(即数组长度)。

(6) 数组中的元素是连续存储的，在内存中是从低地址开始顺序排列的，所有数组元素的存储单元大小相同。

例如，下面分别定义了整型数组和字符型数组：

```
int butter[5];                    //定义了名字为 butter 的整型数组，数组长度为 5
char fly[6];                      //定义了名字为 fly 的字符型数组，数组长度为 6
```

C++允许在同一行语句中定义类型相同的多个数组，也允许在同一行语句中定义类型相同的变量和数组，例如：

```
int butter[5],xin[6];             //定义了两个整型数组
int a,butter[5];                  //定义了整型变量 a 和整型数组 butter
```

数组元素的命名和内存地址的分配是有序的，其使用与一般变量完全相同，数组元素也称为有序的变量。

2. 数组元素的访问

数组元素的访问包括存取数组元素和访问数据元素的地址。

数组元素通过数组名和下标作为标识进行访问，这种带下标的数组元素称为下标变量。同一数组中数组元素的存储单元是连续的，数组的起始地址对应于第一个数组元素的地址，数组的起始地址可以由数组名表示。

访问一维数组元素的语法格式为：

```
数组名[下标表达式];
```

其中，下标表达式可以是整型常量，也可以是整型变量，表示当前数组元素距离第一个数组元素的偏移量，即第一个数组元素的下标表达式是 0。例如，长度是 n 的数组，其下标表示范围是 0～(n－1)，对应的数组元素分别表示为 a[0]，a[1]，…，a[n－1]。数组元素的操作和普通变量的操作相同，例如下面的语句：

```
a = 100;                          //给变量 a 赋值 100
a[3] = 100;                       //给数组 a 的第 4 个数组元素赋值 100
```

3. 数组的初始化

一维数组的初始化指在定义数组的同时给数组中的全部或部分数组元素赋值。一维数组初始化的语法格式为：

```
数据类型 数组名[常量表达式] = {初始值 1,初始值 2,……,初始值 n};
```

其中：

(1) 初始值的个数 n 要大于 0，并且不能大于数组元素的实际个数，即常量表达式的值。例如：

```
int array[3] = {23,34,45,56};              //错误,初始值的个数多于数组元素个数
int array[3] = {};                         //错误,初始值的个数不能为 0
```

(2) {初始值 1,初始值 2,…,初始值 n}称为初始值表,初始值之间由逗号分隔。

(3) 初始值 i 与数组的第 i 个数组元素相对应。当初始值的个数少于数组元素的个数时,初始值按照自左向右的顺序逐个依次给数组元素赋值,而不允许初始值通过跳过逗号进行省略,即如果某个数组元素没有初始值,则它右面的数组元素也不能有初始值。例如:

```
int array[5] = {16,36,68};                 //合法
int array[5] = {16, ,36,68};               //不合法
int array[5] = {16,36,68,,};               //不合法
```

(4) 如果初始值的个数少于数组元素的个数时,没有被赋初始值的数组元素的默认值为 0(全局或静态数组元素)或不确定值(局部数组元素)。例如:

视频

【例 6-1】 一维数组的初始化。

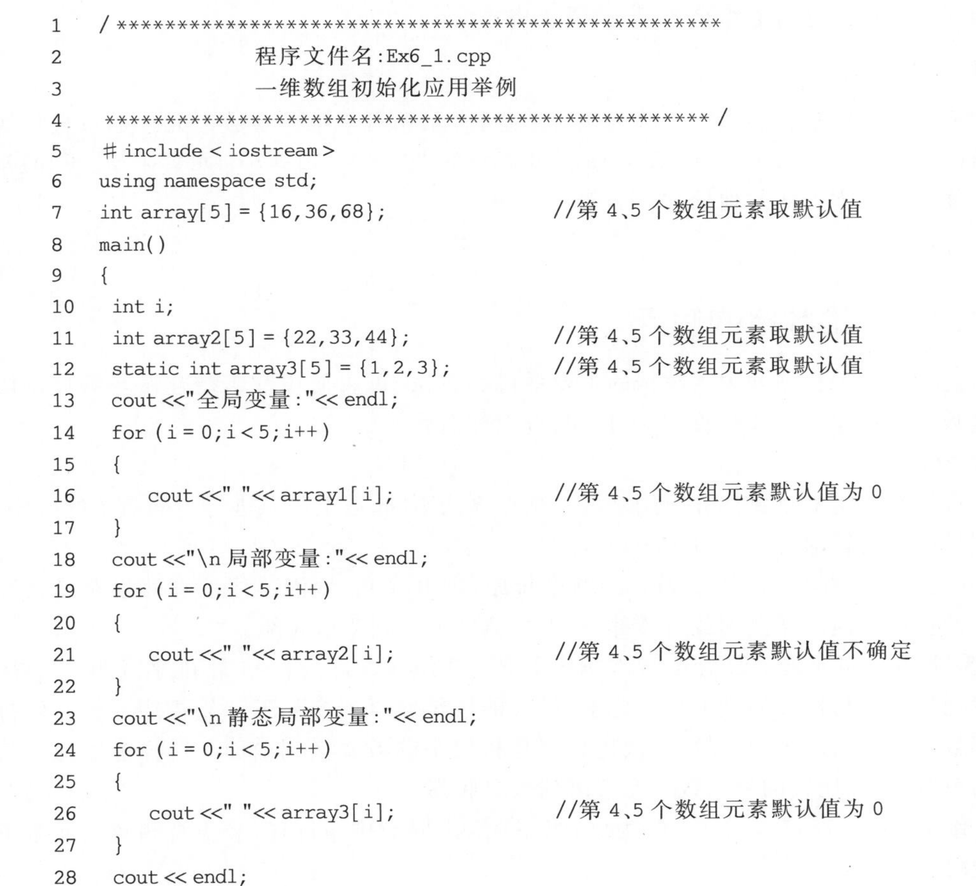

```
1   /***************************************************
2                  程序文件名:Ex6_1.cpp
3                  一维数组初始化应用举例
4   ***************************************************/
5   #include <iostream>
6   using namespace std;
7   int array[5] = {16,36,68};                 //第 4、5 个数组元素取默认值
8   main()
9   {
10   int i;
11   int array2[5] = {22,33,44};               //第 4、5 个数组元素取默认值
12   static int array3[5] = {1,2,3};           //第 4、5 个数组元素取默认值
13   cout <<"全局变量:"<< endl;
14   for (i = 0;i < 5;i++)
15   {
16      cout <<" "<< array1[i];                //第 4、5 个数组元素默认值为 0
17   }
18   cout <<"\n 局部变量:"<< endl;
19   for (i = 0;i < 5;i++)
20   {
21      cout <<" "<< array2[i];                //第 4、5 个数组元素默认值不确定
22   }
23   cout <<"\n 静态局部变量:"<< endl;
24   for (i = 0;i < 5;i++)
25   {
26      cout <<" "<< array3[i];                //第 4、5 个数组元素默认值为 0
27   }
28   cout << endl;
29  }
```

(5) 如果对全部数组元素初始化,则可以省略"常量表达式",数组长度就是初始值的个数。例如:

```
int array[ ] = {12,23,34,45};
```

则数组长度为4。但是，不允许在没有初始值的情况下省略数组长度。例如：

```
int array[];                                    //错误,没有确定数组大小
```

(6) 数组初始值表内可以用最多一个逗号结尾，此处逗号没有任何意义。例如：

```
int array[5] = {12,23,34,}   等价于   int array[5] = {12,23,34}
```

6.1.2 一维数组的地址表示

数组的地址包括数组名表示的数组地址常量和数组元素的地址。

数组名表示数组的首地址，它是一个地址常量，与第一个数组元素的地址相同。数组名是地址常量，因此不能作为左值。例如：

```
int array1[6],array2[6];
array1 = array2;                                //错误,数组名 array1 是地址常量,不能被赋值
```

数组元素的地址通过数组名表示，其语法格式为：

```
数组名 + 整型表达式;
```

数组元素地址的这种表达方式称为相对地址，表示相对于第一个数组元素的位置。例如：设 array 是一个 int 型数组名，则 array＋6 表示的是第(6＋1)＝7 个元素 array[6]的相对地址。该数组元素的实际地址为：

```
array + 6 * sizeof(int)
```

视频

6.1.3 一维数组的使用

数组是 C++用来存储和表示数据的重要手段和方法，可以使用数组结合循环等控制语句对批量数据进行快速查找和管理，如排序、查找等运算。

1. 数据排序

数据排序是数组的重要计算应用之一。根据算法不同，数组可以进行不同效率的排序，本节介绍最简单的冒泡排序(bubble sort)。

【例 6-2】 冒泡排序(按从小到大的顺序排序，即升序)。冒泡排序的算法思路是使数组中较小的值像气泡一样浮到数组顶部，较大的值则下沉到数组底部。

分析：假设数组元素个数为 n，冒泡排序需要对数组元素进行 n－1 轮排序，每一轮排序都可以找到当前参与比较的最大数组元素，最大的数组元素不参加下一轮排序。每一轮排序对相邻数组元素两两进行比较，每次比较都是将较小的数调换到前面。这样能够保证每轮比较结束时，参加比较的最大数组元素沉到数组底部。

以数组 n[5]＝{78,58,12,6,36}为例，图 6-1 给出冒泡排序过程，竖线右侧数组元素不再参与比较。

```
/***************************************************
                程序文件名:Ex6_2.cpp
                冒泡排序法
***************************************************/
1    #include <iostream>
```

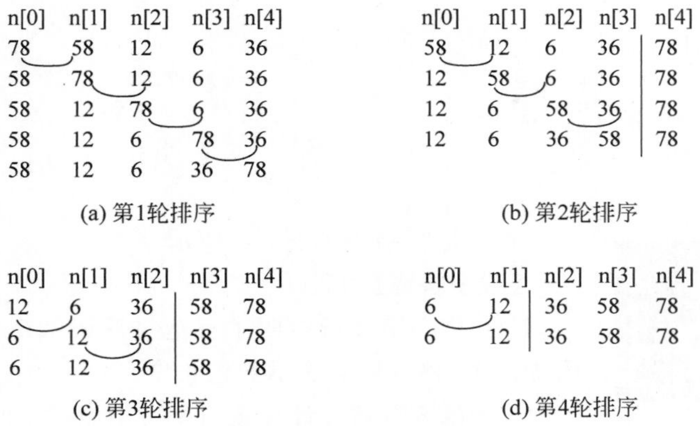

n[0]	n[1]	n[2]	n[3]	n[4]
78	58	12	6	36
58	78	12	6	36
58	12	78	6	36
58	12	6	78	36
58	12	6	36	78

(a) 第1轮排序

n[0]	n[1]	n[2]	n[3]	n[4]
58	12	6	36	78
12	58	6	36	78
12	6	58	36	78
12	6	36	58	78

(b) 第2轮排序

n[0]	n[1]	n[2]	n[3]	n[4]
12	6	36	58	78
6	12	36	58	78
6	12	36	58	78

(c) 第3轮排序

n[0]	n[1]	n[2]	n[3]	n[4]
6	12	36	58	78
6	12	36	58	78

(d) 第4轮排序

图 6-1　冒泡排序过程图

```
2   using namespace std;
3   void bubblesort(int a[],int m);                    //冒泡排序函数
4   void showbubble(int a[],int m);                    //输出数组
5   main()
6   {
7    int n[5] = {78,58,12,6,36};
8    int length = sizeof(n)/sizeof(int);               //计算数组长度
9    cout <<"未排序前:";
10   for (int i = 0;i < length;i++)
11     cout << n[i]<<" ";
12   cout << endl << endl;
13   bubblesort(n,length);
14   showbubble(n,length);
15  }
16  void bubblesort(int a[],int m)
17  {
18    int i,j,t;
19    for( i = 0;i < m - 1;i++)
20    {
21      cout <<"第"<< i + 1 <<"轮: ";
22      for(j = 0;j < m - 1 - i;j++)
23        if(a[j]> a[j + 1])
24        {
25          t = a[j];
26          a[j] = a[j + 1];
27          a[j + 1] = t;
28        }
29      for(int number = 0;number < m;number++)
30        cout << a[number]<<" ";
31      cout << endl;
32    }
33    cout << endl;
34  }
35  void showbubble(int a[],int m)
```

```
36 {
37   cout <<"排序后：";
38   for (int i = 0;i < m;i++)
39     cout << a[i]<<" ";
40   cout << endl;
41 }
```

```
未排序前： 78  58  12  6  36

第1轮：   58  12  6  36  78
第2轮：   12  6  36  58  78
第3轮：   6  12  36  58  78
第4轮：   6  12  36  58  78

排序后：  6  12  36  58  78
```

图 6-2 例 6-2 运行结果

程序运行结果如图 6-2 所示。

【程序解释】

(1) 程序第 3 行声明了冒泡排序函数 bubblesort()，a[]表示待排序的数组，m 表示数组长度。

(2) 第 8 行通过计算数组所占用内存空间得到数组长度。

(3) 在 bubblesort()函数中，第 19 行的 for 循环控制比较的轮数，如果数组长度为 n，则比较轮数为 n－1 轮，例中共比较 5－1＝4 轮。

(4) 第 22 行的 for 循环控制每轮两两比较的次数 j，j 与轮数 i 有关，即在第 i 轮进行 j＝n－i 次比较。

(5) 第 35 行函数 showbubble()输出排序后的数组。

2. 数据查找

查找算法是在一个数据集合中对待查找数据进行定位。比较常用的查找算法是线性查找和二分查找。下面以线性查找为例进一步加深对数组操作的理解。

【例 6-3】 在长度为 n 的一维数组中查找某确定值 x。线性查找使用的方法是从数组的第一个元素开始，逐个与待查找值 x 比较。如果找到，则返回数组元素的下标，否则返回－1(有效的数组下标从 0 开始)。

以数组 n[5]＝{78,58,12,6,36}为例，查找值为 6 和 35 的数组元素。

```
/**************************************************
                程序文件名:Ex6_3.cpp
                线性查找数组元素
**************************************************/
1   #include <iostream>
2   using namespace std;
3   const int size = 5;
4   int seek(int list[],int arraySize,int value);
5   main()
6   {
7     int array[size] = {78,58,12,6,36};
8     int result,x;
9     cout <<"请输入待查找元素值:";
10    cin >> x;
12    result = seek(array,size,x);
12    if (result == -1)
13      cout <<"查找失败,没有找到: "<< x << endl;
14    else
15      cout <<"值"<< x <<"是该数组的第"<<(result + 1)<<"个元素"<< endl;
16  }
```

```
17 int seek(int list[ ],int arraySize,int value)
18 {
19   for (int i = 0;i < arraySize;i++)
20     if (value == list[i])
21       return i;
22   return -1;
23 }
```

程序运行结果如图 6-3 所示。

```
请输入待查找元素值：6
值6是该数组的第4个元素
```

```
请输入待查找元素值：35
查找失败，没有找到：35
```

图 6-3 例 6-3 运行结果

6.2 二维数组

C++中数组的下标可以有两个或两个以上，以方便表示复杂数据结构中的数据。例如，二维表中的数据仅用一维数组无法表示，一维数组无法同时存放行和列的信息，要识别和表示表中的某个元素必须指定两个数组下标。

6.2.1 二维数组的定义

1. 数组定义

二维数组是指具有两个下标的数组，习惯上第一个下标表示该元素所在行，第二个下标表示该元素所在列。二维数组的语法格式为：

```
数据类型  数组名[常量表达式 1][常量表达式 2];
```

其中常量表达式 1 和常量表达式 2 分别表示数组的行数和列数。数组元素的行标和列标也都是从 0 开始。例如：

```
int array[2][3];
```

表示名为 array 的 2 行×3 列的整型二维数组，其元素分别是：

```
array[0][0],array[0][1],array[0][2]        //可看作名为 array[0]的一维数组
array[1][0],array[1][1],array[1][2]        //可看作名为 array[1]的一维数组
```

数组 array 在内存中的排列表示如图 6-4 所示。

array[0][0]
array[0][1]
array[0][2]
array[1][0]
array[1][1]
array[1][2]

图 6-4 2 行×3 列数组的内存排列表示

2. 数组元素的访问

二维数组元素的访问也包括存取数组元素和访问数据元素的地址。

访问二维数组元素的语法格式为：

```
数组名[行下标表达式][列下标表达式];
```

其中：

（1）行下标表达式和列下标表达式既可以是整型常量，也可以是整型变量，并且都是从0开始。要访问二维数组中的某个元素，必须同时确定其行数和列数。

例如，array[i][j]表示该数组元素的行数是(i+1)、列数是(j+1)，位于第i+1行和第j+1列交叉的位置。

（2）数组array[m][n]的行下标表示范围是0～(m-1)，列下标表示范围是0～(n-1)。二维数组元素的操作也和普通变量的操作相同。

3. 数组的初始化

二维数组的初始化和一维数组类似，也是在定义数组的同时给数组中的全部或部分数组元素赋值。根据初值组成的不同，二维数组的初始化可分为初值集合表示和初值线性表示两种形式。

1）集合表示

以3行×4列的二维整型数组array[3][4]为例，其初始化的集合表示格式为：

```
int array[3][4] = { {3,4,5,2},{1,6,78,43},{65,87,24,9}};
```

其中：

（1）内层花括号{}组成了三个集合：{3,4,5,2}，{1,6,78,43}，{65,87,24,9}，每个集合对应数组中相应行的元素初始值，即{3,4,5,2}是第1行数组元素的初始值，{1,6,78,43}是第2行数组元素的初始值，{65,87,24,9}是第3行数组元素的初始值，表示如下：

	第1列	第2列	第3列	第4列
第1行	3	4	5	2
第2行	1	6	78	43
第3行	65	87	24	9

（2）C++允许仅对二维数组内层花括号内的部分数组元素赋值。例如：

```
int array[3][4] = { {5,2},{1,6,43},{65,87,24,9}};
```

赋值后各数组元素表示为：

	第1列	第2列	第3列	第4列
第1行	5	2	0	0
第2行	1	6	43	0
第3行	65	87	24	9

如果初始化全部的数组元素，则可以省略"行下标表达式"，例如：

```
int array[ ][4] = { {5,2},{1,6,43},{65,87,24,9}};
```

但是不能省略"列下标表达式",如下表示是错误的:

```
int array[3][] = { {5,2},{1,6,43},{65,87,24,9}}; //错误
```

2) 线性表示

二维数组初始化线性表示类似于一维数组的初始化形式,即所有数据都写在一个花括号内,按数组元素排列的顺序赋初值,例如:

```
int array[3][4] = { 3,4,5,2,1,6,78,43,65,87,24,9};
```

其中:

(1) 初始值的个数不能多于数组行数和列数的乘积,即上例中初始值的个数要小于或等于 3×4=12。

(2) 线性表示的二维数组初始化形式的初始值也可以省略,并且只有"行下标表达式"可以省略,不能省略"列下标表达式"。

如果只是对二维数组的部分元素初始化,无论使用集合表示还是线性表示,没有被赋初始值的数组元素的默认值为 0(全局或静态数组元素)或不确定值(局部数组元素)。

6.2.2 二维数组的地址表示

二维数组元素的地址与其排列的顺序有关,例如数组 array[m][n]中的数组元素 array[i][j]的位置偏移量和在内存中的地址计算公式分别为:

```
偏移量: n * i + j + 1
地址: array 的起始地址 + (n * i + j) * sizeof(数据类型)
```

例如,下列形式的二维数组元素表示:

```
array[i]                //数组的第 i + 1 行的起始地址,即 array[i][0]的地址
array + i               //数组的第 i + 1 行的起始地址,即 array[i][0]的地址
array[i] + j            //数组的第 i + 1 行的第 j + 1 个元素的地址,即 array[i][j]的地址
```

6.2.3 二维数组的使用

二维数组多用于解决使用复杂数据结构抽象表示的实际问题。

【例 6-4】 用二维数组解决猴子分桃问题。

问题描述:甲、乙、丙 3 只猴子带着 21 个篮子去摘桃子。回来以后,发现有 7 个篮子装满了桃子,还有 7 个篮子装了半篮桃子,另外 7 个篮子是空的。假设 7 个满篮中桃子的重量都相同为 a 千克,7 个半篮中桃子的重量也相同为 b 千克。在不将桃子倒出的前提下,如何将桃子平均分成 3 份放入 3 个篮子。

分析:根据问题描述,可以知道每只猴子应该分到 7 个篮子,而桃子的数量是 3.5 篮。可以使用 3×3 的数组 a 来表示 3 只猴子分到的桃子。其中每只猴子对应数组 a 的一行,数组的第 1 列存放分到桃子的整篮数,数组的第 2 列存放分到的半篮数,数组的第 3 列存放分到的空篮数。由题意可以推出:

(1) 数组的每行或每列的元素之和都为 7;

(2) 对数组的行来说,满篮数加半篮数等于 3.5;

(3) 每只猴子所得的满篮数不能超过 3 篮；

(4) 每只猴子都必须至少有 1 个半篮，且半篮数一定要为奇数。

```
/**************************************************
                  程序文件名:Ex6_4.cpp
                  二维数组解决猴子分桃问题
**************************************************/

1   #include<iostream>
2   using namespace std;
3   int monkey[3][3],count;
4   main()
5   {
6    int i,j,k,m,n,flag;
7    cout<<"可能的分配方案\n";
8    for(i=0;i<=3;i++)                       //试探第一只猴子满篮 a[0][0]的值,满篮数
                                               不能大于 3
9    {
10    monkey[0][0]=i;
11    for(j=i;j<=7-i&&j<=3;j++)              //试探第二只猴子满篮 a[1][0]的值,满篮数
                                               不能大于 3
12    {
13      monkey[1][0]=j;
14      if((monkey[2][0]=7-j-monkey[0][0])>3)
15       continue;                           //第三只猴子满篮数不能大于 3
16      if(monkey[2][0]<monkey[1][0])
17        break;                             //要求后一只猴子分的满篮数>=前一只猴
                                               子,以排除重复情况
18      for(k=1;k<=5;k+=2)                   //试探半篮 a[0][1]的值,半篮数为奇数
19      {
20       monkey[0][1]=k;
21       for(m=1;m<7-k;m+=2)                 //试探半篮 a[1][1]的值,半篮数为奇数
22       {
23          monkey[1][1]=m;
24          monkey[2][1]=7-k-m;
25         for(flag=1,n=0;flag&&n<3;n++)     //判断每只猴子分到的桃子是 3.5 篮, flag
                                               为标记变量
26       if(monkey[n][0]+monkey[n][1]<7&&monkey[n][0]*2+monkey[n][1]==7)
27         monkey[n][2]=7-monkey[n][0]-monkey[n][1];
                                             //应得的空篮数
28       else
29         flag=0;                           //不符合题意则置标记为 0
30       if(flag)
31       {
32       cout<<" No."<<++count<<"满篮子桃:半篮子桃:空篮子\n";
33       for(n=0;n<3;n++)
34       cout<<"猴子"<<'A'+n<<"分到的篮子是: "<<monkey[n][0]<<":"<<monkey[n][1]<<":"<<
monkey[n][2]<<endl;
```

```
35          }
36        }
37      }
38    }
39  }
40 }
```

程序运行结果如图 6-5 所示。

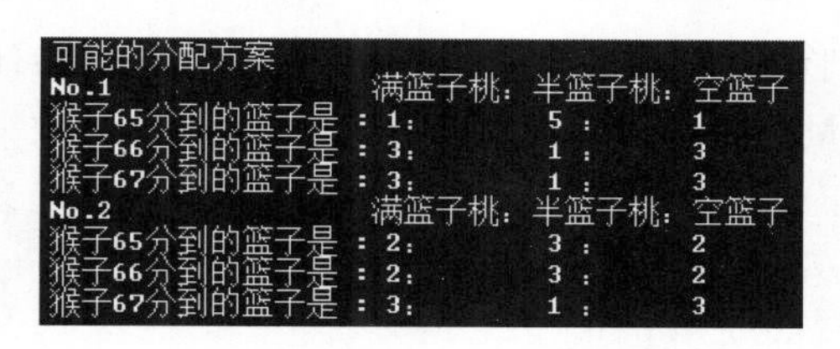

图 6-5 例 6-4 运行结果

6.3 数组作为函数参数

函数参数可以由一般变量充当,也可以由数组充当。数组作为函数参数包括数组元素作为函数参数和数组名作为函数参数。

6.3.1 数组元素作为函数参数

因为数组元素是命名和内存地址有序的变量,所以无论是一维数组元素还是多维数组元素,它们作为函数参数与普通变量的操作相同,都是单向传值调用,即只能由实参向形参传值。

【例 6-5】 设计一维数组元素作为函数参数,并利用函数输出数组中全部元素的值。

```
/*************************************************
                    程序文件名:Ex6_5.cpp
                    数组元素作为函数参数
*************************************************/
1   #include <iostream>
2   using namespace std;
3   void showed(int i);
4   main()
5   {
6       int array[] = {43,56,2,98,18,22};
7       for (int i = 0;i<6;i++)
8         showed(array[i]);
9       cout << endl;
10  }
11  void showed(int i)
12  {
13      cout <<" "<< i;
14  }
```

程序运行结果如图 6-6 所示。

```
 43 56 2 98 18 22
```

图 6-6 例 6-5 运行结果

【程序解释】

第 8 行的语句 showed(array[i])位于 for 循环中,每次调用 showed()函数时,都将数组元素 array[i]作为实参传值给第 11 行的形参变量 i。这是单向传值,而形参值 i 的变化对实参没有任何影响。本例中输出的是形参 i 的值,而没有直接输出数组元素。

6.3.2 数组名作为函数参数

数组名是数组的首地址,可以作为函数的形参使用,用以接收实参传的地址值。当作为形参的数组名接收了实参地址值后，形参便与实参共享内存中的相同内存空间。与一般变量和数组元素作为函数参数不同的是，数组名作为函数形参时，函数体可以通过形参对数组内容的改变影响到相应实参，即这种改变会直接作用于实参。

【例 6-6】 在例 6-5 的基础上，使 array 数组元素的值扩大 3 倍，并利用函数输出数组中全部元素的值。

```
/ ***********************************************
                程序文件名:Ex6_6.cpp
                数组名作为函数参数
*********************************************** /
1    #include < iostream >
2    using namespace std;
3    void showed(int a[],int i);
4    void triplevalue(int a[],int i);
5    main()
6    {
7      int array[] = {43,56,2,98,18,22};
8      triplevalue(array,6);                          //数组元素内容乘以 3
9      showed(array,6);
10     cout << endl;
11   }
12   void showed(int a[],int i)
13   {
14     for (int index = 0;index < i;index++)
15       cout <<" "<< a[index];
16   }
17   void triplevalue(int a[],int i)
18   {
19     for (int index = 0;index < i;index++)
20       a[index] * = 3;
21   }
```

```
129  168  6  294  54  66
```

图 6-7 例 6-6 运行结果

程序运行结果如图 6-7 所示。

【程序解释】

第 8 行调用了 triplevalue()函数，在第 17 行该函数体内，通过 for 语句实现对形参数组 a[]的所有元素扩大 3 倍的目的。返回调用点执行第 9 行调用 showed()函数，输出的数组 array[]元素的值都被扩大了 3 倍。本例通过使用数组名作为函数形参，达到了形参的改变直接修改相应实参的目的。

使用数组名作为函数参数需注意：

(1) 使用数组名传递地址时，虽然传递的是地址，但是形参与实参的地址类型必须保持一致。

(2) 形参中数组元素个数没有给定，因此，在函数体中，对数组存取的下标可以为任意值而不会出现编译错误。但是，当这个下标超过了实参数组的个数范围时，存取的就不是实参数组中的内容了。例如：

```
void func(int array[])
{ array[8] = 5;}
```

```
int array1[3],array2[12]
func(array1);                    //错误,函数体中 array[8]的下标超出 array1[3]的范围
func(array2);                    //正确,因为 array2 的下标范围是 0～11
```

6.4 字符数组与字符串

C++中的字符串变量不能直接定义和使用,必须通过定义字符型数组或字符型指针来间接完成。字符数组是指用来存放字符型数据的数组。字符数组也可分为一维数组和多维数组。

6.4.1 字符数组的定义

字符数组的定义格式与其他数组相同。例如：

```
char array[10];                  //定义了一维字符数组
char array[1][2];                //定义了二维字符数组
```

如果整数在 0～255 之内,那么 C++可以将字符型数据与整型数据等同处理,即可以通用,但是两者在内存空间上有一定区别。例如：

```
char array1[10];
int array2[10];
```

array1 的存储空间是 10 字节,而 array2 的存储空间是 40 字节,第 2 章已经介绍过每个 int 类型的变量占 4 字节。

6.4.2 字符数组的初始化

1. 字符数组的初始化

字符数组的初始化与其他数组的初始化一样,如果初始值的个数少于数组长度,则没有被赋值的数组元素将被系统自动赋值为空字符(即‘\0’,ASCII 码值为 0)。

例如：

```
char array[10] = {'h','e','l','y'};
```

array[0] ～array[3]的值依次为‘h’‘e’‘l’和‘y’,其余的 6 个数组元素为‘\0’。

array	h	e	l	y	\0	\0	\0	\0	\0	\0

2. 字符串的初始化

对字符串的处理既可以通过字符数组实现,又可以通过字符串进行初始化。其语法格式为：

```
char 数组名[常量表达式] = {"字符串常量"};
```

例如：

```
char array1[] = "HELLO";
char array2[][] = {"I","LOVE","XIAO","XIN"};
```

字符串是以字符'\0'结尾的依次排列的多个字符序列，因此用字符串初始化字符数组时，'\0'与前面的字符一起作为字符数组的元素。用字符串初始化数组后，数组名就是字符串的首地址，数组就是一个字符串。而在使用字符串初始化数组时，除非将'\0'作为一个元素放在初值表中，否则'\0'不会自动附在初值表中的字符后。因此，一个字符数组不一定是字符串。

用字符串初始化字符数组时，系统会在字符数组的末尾自动加上一个字符'\0'，因此数组的大小比字符串中实际字符的个数多1。用字符串初始化一维字符数组时，可以省略花括号{}。

3. 字符数组的使用

字符数组的使用主要包括按数组元素单个处理使用和按字符串整体处理使用。

(1) 按单个字符输入/输出，例如：

```
char array[10];
for (int i = 0;i < 10;i++)
  cin >> array[i];                          //使用循环语句每次输入一个字符
for (int i = 0;i < 10;i++)
  cout << array[i];                         //使用循环语句每次输出一个字符
```

但是，当cin遇到空格、跳格、换行符时，将略过不读取。如果必须从输入流中读取这些特殊符号，则可使用cin的成员函数get()，例如：

```
for (int i = 0;i < 10;i++)
  cin.get(array[i]);
```

(2) 将字符串作为一个整体输入/输出，例如：

```
char array[10];
cin >> array;                               //从键盘输入字符串保存到array
```

使用cout可以一次性输出一个字符串。例如：

```
char array[10] = {'I','L','O','V','E','\0','I','\0'};
cout << array;
```

输出结果为ILOVE，系统将第一个'\0'前面的字符作为一个串整体输出。这种输出必须要求字符数组以'\0'作为结束标记，否则将出错。

在所有类型的数组中，只有字符串才能进行整体输入和输出操作，其他数组元素的输入和输出只能采用循环的方法逐个操作。

【例6-7】 从键盘输入任意个字符，再对字符排序。

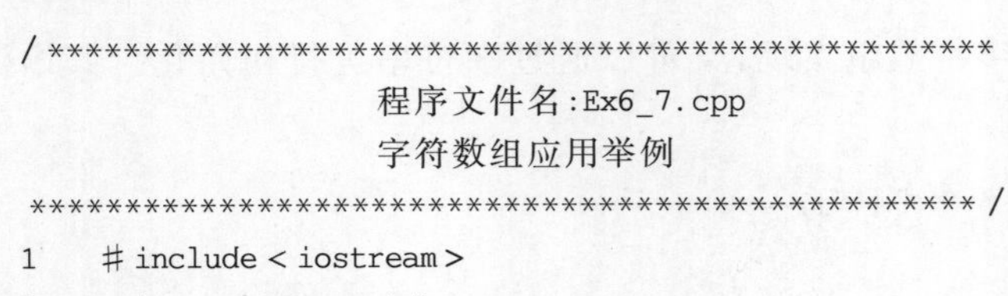

```
/****************************************************
                 程序文件名:Ex6_7.cpp
                 字符数组应用举例
****************************************************/
1   #include <iostream>
2   using namespace std;
3   char DATA[100][80];
4   void SelectionSort(char DATA[][80], int size);
```

```
5   void swap(char DATA[][80], int i, int j);
6   main()
7   {
8     int i;
9     int n;                                  // n个字符
10    cout<<"请输入字符的个数";
11    cin>>n;
12    fflush(stdin);                          // 清空标准输入的 buffer
13    for (i=1; i<=n; i++)                    // 输入字符
14    {
15      cout<<"请输入第"<<i<<"个字符:";
16      cin>>DATA[i];
17    }
18    cout<<"排序前:"<<endl;                  // 排序前的字符
19    for (i=1; i<=n; i++)
20    {
21      cout<<"第"<<i<<"个字符是:"<<DATA[i]<<endl;
22    }
23    SelectionSort(DATA, n);                 // 排序
24    cout<<endl;
25    cout<<"排序后:"<<endl;                  // 排序后的字符
26    for (i=1; i<=n; i++)
27    {
28      cout<<"第"<<i<<"个字符是:"<<DATA[i]<<endl;
29    }
30  }
31  void SelectionSort(char DATA[][80], int size)
32  {
33      int i, j;
34      int min;                              // 最小字串的位置
35      for (i=1; i<=size-1; i++)
36      {
37        min = i;
38        for (j=i+1; j<=size; j++)
39          if (strcmp(DATA[min], DATA[j]) > 0)
40          min = j;
41      if(min!= i)
42        swap(DATA, i, min);
43    }
44  }
45  void swap(char DATA[][80], int i, int j)
46  {
47    char tmp[80];                           //暂存字串
48    strcpy(tmp, DATA[i]);
49    strcpy(DATA[i], DATA[j]);
50    strcpy(DATA[j], tmp);
51  }
```

程序运行结果如图 6-8 所示。

```
输入字符的个数6
请输入第1 个字符
请输入第2 个字符
请输入第3 个字符
请输入第4 个字符
请输入第5 个字符
请输入第6 个字符
排序前:
第 1 个字符是:d
第 2 个字符是:6
第 3 个字符是:*
第 4 个字符是:`
第 5 个字符是:3
第 6 个字符是:c

排序后:
第 1个字符是:*
第 2个字符是:3
第 3个字符是:6
第 4个字符是:`
第 5个字符是:c
第 6个字符是:d
```

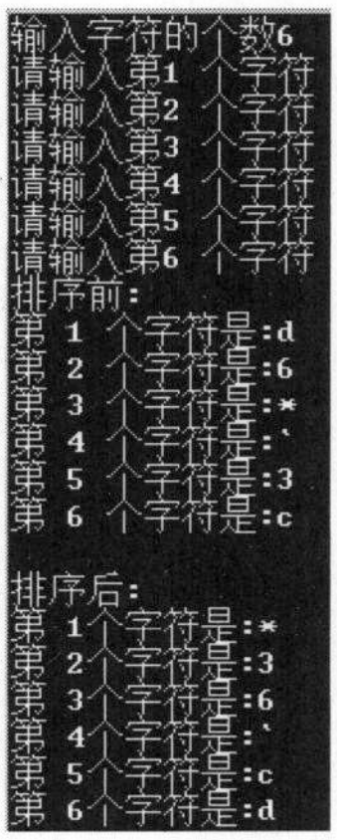

图 6-8　例 6-7 运行结果

6.5 实例应用与剖析

【例 6-8】 选择排序(Select Sort)。

分析：选择排序的基本思想是每一趟(如第 i 趟，i = 0，1，…，n－2)在后面 n－i 个待排序元素中选出关键码最小的元素，作为有序元素序列的第 i 个元素。待到第 n－2 趟作完，待排序元素只剩下一个就不用选了。

其基本步骤是：

① 在一组数组元素 a[i]～a[n－1]中选择具有最小关键码的元素；

② 若它不是这组元素中的第一个元素，则将它与这组元素中的第一个元素对调；

③ 在这组元素中剔除这个具有最小关键码的元素，在剩下的元素 a[i＋1]～a[n－1]中重复执行第①、②步，直到剩余元素只有一个为止。

```
/****************************************************
                    程序文件名:Ex6_8.cpp
                    选择排序
****************************************************/
1   #include < iostream >
2   using namespace std;
3   void selectionsort(int a[],int m);                         //选择排序函数
4   void showbubble(int a[],int m);                            //输出数组
5   main()
6   {
7       int n[5] = {78,58,12,6,36};
8       int length = sizeof(n)/sizeof(int);                    //计算数组长度
9       cout <<"未排序前:";
10      for (int i = 0;i < length;i++)
11        cout << n[i]<<" ";
12      cout << endl << endl;
13      selectionsort(n,length);
14      showbubble(n,length);
15  }
16  void selectionsort(int a[],int m)
17  {
18      int i,j,t,minIndex;
19      for( i = 0;i < m - 1;i++)
20      {
21        minIndex = i;
22        cout <<"第"<< i + 1 <<"轮: ";
23        for(j = i + 1;j < m;j++)
24          if(a[j]< a[minIndex])
25            minIndex = j;
26        if(minIndex!= i)
27       {
28          t = a[minIndex];
29          a[minIndex] = a[i];
30          a[i] = t;
31       }
```

```
32        for(int number = 0;number < m;number++)
33            cout << a[number]<<" ";
34        cout << endl;
35      }
36        cout << endl;
37    }
38    void showbubble(int a[],int m)
39    {
40      cout <<"排序后: ";
41        for (int i = 0;i < m;i++)
42            cout << a[i]<<" ";
43        cout << endl;
44  }
```

图 6-9 例 6-8 运行结果

程序运行结果如图 6-9 所示。

【例 6-9】 二分查找，也称为折半查找，在长度为 n 的一维数组中查找值为 value 的元素。

分析：二分查找的前提是数组的元素已经排序(升序)。

算法思想：

(1) 将 value 与数组的中间项进行比较，若被查元素 value 等于数组中间项的值，则查找成功，结束查找；

(2) 若被查元素 value 小于数组中间项的值，则取中间项以前的部分以相同的方法进行查找；

(3)若被查元素 value 大于数组中间项的值，则取中间项以后的部分以相同的方法进行查找；

(4) 若 value 在数组中，则返回其下标；

(5) 若 value 不在数组中，则返回－1。

```
/**************************************************
                  程序文件名:Ex6_9.cpp
                  二分查找
**************************************************/
#include <iostream>
#include <ctime>
using namespace std;
const int arrsize = 10;
int binarysearch(int a[],int numElems,int value);
void getArray(int a[],int n);
void selectionSort(int a[],int n);
void showArray(int a[],int n);
main()
{
    int a[arrsize],p,x;
    getArray(a,arrsize);
    cout <<"排序前:";
    showArray(a,arrsize);
    selectionSort(a,arrsize);
    cout <<"排序后: ";
```

```
    showArray(a,arrsize);
    cout <<"请输入要查找的数:";
    cin >> x;
    p = binarysearch(a,sizeof(a)/sizeof(a[0]),x);
    if(p >= 0)
        cout <<"已找到,下标为:"<< p << endl;
    else
        cout <<"无此数"<< x << endl;
}
void getArray(int a[],int n)
{
    srand(time(0));
    for (int i = 0;i < n;i++)
        a[i] = rand() % 100;
}
void showArray(int a[],int n)
{
    for (int i = 0;i < n;i++)
        cout <<" "<< a[i];
        cout << endl;
}
void selectionSort(int a[],int n)
{
    int i,j,t,minIndex;
    for(i = 0;i < n - 1;i++)
    {
        minIndex = i;
        for (j = i + 1;j < n;j++)
            if(a[j]< a[minIndex])
                minIndex = j;
        if(minIndex!= i)
        {
            t = a[minIndex];
            a[minIndex] = a[i];
            a[i] = t;
        }
    }
}
int binarysearch(int a[],int numElems,int value)
{
    int low = 0,mid,hight = numElems - 1;
    while(low <= hight)
    {
        mid = (low + hight)/2;
        if(value == a[mid])
            return mid;
        else if(value < a[mid])
            hight = mid - 1;
        else
            low = mid + 1;
    }
```

```
    return - 1;
}
```

程序运行结果如图 6-10 所示。

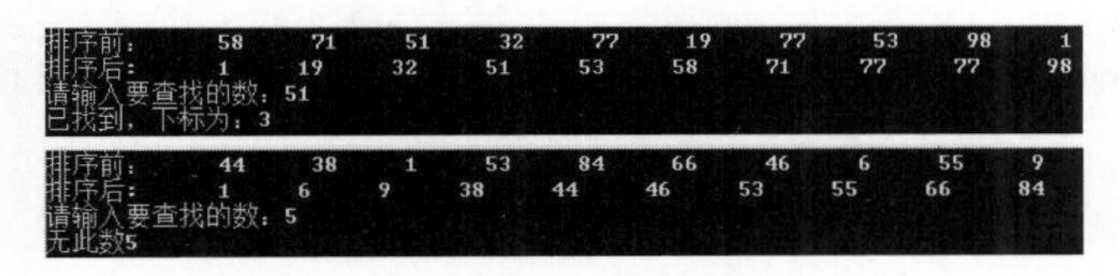

图 6-10 例 6-9 运行结果

【例 6-10】 区分旅客国籍。

在一个宾馆中有 6 个不同国籍的旅客,分别来自中国、英国、法国、美国、德国和日本。他们的名字分别为 A1、B2、C3、D4、E5 和 F6。名字的顺序与国籍的顺序不一定对应。现已知:

(1) A1 和中国人是医生;

(2) E5 和德国人是教师;

(3) C3 和英国人是技师;

(4) B2 和 F6 曾经当过兵,而英国人从未当过兵;

(5) 美国人比 A1 年龄大,日本人比 C3 年龄大;

(6) B2 同中国人下周要去大连旅行,而 C3 同美国人下周要去杭州度假。

由上述已知条件,A1、B2、C3、D4、E5、F6 各是哪国人?

```
/**************************************************
                    程序文件名:Ex6_10.cpp
                    二维数组应用举例
**************************************************/
#include<iostream>
using namespace std;
char *nation[7] = {" ","CHINA","BRITAIN","FRANCE","AMERICA","GERMANY", "JAPAN"};
                                                        //国名
main()
{
    int person[7][7],i,j,t,e,x,y,f = 1;
    char c;
    for(i = 0;i < 7;i++)                                //初始化条件矩阵
        for(j = 0;j < 7;j++)                            //行为人,列为国家
            person[i][j] = j;
        for(i = 1;i < 7;i++)                            //每 1 列的第 0 号元素作为该列数据处理的
                                                          标记
            person[0][i] = 1;                           //标记该列尚未处理
    person[1][1] = person[2][1] = person[3][1] = person[5][1] = 0;
                                                        //输入条件矩阵中的各种条件
    person[1][3] = person[2][3] = person[3][3] = 0;
                                                        //0 表示不是该国的人
    person[1][4] = person[2][4] = person[3][4] = person[5][4] = person[6][4] = 0;
    person[3][5] = 0;
```

```
    person[1][6] = person[3][6] = person[5][6] = 0;
    while(f > 0)                                    //当所有 6 列均处理完毕后退出循环
{f = (person[0][1] + person[0][2] + person[0][3] + person[0][4] + person[0][5] + person[0]
[6]);
    for(i = 1;i < 7;i++)                            //i:列坐标
      if(person[0][i])                              //若该列尚未处理,则进行处理
      {
      for(e = 0,j = 1;j < 7;j++)                    //j:行坐标 e:该列中非 0 元素计数器
      if(person[j][i])
      {x = j;y = i;e++;}
      if(e == 1)                                    //若该列只有一个元素为非零,则进行消去
                                                      操作
      {
       for(t = 1;t < 7;t++)
           if(t!= i)person[x][t] = 0;               //将非零元素所在行的其他元素置 0
            person[0][y] = 0;                       //设置该列已处理完毕的标记
       }
      }
    }
     for(i = 1;i < 7;i++)                           //输出推理结果
     {
      c = 'A' - 1 + i;
      cout << c << i <<" is coming from ";
      for(j = 1;j < 7;j++)
      if(person[i][j]!= 0)
      {
       cout << nation[person[i][j]]<< endl;
         break;
      }
     }
    }
```

```
65 is coming from GERMANY
66 is coming from JAPAN
67 is coming from BRITAIN
68 is coming from AMERICA
69 is coming from FRANCE
70 is coming from CHINA
```

图 6-11　例 6-10 运行结果

程序运行结果如图 6-11 所示。

6.6　建模扩展与优化

【例 6-11】 民族小区内有一条超长的步道,可以看成是一条直线,步道内一共有 n 盏路灯,每盏路灯的位置设为 a_i。为了响应国家节约用电的号召,小区物业决定关掉几盏路灯,仅维持小区步道的基本光照,具体规则为:如果某盏路灯的左右两盏亮着的灯距离不超过 m,就可以把这盏灯关闭,其中首尾两盏路灯不允许关闭。试计算按照此原则最多可以关掉多少盏路灯?

```
1    /*****************************************************/
2                       程序文件名:Ex6_11.cpp
3                       节约用电
4    /*****************************************************/
5     #include <bits/stdc++.h>
6    using namespace std;
7    long a[100005];
```

```
8    main()
9    {
10       long n, m,ans = 0;
11       int i;
12       cout <<"请输入路灯盏数和最大距离:";
13       cin >> n >> m;
14   cout <<"请输入 n 盏灯的位置:"<< endl;
15       for (i = 0; i < n; i++)
16   {
17         cin >> a[i];
18       }
19   sort(a,a + n);
20       for (i = 1; i < n - 1; i++)
21   {
22         if(abs(a[i + 1] - a[i - 1])< = m)
23     {
24           ans++;
25           a[i] = a[i - 1];
26           for(int j = i;j > 0;j -- )
27   {
28             a[j] = a[j - 1];
29           }
30         }
31     }
32     cout << "节约用电后最多可熄灭"<< ans <<"盏路灯"<< endl;
33   }
```

程序运行结果如图 6-12 所示。

```
请输入路灯盏数和最大距离: 18 20
请输入n盏灯的位置:
47 14 53 69 39 100 75 6 22 88 74 13 87 42 35 75 62 31
节约用电后最多可熄灭11盏路灯
```

图 6-12 例 6-11 运行结果

【程序解释】

(1) 第 5 行导入万能头文件 stdc++.h。

(2) 第 13 行输入小区步道路灯的数量 n 以及最大距离 m($2\leqslant n\leqslant 10^5, 1\leqslant m\leqslant 10^6$)。

(3) 第 15～18 行的作用是输入 n 个整数,分别表示每盏路灯的位置 a_i($1\leqslant a_i\leqslant 10^6$)。

(4) 第 19 行调用排序函数 sort(a,a+n),对数组 a[i]进行升序排序。

(5) 第 26～29 行代码的作用是熄灭第 i 盏灯后,将 a[i]元素之前的所有数组元素都向右移位,此时程序的时间复杂度为 $O(n^2)$,但熄灭第 i 盏灯后只需执行 a[i]=a[i−1]一步即可,此循环语句对程序的最后结果没有影响,因此本例应删除第 26～29 行代码,则优化后的时间复杂度降低为 O(n)。优化代码如 Ex6_12.cpp 所示。

```
1    /*************************************************/
2                    程序文件名:Ex6_12.cpp
3                    节约用电优化示例
4    /*************************************************/
```

```
5   #include <bits/stdc++.h>
6   using namespace std;
7   long a[100005];
8  main()
9  {
10    long n, m,ans = 0;
11    int i;
12    cout <<"请输入路灯盏数和最大距离:";
13    cin >> n >> m;
14 cout <<"请输入 n 盏灯的位置:"<< endl;
15    for (i = 0; i < n; i++)
16 {
17      cin >> a[i];
18    }
19 sort(a,a + n);
20    for (i = 1; i < n - 1; i++)
21 {
22      if(abs(a[i + 1] - a[i - 1])< = m)
23   {
24        ans++;
25        a[i] = a[i - 1];
26      }
27   }
28   cout << "节约用电后最多可熄灭"<< ans <<"盏路灯"<< endl;
29   }
```

【例 6-12】 民族学校的一诺终于结束了高考，但作为班委的她需要协助同学设计查找最合理的大学填报方案：根据 n 位学生的估分情况，分别给每位学生推荐一所大学，要求学校的预计分数线和学生的估分数相差最小（可高可低），这个最小值表示不满意度。一诺需要设计程序求所有学生不满意度和的最小值。

```
1    /*************************************************/
2                  程序文件名:Ex6_13.cpp
3                  填报高考志愿
4    /*************************************************/
5     #include <bits/stdc++.h>
6    using namespace std;
7    int min(int a, int b)
8    {
9     if(a > b)
10      return b;
11    else
12      return a;
13   }
14   main()
15   {
16      int m,n,i;                                //m 表示学校数量,n 表示学生数量
17      cout <<"请分别输入学校和学生数量:";
18       cin >> m >> n
19      int * a = new int[m];
```

```
20      int *b = new int[n];
21      cout <<"请输入"<< m <<"所学校的预计录取分数线:"<< endl;
22      for(i = 1;i <= m;i++)                          //输入 m 所学校的预计录取分数线
23        cin >> a[i];
24      sort(a + 1,a + m + 1);
25    cout <<"请输入"<< n <<"名学生的预估高考分数:"<< endl;
26      for(i = 1;i <= n;i++)                          //输入 n 名学生预估高考分数
27      {
28         cin >> b[i];
29      }
30      long ans = 0;
31      for(i = 1;i <= n;i++)
32      {
33         int q = 0,r = m + 1;
34         while(q < r)
35       {
36           int h = (q + r)/2;
37           if(a[h]<= b[i])
38             q = h + 1;
39         else
40         r = h;
41         }
42      if(b[i]<= a[1])
43           ans += a[1] - b[i];
44       else
45       ans += min(abs(a[q - 1] - b[i]),abs(a[q] - b[i]));
46      }
47      cout <<"高考志愿填报不满意度的最小值为:"<< ans << endl;
48  }
```

程序运行结果如图 6-13 所示。

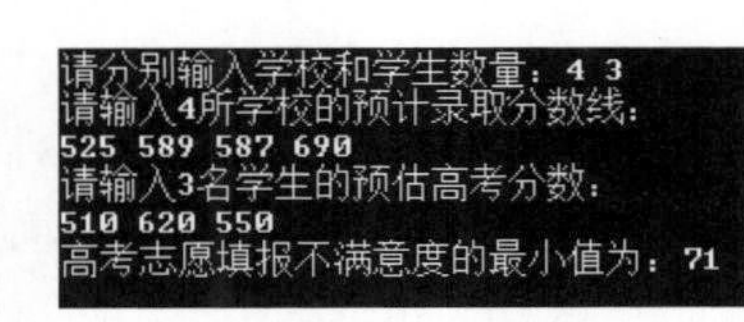

图 6-13　例 6-12 运行结果

【程序解释】

(1) 第 7～13 行定义了 min()函数,求两参数的最小值。

(2) 第 19 行和第 20 行通过 new 运算符定义动态数组 a[ ]和动态数组 b[ ],数组的大小分别对应变量 m 和 n。

(3) 变量 ans 存储高考志愿不满意度的最小值总和。

小结

(1) 数组是相同类型的有序变量集合,对数组的使用主要通过数组名和数组元素进行。数组元素通过数组名和偏移量下标来表示。数组名表示数组的起始地址,数组元素的下标都是从 0 开始。

(2) 数组主要分为一维数组和多维数组,多维数组本质上是嵌套的一维数组。多维数组中最常用的是二维数组,定义二维数组时可以省略行下标,但是不能省略列下标。

(3) 可以对数组中全部元素初始化，也可以对部分元素初始化。如果数组元素是全局或静态的，在没有初始值的情况下，元素被系统默认为0或'\0'(字符数组)；如果数组元素是局部的，则元素被系统默认的值为不确定。

(4) 数组名可以作为函数形参。当数组名作为函数形参时，它使用与实参相同的内存空间，此时，形参的改变会直接作用到相应实参。

(5) 以'\0'作为结尾的字符数组是字符串。在所有类型的数组中，只有字符串才能对数组名进行整体输入和输出操作，其他数组元素的输入和输出只能采用循环的方法逐个进行。

习题6

1. 选择题

(1) 在C++中，引用数组元素时，其数组下标的数据类型允许是(　　)。

A. 整型常量

B. 整型表达式

C. 非浮点型表达式

D. 任何类型的表达式

(2) 设有数组定义：char array[ ]="China"，则数组array所占的空间为(　　)字节。

A. 4　　B. 5　　C. 6　　D. 7

(3) 若有说明：int a[ ][3]={1,2,3,4,5,6,7}；则a数组一维的大小是(　　)。

A. 2　　B. 3　　C. 4　　D. 无法确定

(4) 以下不正确的语句是(　　)。

A. double x[5]={2.0,4.0,6.0,8.0,10.0};

B. int y[5]={0,1,3,5,7,9};

C. char c[ ]={'1','2','3','4','5'};

D. char c2[ ]={1,2,3};

(5) 若二维数组a有m列，则在a[i][j]前的元素个数为(　　)。

A. j*m+i　　B. i*m+j　　C. i*m+j-1　　D. i*m+j+1

(6) 以下能对二维数组a进行正确初始化的语句是(　　)。

A. int a[2][ ]={{1,0,1},{5,2,3}};

B. int a[ ][3]={{1,2,3},{4,5,6}};

C. int a[2][4]={{1,2,3},{4,5},{6}};

D. int a[ ][3]={{1,0,1},{},{1,1}};

(7) 以下不能对二维数组a进行正确初始化的语句是(　　)。

A. int a[2][3]={0};

B. int a[][3]={{1,2},{0}};

C. int a[2][3]={{1,2},{3,4},{5,6}};

D. int a[ ][3]={1,2,3,4,5,6}

(8) 定义如下的变量和数组：

```
int k;
int a[3][3] = {1,2,3,4,5,6,7,8,9};
```

则下面语句的输出结果是(　　)。

```
for(k = 0;k < 3;k++)
 cout << a[k][2 - k];
```

A. 3 5 7　　B. 3 69　　C. 1 5 9　　D. 1 4 7

(9) 以下不能正确进行字符串赋初值的语句是(　　)。

A. char str[5]=“good!”;

B. char str[ ]=“good!”

C. char str[8]=“good!”

D. char str[5]={‘g’,‘o’,‘o’,‘d’};

(10) 给出以下定义,则正确的叙述是(　　)。

```
char x[ ] = "abcdefg";
char y[ ] = {'a','b','c','d','e','f','g'};
```

A. 数组 x 和数组 y 等价

B. 数组 x 和数组 y 长度相等

C. 数组 x 的长度大于数组 y 的长度

D. 数组 x 的长度小于数组 y 的长度

(11) 以下程序的输出结果是(　　)。

```
main()
{
  char st[20] = "hello\0\t";
  cout << strlen(st)<<"\t"<< sizeof(st);
}
```

A. 9 9　　B. 5 20　　C. 13 20　　D. 20 20

(12) 以下程序的输出结果是(　　)。

```
main()
{
  char w[ ][10] = {"ABCD","EFGH","IJKL","MNOP"},k;
  for(k = 1;k < 3;k++)
    cout << w[k]<< endl;
}
```

A. ABCD
FGH
KL
M　　B. ABCD
EFG
IJ　　C. EFG
JK
O　　D. EFGH
IJKL

(13) 已知:char str1[8],str2[8]={“good”},则在程序中不能将字符数组 str2 赋值给 str1 语句是(　　)。

A. str1=str2　　B. strcpy(str1,str2)

C. strncpy(str1,str2,6) D. memcpy(str1,str2,5)

(14) 下列语句错误的是(　　)。

A. const int a[4]={1,2,3};

B. const int a[ ]={1,2,3};

C. const char a[3]={'1','2','3'};

D. const char a[ ]="123";

2. 编程题

(1) 输入10个整数，将这10个整数按升序排序输出，并且奇数在前，偶数在后，例如输出10个数：10,9,8,7,6,5,4,3,2,1，则输出：1,3,5,7,9,2,4,6,8,10。

(2) 编程打印如下形式的杨辉三角形：

```
        1
      1  2  1
    1  3   3   1
  1  4  6   4   1
1  5  10  10  5   1
```

(3) 编写一个程序实现将用户输入的字符串反向输出。例如，输入的字符串是："abcdefg"，输出是"gfedcba"。

(4) 编程求两个矩阵的乘积。

第7章 指针与引用

CHAPTER 7

C++语言拥有在运行时获得变量地址和操作地址的功能，实现这种功能的特殊数据类型就是指针。指针在C++中扮演十分重要的角色，指针可以用于数组、作为函数参数、用于内存访问和堆内存操作。指针是一把双刃剑，因为其直接对地址进行操作，所以在功能强大的同时也具有危险性。

C++还提供了一种作为函数参数传递时与指针具有相似功能的数据类型——引用。引用是对象的别名，本身没有独立的地址，但是可以达到通过形参修改相应实参的目的。本章在介绍指针和引用的基本用法和特性的基础上，还总结了指针和引用的区别。

学习目标

- 深入理解指针的概念和定义；
- 掌握指针的初始化方法和运算；
- 深入理解指针与数组的关系，掌握使用指针操作数组元素的方法；
- 理解字符串的概念，掌握通过指针输入、输出字符串的方法；
- 掌握查询字符串常量地址的方法；
- 掌握指针作为函数参数的用法，并区分指针函数和指向函数的指针；
- 理解引用的概念，掌握引用作为函数参数的用法；
- 掌握引用作为函数返回值的用法，深入理解常引用的定义和作用；
- 掌握指针和引用的联系和区别。

7.1 指针

视频

程序中的每个变量都有一定的数据类型，当定义变量时，系统会为不同类型的数据对象分配相应的内存空间来保存数据。分配的内存空间以字节为存储单位，每个字节的存储单元都有唯一的编号，这个编号称为地址。变量的地址是指该变量所占内存空间的第一个字节的地址，数据则是存放在内存空间的内容。

7.1.1 指针变量的定义

C++提供了专门存放地址的变量，即指针变量。指针变量存储的是地址，通过它能查找到内存单元。如果把计算机内存空间比作一幢公寓，每个存储单元相当于公寓内的房间，那么地址就相当于每个房间的门牌号，而指针变量就是书写门牌号的标识牌。把地址和指针变量的值统称为指针，严格地说指针变量和指针是两个不同的概念，但是在实际使用过程中，常把指针变量简称为指针。

指针变量定义的语法格式为：

```
数据类型 * 指针变量名;
```

其中：

(1) 数据类型是指针变量所指向对象（变量、对象）的数据类型，既可以是基本数据类型，也可以是用户自定义的数据类型或 void 类型。

(2) 指针变量名是用户自定义的标识符，其命名应该遵循标识符的命名规则。

(3) "*"是指针变量定义符，在定义语句中用来标明某变量是指针变量，定义中每个指针变量的前面都必须有"*"。例如：

```
int *a, *b;                    //定义了两个指向 int 型变量的指针变量 a 和 b
int *a,b;                      //定义了一个指向 int 型变量的指针变量 a 和一个 int 型变量 b
```

(4) 指针变量的值是内存单元的地址，因此无论指针变量指向何种数据类型的对象，其存储空间大小都是 4 字节。例如：

```
int *ip;
float *f;
char *cp;
cout << sizeof(ip)<< sizeof(fp)<< sizeof(cp);
```

输出结果为 4 4 4。

(5) 指针是地址，C++中没有地址类型，即指针变量没有单独的类型。指针变量的类型是其指向对象的类型，但不同类型的指针变量只能存放相应类型变量的地址，即一个指针变量只能指向同一数据类型的变量。例如：

```
int *ip;                       //定义了指向 int 型变量的指针变量 ip
float *fp;                     //定义了指向 float 型变量的指针变量 fp
char *cp;                      //定义了指向 char 型变量的指针变量 cp
Max *mp;                       //定义了指向 Max(自定义类型)型变量的指针变量 mp
```

(6) 不允许出现同名的指针和变量，这样会造成编译过程的二义性。例如：

```
int *ip,ip;                    //错误,指针与变量同名
```

7.1.2 指针变量的初始化

指针变量存放的是内存单元的地址。如果指针变量在定义时没有被初始化或在使用过程中没有被赋值，则其存放的就是系统分配的随机地址；在这种情况下访问指针变量就可能出现意想不到的严重后果，因为这时指针变量有可能指向存放重要数据的内存单元，所以考虑到数据和程序的安全性，在使用指针变量前应该对其进行赋值。

指针变量初始化的语法格式为：

```
数据类型 * 指针变量名 = 地址表达式;
```

指针变量在定义后被赋值的语法格式为：

```
指针变量名 = 地址表达式;
```

其中：

(1) 地址表达式既可以是地址常量，也可以是使用取地址符号“&”所获得的地址。例如：

```
int a,m[3];
float b;
float * fp;
int * ip = &a;                        //& 获取 int 型变量 a 的地址
fp = &b;                              //& 获取 float 型变量 b 的地址
fp = &a;                              //错误,"="左右两边的类型不一致
ip = m;                               //m 是数组名,也是数组的首地址
ip = &m;                              //错误,"="左右两边的类型不一致
ip = &m[1];                           //将数组元素 m[1]的地址赋给 ip
```

(2) 地址表达式的值不能是变量、无意义的实际地址或非地址常量。

(3) C++允许同类型指针间的互相赋值，即可以使用一个已经被赋值的指针给另一个指针赋值，但指针类型应保持一致。如果类型不一致，赋值的过程中也可以使用强制类型转换。例如：

```
int * a = &c;                         //c 是 int 型变量
int * b = a;
char * cp = (char * )a + 200;         //将 int 型指针强制转化为 char 型指针
```

(4) C++中还有一种特殊的通用类型指针，即 void 指针，它可以存储任何类型对象的地址。例如：

```
void * vp;
int * ip,i;
float * fp,f;
vp = ip;
vp = fp;
vp = &f;
```

但是，将一个 void 类型的指针赋给非 void 类型的指针时，要使用强制类型转换。例如：

```
ip = (int * )vp;                      //强制类型转换,void 类型指针赋给 int 型指针
```

【例 7-1】 指针变量的初始化和赋值。

```
1   /***************************************************
2                程序文件名:Ex7_1.cpp
3                指针初始化及赋值应用举例
4   ***************************************************/
5   #include <iostream>
6   using namespace std;
7   main()
8   {
9     int * ip,i;
10    float f;
11    float * fp = &f;
12    void * vp;
```

```
13    ip = &i;
14    cout <<" i 的地址为: "<< &i <<"\n ip 的值为: "<< ip << endl;
15    cout <<" f 的地址为: "<< &f <<"\n fp 的值为: "<< fp << endl;
16    vp = &i;
17    cout <<" vp 的值为: "<< vp << endl;
18    vp = fp;
19    cout <<" vp 的值为: "<< vp << endl;
20  }
```

```
i的地址为: 0018FF40
ip 的值为: 0018FF40
f的地址为: 0018FF3C
fp 的值为: 0018FF3C
vp 的值为: 0018FF40
vp 的值为: 0018FF3C
```

图 7-1　例 7-1 运行结果

程序运行结果如图 7-1 所示。

【程序解释】

(1) 第 9 行定义了 int 型指针变量 ip 和 int 型变量 i。

(2) 第 11 行在定义 float 型指针变量的同时对其进行初始化。

(3) 第 12 行定义了 void 型指针变量 vp。

(4) 第 16 行将 int 型变量 i 的地址赋给 vp；第 18 行将 float 型指针变量的值赋给 vp。

7.1.3　指针的运算

指针变量存放的是对象的地址，对指针变量的操作实际是对指针(即地址)进行运算。指针通常可以进行赋值运算、取值运算、加减运算和比较运算。

1. * 运算符

在一般的算术运算中“*”用作乘号；在指针的定义语句中，“*”用于定义指针，称为指针定义符；在程序的非指针定义语句中，“*”放在指针之前用于指针的间接引用，即可以访问该指针所指向对象的内容，称为间接引用运算符。其语法格式为：

```
* 指针变量
```

可以利用指针变量的间接引用修改其所指向对象的内容。

【例 7-2】 指针变量的间接引用。

```
1   /***************************************************
2            程序文件名:Ex7_2.cpp
3            间接引用运算符 * 应用举例
4   ***************************************************/
5   # include < iostream >
6   using namespace std;
7   main()
8   {
9     int a = 47,b;
10    int * ipa = &a;
11    b = * ipa;
12    cout <<" a 的值:"<< a << endl;
13    cout <<" b 的值:"<< b << endl;
14    * ipa = 100;
15    cout <<" a 的值:"<< a << endl;
16    cout <<" b 的值:"<< b << endl;
17    cout <<" * ipa 的值:"<< * ipa << endl;
18  }
```

程序运行结果如图 7-2 所示。

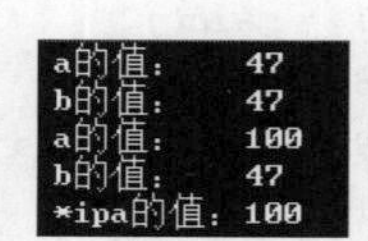

图 7-2　例 7-2 运行结果

【程序解释】

(1) 第 10 行初始化指针变量 ipa,使之指向 int 型变量 a。

(2) 第 11 行赋值号"="右边表达式中的"*"是间接引用运算符,"*ipa"作为一个整体,相当于变量 a,而 a 就是 ipa 所指向的变量。第 11 行的语句相当于执行了"b=a;"。

(3) 第 14 行中"*"的作用与第 11 行中的一样,本行语句相当于执行了"a=100;"。

因此,a 和 *ipa 的值都变为 100,而 b 的值仍然为 47。

在程序的执行过程中指针变量所指向的对象不一定是一成不变的,指针变量可以随时改变而指向同类型的其他对象,就像修改标识牌上的门牌号一样:在某个时间段标识牌上的号可以是"401",它指向 401 房间;在另一个时间段标识牌上的号可以改为其他的号,如"405",此时它就指向 405 房间了。

【例 7-3】 指针变量所指对象的变化。

```
1   /*****************************************************
2                程序文件名:Ex7_3.cpp
3                指针变量所指对象的变化
4    *****************************************************/
5    #include <iostream>
6   using namespace std;
7   main()
8   {
9     int a = 47,b = 96;
10    int * ipa = &a;
11     * ipa = 100;
12    cout <<" a 的地址: "<< &a <<"     a 的值: "<< a << endl;
13    cout <<" b 的地址: "<< &b <<"     b 的值: "<< b << endl;
14    cout <<" ipa 的地址: "<< ipa <<" * ipa 的值: "<< * ipa << endl << endl;
15    ipa = &b;
16    cout <<" a 的地址: "<< &a <<"     a 的值: "<< a << endl;
17    cout <<" b 的地址: "<< &b <<"     b 的值: "<< b << endl;
18    cout <<" ipa 的地址: "<< ipa <<" * ipa 的值: "<< * ipa << endl << endl;
19  }
```

程序运行结果如图 7-3 所示。

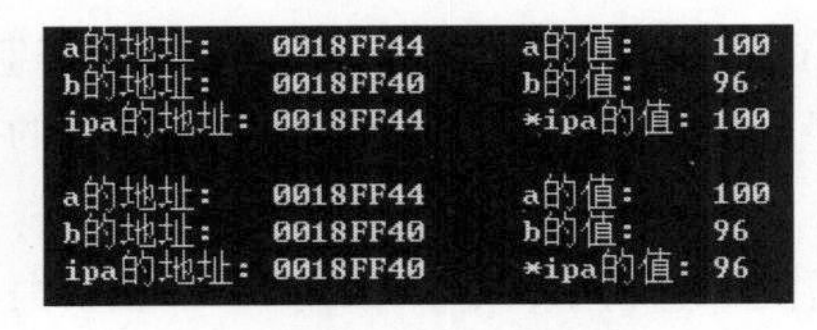

图 7-3 例 7-3 运行结果

【程序解释】

(1) 第 10 行初始化指针变量 ipa,使之指向 int 型变量 a,所以程序中第 12 行和第 14 行输出的地址和值完全相同,都是变量 a 的地址和值。

(2) 第 15 行的表达式"ipa=&b"使指针变量 ipa 不再指向变量 a,而是指向变量 b。这时 ipa 的地址就是变量 b 的地址,*ipa 的值也变成了变量 b 的值。

2. 指针的加减运算

指针的加减运算包括指针与整数值的加减和指针间的相减运算。

1）指针与整数的加减

由于指针变量存储的是对象的地址，因此指针与整数的加减运算也是针对地址的操作，与普通变量的加减不同。指针的加减运算通常与数组的使用相联系，如果存在指针 p 和正整数 n，那么 p±n 表示指针 p 从当前位置向后或向前移动了 n 个长度为 sizeof(数据类型)的存储单元，即 p±n 的实际值是 p±n * sizeof(数据类型)。若 p 指向 int 型变量，则 sizeof(数据类型)=4；若 p 指向 char 型变量，则 sizeof(数据类型)=1。例如：

```
int a[8],p1,p2;
p1 = &a[3];
p2 = p1 + 4;
```

p1 指向数组元素 a[3]的首地址；p2=p1+4，则 p2 指向数组元素 a[7]的首地址，因为 sizeof(int)=4，所以 p2 与 p1 实际相差 16 字节的位置。指针与整数相加后的内存布局如图 7-4 所示。

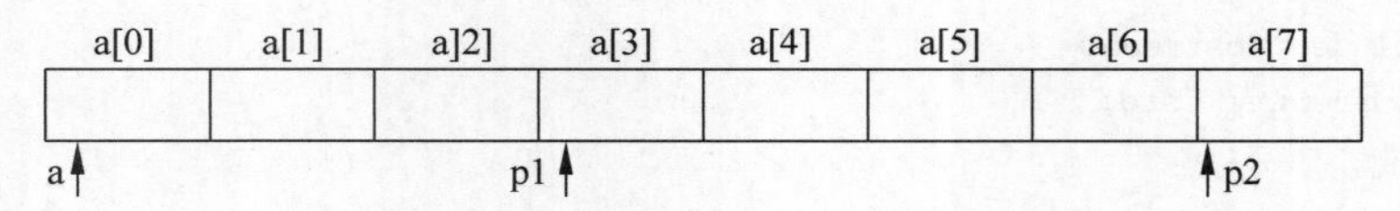

图 7-4　指针与整数相加后的内存布局

指针与整数值加减的一个特例是指针的自增“++”和自减“--”。例如 p1++ 等价于 p1=p1+1，但由于自增和自减运算符的可读性相对较差，因此使用过程中容易出错，尤其与间接引用运算符“*”的混合使用。例如：

```
int * p1, i = 8, m;
p1 = &i;
p1++;                               //指针 p1 后移 4 字节
m = * p1++;                         //等价于 m = * (p1++), m 取值为 * p1, 然后 p1 后移
m = ( * p1)++;                      //m 取值为 * p1, 然后使 i 自增 1
m = * ++p1;                         //p1 后移 4 字节后, m 再取值 * p1
```

2）指针间的相减

指针间的相减运算是指存在两个同类型的指针，且指向与它们类型相同的同一个数组，则这两个指针相减的结果为它们指向地址之间相差数据元素的个数。

3. 指针的比较运算

两个指针的比较运算多用于比较两个指针指向的对象在内存中的位置关系和判断指针是否为空。指向同一数组的两个指针的比较运算有==、!=、<、<=、>和>=。比较运算的结果为 boolen 型：true 或 false。

7.1.4 指针与数组

C++中的指针操作与数组联系紧密。数组是由单一类型的元素组成的有序数据集合，在内存中顺序排列于连续的存储单元。

1. 指针表示数组元素

对数组元素的访问有两种形式：一种是下标形式，另一种是指针形式。例如：

```
int a[80];
int * p1 = a;                          //p1 为指向数组 a 的指针
```

第 i 个数组元素的下标形式为 a[i]，指针形式为 *(a+i)。数组名是数组的首地址，数组名与指向该数组的指针可以互相替换使用，即 a[i]、p1[i]、*(a+i)和 *(p1+i)是相互等价的。其中 a+i 和 p1+i 都是第 i 个元素的地址，因此第 i 个元素的地址表示为下列四种形式之一都是正确的：

① &a[i]　　② a+i　　③ &p1[i]　　④ p1+i

但是，数组名又区别于一般的指针变量，因为数组名是指针常量，仅代表指向第一个数组元素的指针，因此不能对它赋值，也不能让它指向其他任何地址。

2. 指针数组

在 C++ 中，指针数组是以指针变量为元素的数组，同一指针数组的每个元素都是相同类型的指针变量。定义指针数组的语法格式为：

```
数据类型 * 数组名[下标表达式];
```

因为指针数组定义中的运算符“[]”的优先级高于“ * ”，所以表达式 * p1[n]等价于 *(p1[n])，其中 p1[n]表示名为 p1，包含 n 个元素的指针数组。

指针数组的一个常用用法是用来存储若干行长度不等的字符串，例如：

```
char * questions[ ] = {"where are you from?",
                       "what is your name? ",
                       "Is he xiao xin? "};
```

虽然二维字符数组也可以完成同样的功能，但是由于每行字符串的长度不等，将造成存储空间的浪费。

3. 数组指针

数组指针是指向数组的指针。其定义的语法格式为：

```
数据类型 ( * 指针名)[下标表达式];
```

数组指针是指向数组的，例如：

```
int a[3][3],( * p)[3];
p = a;
```

(* p)[3]通知编译器，它是一个指向长度为 3 的整型数组的指针。这样用指针访问其所指向的内存单元时可以用 *(*(p+i)+j)来表示 a[i][j]。

而如果

```
int a[3][3], * p;
p = a;
```

则需用 *(p+3 * i+j)来表示 a[i][j]。

7.1.5　指针与字符串

C++中的字符串可分为两类：一类是字符数组，另一类是字符串常量。例如：

```
char array[ ] = "I love xiao xin! "                  //字符数组
```

```
cout <<"Are you sure?";                                  //字符串常量
```

在C++中，除了用来初始化数组的字符串都称为字符串常量。字符串常量的类型是指向字符的指针，即字符指针 char *。字符串常量在内存中以'\0'结尾。字符串常量通常存储在内存 data 区中的 const 区；而字符数组则根据作用域的不同存储于不同的位置：全局字符数组存储在内存 data 区的全局数据区，局部字符数组则存储在内存的栈区。

当编译器编译字符串常量时，首先把它放到 data 区的 const 区，以'\0'作结尾，然后记下其起始地址并在代码中使用该地址。因此对字符串常量的操作实际是对其地址的操作。但是字符串常量作为初值赋给字符数组和赋给字符指针的含义不同。例如：

```
char array[8] = "xiaoxin";
char * p1 = "xiaoxin";
```

字符数组 array[8]被赋值为“xiaoxin”，则数组中 8 个数组元素的值分别为'x''i''a''o''x''i''n'和'\0'；而字符指针 p1 被赋值后，p1 的值为字符串常量“xiaoxin”的首地址。可以对字符数组中数组元素的值进行修改，但不能对字符指针引用的字符串常量中的值进行修改。

【例 7-4】 字符数组与字符指针的区别。

```
1   /***************************************************
2               程序文件名:Ex7_4.cpp
3               字符数组与字符指针的区别
4   ***************************************************/
5   #include < iostream >
6   using namespace std;
7   main()
8   {
9     char array[8] = "xiaoxin";
10    char * p1 = "xiaoxin";
11    array[2] = 'b';
12    p1[2] = 'b';
13    cout << array << endl;
14    cout << p1 << endl;
15  }
```

例 7-4 的程序在编译的过程中没有任何错误，但在运行时将出现错误。因为第 12 行语句企图修改字符串常量的值是不允许的。

除了字符数组和字符指针外，其他所有类型的数组使用 cout 输出数组名和指针名得到的都是地址，而输出字符数组名和字符指针名得到的是字符串。如果要输出字符串的地址，需要将它们强制转换成 void 型指针，例如：

```
cout <<(void * )array;                               //输出字符串的地址
cout <<(void * )p1;                                  //输出字符串的地址
```

7.1.6 指针与函数

1. 指针作为函数参数

C++提供的函数参数间的传递方式主要有两种：一种是按值传递方式，另一种是按地址传递方式。

按值传递的方式是单向传递，即函数调用时只能将实参的值赋给相应的形参，而形参的改变对实参的值没有任何影响。按地址传递的方式实际是通过指针传递，即传递指针的值。指针既可以作为函数的形参也可以作为函数的实参。当指针作为函数参数时，在调用过程中实参将某地址值传递给形参，使实参和形参指向相同的内存地址，这样被调用函数能够改变实参指针所指向变量的值，但不能改变实参指针的值。因此，如果从指针作为函数参数无法实现形参指针变量（地址）改变实参指针变量（地址）这个角度，按地址传递是一种特殊的按值传递方式。

当需要传递的数据存放在连续的内存空间（如数组），如果采用按值传递会产生大量调用函数的开销；如果采用按地址传递则可以只传递数据的起始地址，从而减少开销提高效率，尤其当处理字符串时，采用指针作参数是最直接、效率最高的。

下面分别使用按值传递方式和按地址传递方式来交换两个数据。

【例 7-5】 按值传递和按地址传递的区别。

```
1   /***************************************************
2             程序文件名:Ex7_5.cpp
3             按值传递和按地址传递的区别
4   ***************************************************/
5   #include <iostream>
6   using namespace std;
7   void passvalue(int ,int);
8   void passaddress(int * , int * );
9   void main()
10  {
11    int a = 3,b = 4;
12    cout <<"交换前 a = "<< a <<",b = "<< b << endl;
13    cout <<"交换前 a 的地址:"<< &a <<",b 的地址 "<< &b << endl;
14    passvalue(a,b);
15    cout <<"按值传递交换后: a = "<< a <<",b = "<< b << endl;
16    passaddress(&a,&b);
17    cout <<"按地址传递交换后: a = "<< a <<",b = "<< b << endl;
18    cout <<"交换后 a 的地址:"<< &a <<",b 的地址 "<< &b << endl;
19  }
20  void passvalue(int m,int n)
21  {
22    int t = m;
23    m = n;
24    n = t;
25  }
26  void passaddress(int * x, int * y)
27  {
28    int t = * x;
29    * x = * y;
30    * y = t;
31    int * p = x;
32    x = y;
33    y = p;
34    cout <<"形参的指针变量 x = "<< x <<",y = "<< y << endl;
35  }
```

程序运行结果如图 7-5 所示。

图 7-5 例 7-5 运行结果

【程序解释】

(1) 第 20 行 passvalue()函数是按值传递方式，从第 15 行的交换结果可知，这种传递方式并没有达到交换变量值的目的。

(2) 第 26 行 passaddress()函数是按地址传递方式，从第 17 行的结果可知，通过指针作为函数参数使 &a、&b 地址的变量值发生了交换。

(3) 第 31～33 行交换作为形参的指针，但是从第 18 行的结果可以知道，作为实参的 &a、&b 两个地址值并没有发生改变。

(4) 指针作为函数参数时将实参指针的值(一个地址)传递给被调用函数的形参(必须是指针)。被调用函数不能改变实参指针的值，但可以改变实参指针所指向变量的值。

2. 指针函数

指针函数是指返回指针的函数。在 C++ 中，除了 void 类型的函数外，所有被调用函数在调用结束后必须有返回值，指针也可以作为函数的返回值。当函数返回一个指针时，必须保证指针所指向的对象是实际存在的。

指针函数的语法格式为：

```
数据类型 * 函数名(参数列表);
```

通常情况下，非指针型函数调用结束后返回一个值，而使用指针函数主要是函数调用结束后把大量的数据从被调用函数返回到调用函数中。

【例 7-6】 指针函数应用举例。

```
1    /**************************************************
2              程序文件名:Ex7_6.cpp
3              指针函数应用举例
4    ************************************************** /
5    # include < iostream >
6    using namespace std;
7    float * search(float( * p1)[4], int n);
8    main()
9    {
10       float array[ ][4] = {{60,70,80,90},{33,44,55,66},{98,87,65,21}};
11       float * p;
12       int i,m;
13       cout <<"输入学号(0 -- 2)之间:";
14       cin >> m;
15       p = search(array, m);
16       for(i = 0;i < 4;i++)
17           cout <<" "<< * (p + i);
18       cout << endl;
```

```
19  }
20  float *search(float( *p1)[4],int n)
21  {
22      return *(p1+n);
23  }
```

输入学号（0--2）之间：2
 98 87 65 21

图 7-6　例 7-6 运行结果

程序运行结果如图 7-6 所示。

【程序解释】

（1）第 7 行声明了指针函数 *search( )，函数的第 1 个形参用于指向一个大小为 4 的 float 型数组，是数组指针。

（2）在第 20 行的函数体中，如果 n 取值为 2，则函数返回 p1[2]，由于行指针 p1 与第 10 行的 array 数组名指向同一个空间，所以 p1[2]实际是数组 array[2][0]元素的地址。

但是指针函数不能把其函数体内部说明的具有局部作用域的数据地址作为返回值。如下面程序段是错误的：

```
char *myname()
{
    char name[60];
    cin>>name;
    return name;
}
```

因为 name[60]是函数体内的局部变量，函数体执行结束后，系统将释放其所占内存空间，所以不能把 name 作为返回值。

3. 指向函数的指针

指向函数的指针是专门用于存放该函数代码首地址的指针变量。一旦定义了某个指向函数的指针，它就与函数名一样具有调用函数的作用。指向函数的指针定义的语法格式为：

```
数据类型 (* 函数指针名)(参数列表);
```

其中，函数指针名与其指向的函数名可以不一致，但 * 和()是必需的，如果去掉圆括号，则上面形式表示的是指针函数。

在 C++ 中，不仅数组名是一个表示地址的指针常量，函数名实际也是一个指针常量，它指向该函数代码的首地址。一段函数被编译连接后生成一段二进制代码，该段代码的首地址称为函数的入口地址。系统通过函数名调用函数过程的实质是编译器根据函数名找到函数代码的首地址，然后执行代码。而指向函数的指针就是专门存放函数代码的入口地址，也可简称为函数指针。例如：

```
float (*p1)(float,float);
```

声明了一个名为 p1 的函数指针，它指向包含两个 float 型参数，且返回值为 float 型的函数。当函数的地址赋给相应的函数指针后，就可以像操作函数名一样操作函数指针。例如：

```
float max(float x,float y)
{
    return x>y?x:y;
}
p1=max;                    //函数 max 的入口地址赋给指针 p1,p1 和 max 都指向函数的入口
```

则可以使用下列方式调用函数 max：

```
m = max(4.5,5.6);                                     //用函数名调用 max 函数
m = ( * p1)(4.5,5.6);                                 //用函数指针调用 max 函数
m = p1(4.5,5.6);                                      //用函数指针调用 max 函数
```

【例 7-7】 函数指针应用举例。

```
1   /*************************************************
2                程序文件名:Ex7_7.cpp
3                函数指针应用举例
4   ************************************************* /
5   #include < iostream >
6   using namespace std;
7   float max(float,float);
8   float min(float,float);
9   float add(float,float);
10  float process(float,float,float ( * )(float,float));
11  main()
12  {
13    float a,b;
14    cout <<"请输入两个 float 型数:"<< endl;
15    cin >> a >> b;
16    cout <<"最大值:"<< process(a,b,max)<< endl;
17    cout <<"最小值:"<< process(a,b,min)<< endl;
18    cout <<"相加和:"<< process(a,b,add)<< endl;
19  }
20  float process(float x,float y,float ( * p1)(float,float))
21  {
22    return p1(x,y);
23  }
24  float max(float x,float y)
25  {
26    return (x > y?x:y);
27  }
28  float min(float x,float y)
29  {
30    return (x < y?x:y);
31  }
32  float add(float x,float y)
33  {
34   return (x + y);
35  }
```

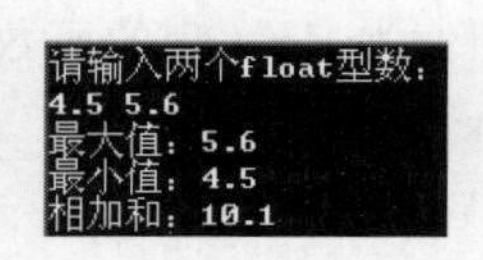

图 7-7　例 7-7 运行结果

程序运行结果如图 7-7 所示。

【程序解释】

(1) 本例通过一个公共接口 process 调用不同的函数。

(2) 第 16～18 行分别调用了 process()函数，传递给 3 个不同的函数入口地址。

(3) 第 22 行利用函数指针 p1 调用函数，由于 main()函数 3 次调用 process()函数传递

给 p1 的函数指针不同，因此实际上在第 22 行 3 次调用了 3 个不同的函数。

(4) 函数指针增加了函数调用的灵活性。函数指针指向内存的程序代码区，而一般变量的指针指向数据区。

(5) 函数指针不能进行＋＋、－－、＋和－等运算。

视频

7.2　引用

7.2.1　引用的定义

引用也称别名，是已存在的变量或对象的别名。创建引用时，必须用已经存在的变量或对象对其进行初始化。对引用的操作实际就是对被引用变量或对象的操作。引用定义的语法格式为：

```
数据类型 & 引用名 = 变量(对象)名;
```

其中：

(1) 数据类型与被引用的变量(对象)的类型保持一致。

(2) 变量(对象)名必须已经被声明或定义。

(3) & 叫作引用运算符，& 仅在创建引用的语句中作为引用运算符，除此以外的任何位置，& 都作为取地址符号。如果在同一行声明同类型的多个引用，每个引用前面的 & 不能省略。例如：

```
int a,b,c;
int &refa = a,&refb = b,&refc = c;
```

(4) 引用不是值，不占用内存空间，因此引用只有声明而没有定义。声明引用时，被引用的变量(对象)的存储状态不会改变。

(5) 除了引用的声明语句，在程序中，引用的书写格式与一般变量完全相同。例如：

```
int number;
int &refn = number;
refn = 10;                                    //对引用赋值 10
```

refn 是一个引用，被初始化为整型变量 number 的引用，refn 叫作对 number 的引用。C++ 不允许存在没有被初始化的引用，即空引用。

【例 7-8】 引用的定义应用举例。

```
1    /************************************************
2                 程序文件名:Ex7_8.cpp
3                 引用的定义应用举例
4    ************************************************/
5    #include < iostream >
6    using namespace std;
7    main()
8    {
9      int intOne;
10     int& rInt = intOne;
```

```
11      intOne = 5;
12      cout <<"intOne:" << intOne << endl;
13      cout <<"rInt:" << rInt << endl;
14      rInt = 7;
15      cout <<"intOne:" << intOne << endl;
16      cout <<"rInt:" << rInt << endl;
17  }
```

```
intOne:5
rInt:5
intOne:7
rInt:7
```

图 7-8 例 7-8 运行结果

程序运行结果如图 7-8 所示。

【程序解释】

(1) 第 10 行声明了 int 型变量 intOne 的引用 rInt，引用在声明的同时必须被初始化，否则将会出现编译错误。

(2) 对引用的操作和对被引用对象的操作是一样的。所以，第 11 行给 int 型变量 intOne 赋值 5，第 13 行输出 rInt 的值也为 5。

(3) 第 14 行给引用 rInt 赋值 7，从第 15 和第 16 行输出结果可知，rInt 和其引用的变量 intOne 的值都变为 7。

(4) 引用就像在现实生活中给某人起的绰号。如果把变量所占内存空间比喻成某人，变量名则相当于这个人的学名，那么引用就相当于这个人的绰号(别名)。无论称呼学名或绰号，执行的对象都是同一个人。

7.2.2 引用的操作

1. 引用的地址

由于引用不占用内存空间，因此引用本身没有地址，如果一个程序试图寻找引用的地址，它只能找到被引用变量(对象)的地址。例如：

【例 7-9】 引用的地址。

```
1   /*************************************************
2                程序文件名:Ex7_9.cpp
3                引用的地址
4    *************************************************/
5    #include < iostream >
6   using namespace std;
7   main()
8   {
9       int intOne;
10      int& rInt = intOne;
11      intOne = 5;
12      cout <<"intOne:" << intOne << endl;
13      cout <<"rInt:" << rInt << endl;
14      cout <<"&intOne:" << &intOne << endl;
15      cout <<"&rInt:" << &rInt << endl;
16  }
```

```
intOne:5
rInt:5
&intOne:0018FF44
&rInt:0018FF44
```

图 7-9 例 7-9 运行结果

程序运行结果如图 7-9 所示。

从输出结果可知，引用 rInt 的地址就是其所引用的 int 型变量 intOne 的地址。

2. 引用与被引用对象的关系

一旦引用被初始化,它将与其引用的对象永远绑定,任何对引用的操作都是对其引用对象的操作。在引用生命期结束前,不能转而引用其他的对象。例如:

【例 7-10】 引用与被引用对象的关系。

```
1    /**************************************************
2                  程序文件名:Ex7_10.cpp
3                  引用与被引用对象的关系
4    ************************************************** /
5    #include < iostream >
6    using namespace std;
7    main()
8    {
9       int intOne;
10      int& rInt = intOne;
11      intOne = 5;
12      cout <<"intOne:"<< intOne << endl;
13      cout <<"rInt:"<< rInt << endl;
14      cout <<"&intOne:"<< &intOne << endl;
15      cout <<"&rInt:"<< &rInt << endl;
16      int intTwo = 8;
17      rInt = intTwo;
18      cout <<"intOne:"<< intOne << endl;
19      cout <<"intTwo:"<< intTwo << endl;
20      cout <<"rInt:"<< rInt << endl;
21      cout <<"&intOne:"<< &intOne << endl;
22      cout <<"&intTwo:"<< &intTwo << endl;
23      cout <<"&rInt:"<< &rInt << endl;
24   }
```

```
intOne:5
rInt:5
&intOne:0018FF44
&rInt:0018FF44
intOne:8
intTwo:8
rInt:8
&intOne:0018FF44
&intTwo:0018FF3C
&rInt:0018FF44
```

图 7-10　例 7-10 运行结果

程序运行结果如图 7-10 所示。

【程序解释】

第 10 行声明了 rInt 是 int 型变量 intOne 的引用;第 17 行的语句 rInt=intTwo 试图通过赋值让 rInt 引用变量 intTwo,但是从第 21～23 行的输出结果可知,rInt 的地址始终与 intOne 的地址一致,第 17 行仅完成了将 intTwo 变量的值赋给了引用 rInt 及变量 intOne 的作用。

7.2.3 引用与函数

1. 引用传递函数参数

通过例 7-5 可知,指针作为函数参数时,被调用函数可以改变实参指针所指向变量的值,引用作为函数参数可以达到同样的效果。引用传递函数参数相当于创建了形参对实参的引用,根据引用的特点,在函数体内对形参进行运算相当于对实参进行运算。

【例 7-11】 引用传递函数参数。

```
1    /**************************************************
2                  程序文件名:Ex7_11.cpp
3                  引用传递函数参数
```

```
4    ************************************************/
5    #include <iostream>
6    using namespace std;
7    void swap(int &,int &);
8    void main()
9    {
10     int a=3,b=4;
11     cout<<"调用函数前 a= "<<a<<",b= "<<b<<endl;
12     swap(a, b);
13     cout<<"调用函数后 a= "<<a<<",b= "<<b<<endl;
14   }
15   void swap(int &x, int &y)
16   {
17     int t=x;
18     x=y;
19     y=t;
20   }
```

程序运行结果如图 7-11 所示。

```
调用函数前a= 3,b= 4
调用函数后a= 4,b= 3
```

图 7-11　例 7-11 运行结果

【程序解释】

(1) 第 7 行是函数 swap()的声明,参数列表的形参是两个对 int 型变量的引用。

(2) 从第 15 行开始是函数 swap()的定义体,执行 swap()时,首先进行参数传递,实参给形参传值的过程相当于执行

```
int &x=a;
int &y=b;
```

即形参 &x 是实参 a 的引用,形参 &y 是实参 b 的引用。

(3) 在函数体中交换形参 x 和 y,返回到函数调用点执行第 13 行语句输出结果,发现实参 a 和 b 的值也发生了交换。

从例 7-11 中可知引用和指针作为函数参数可以完成相同的功能,但是引用与指针在定义和使用上有根本的区别:

(1) 引用创建时必须被初始化;而指针定义时可以被初始化,也可以不被初始化。

(2) 引用一旦被初始化与某个对象建立了关联,在其生命期不能再引用其他对象;而指针可以任何时候转而指向其他对象的地址。

(3) 不允许存在空引用,引用创建时必须与某个具有有效内存空间的对象建立关联;C++允许存在空指针。

(4) 引用是与地址间接产生联系;指针变量的内容就是地址,与地址直接产生联系。

(5) 引用不占用内存空间;指针占用内存空间。

(6) 不存在引用的引用;指针可以有引用。例如:

```
int * p;                              //定义指针变量 p
int * &rp=p;                          //创建 p 的引用 rp,rp 也是指针类型
int m=10;                             //定义 int 变量 m
rp=&m;                                //rp 存储 m 的地址
```

2. 引用作为函数返回值

如果函数返回值的类型是引用,那么当接收返回值的变量也是一个引用时,相当于创建了一个对返回变量的引用;当接收返回值的变量不是引用时,则将函数返回值直接赋给这个变量。如果函数返回值不是引用类型,则不能使用引用接收这个返回值,即不能使用引用接收返回类型为非引用的函数返回值。

引用作为函数返回值的语法格式为:

```
函数返回值类型 & 函数名(参数列表);
```

【例 7-12】 引用传递函数参数。

```
1   /***************************************************
2                  程序文件名:Ex7_12.cpp
3                  引用作为函数返回值
4   ***************************************************/
5   #include <iostream>
6   using namespace std;
7   int & square(int);
8   int function(int);
9   main()
10  {
11     int s1 = square(15);
12     int &s2 = square(28);
13     cout <<" s1 =  "<< s1 << endl <<" s2 = "<< s2 << endl;
14  }
15  int s,t;
16  int & square(int i)
17  {
18     t = i * i;
19     return t;
20  }
21     int function(int k)
22  {
23     s = 2 * k;
24     return s;
25  }
```

```
s1= 225
s2= 784
```

图 7-12 例 7-12 运行结果

程序运行结果如图 7-12 所示。

【程序解释】

(1) 第 16 行的函数体 square()的返回值是引用。

(2) 第 11 行使用 int 型变量 s1 接收函数返回的 int& 型值。

(3) 第 12 行使用 int& 型变量 s2 接收函数返回的 int& 型值,但是不能使用引用 s2 接收返回类型为非引用型的函数值,如果第 12 行的语句改为 int &s2=function(28),则出现编译错误,因为函数 function()的返回类型不是引用。

(4) 引用作为函数返回值时,返回值必须是左值,如果第 19 行的语句改为 return t+1,则出现编译错误。

(5) 引用型的函数返回值不能是局部变量,局部变量在函数调用结束时失效。

7.2.4 常引用

在C++中常量不占用内存空间，因此如果一个函数的返回值是引用，那么这个值不能是常量。例如，下面的程序段就是错误的：

```
int &bard()
{
  return 3;                                    //错误，常量不能作为引用型返回值
}
```

但是，如果函数返回值被声明为常引用，则返回值可以是常量，例如：

```
const int &bard()                              //常引用
{
  return 3;                                    //正确
}
```

用const修饰的引用称为常引用，创建常引用的语法格式为：

```
const 数据类型 引用名 = 变量(对象)名;
```

在程序中一旦创建了常引用，就不能通过常引用更改引用的变量（对象）的值。

例如，在下面程序段中不能通过修改引用ref的值来修改变量a的值：

```
int a = 66;
const int &ref = a;
```

如果要使a的值为68，则必须直接赋值a=68，这时引用ref的值也变为68。

常引用的最主要用途是保护实参不被修改。当常引用被用作函数形参时，在函数体内就不能通过形参改变实参的值，以此达到函数调用时保护实参的目的，例如下面的程序段：

```
void g(const int& j)
{
  j = 3;                                       //错误，常量不能为左值
}
```

如果函数形参为常引用时，相应实参可以是常量或变量表达式；如果函数形参为非常引用时，则相应实参必须为左值，例如：

```
void f(int& i)
{
  i = 100;
}
main()
{
   int a = 1;
   f(1);                                       //错误，1是常量，不是左值
   f(a);                                       //正确
}
```

在上面程序段中，函数f()的形参是非常引用，则调用语句f(1)是错误的，因为1不是左值，修改的方法是：或者使用f(a)调用，a为左值；或者将函数f()的形参改为常引用，即

void f(const &i)。

7.3　实例应用与剖析

【例 7-13】 通过指针使一个数组逆序。

```
1   /**************************************************
2                 程序文件名:Ex7_13.cpp
3                 指针的使用
4   **************************************************/
5   #include <iostream>
6   using namespace std;
7   main()
8   {
9     int array[8] = {11,22,33,44,55,66,77,88};
10    int * p1, * p2,t,i;
11    p1 = array;
12    p2 = array + 7;
13    for(i = 0;i <= 3;i++)
14    {
15      t = * p1;
16      * p1 = * p2;
17      * p2 = t;
18      p1++;
19      -- p2;
20    }
21    for(i = 0;i < 8;i++)
22      cout << array[i]<<"     ";
23    cout << endl;
24  }
```

【程序解释】

(1) 第 11 行使 p1 指向 array[0]元素,第 12 行使 p2 指向 array[7]元素。

(2) 第 15～17 行交换 p1 和 p2 所指元素中的内容。

(3) 第 18 行使指针 p1 向前移动,第 19 行使指针 p2 后退。

(4) p1、p2 和 array 的数据类型都是 int * 型,但是 p1、p2 是指针变量,而 array 是指针常量,不能改变其值,array++无效。

【例 7-14】 将给定的 5 个国家(字符串表示)按字母顺序排列并输出。

```
1   /**************************************************
2                 程序文件名:Ex7_14.cpp
3                 指针和字符串的使用
4   **************************************************/
5   #include <iostream>
6   #include"string.h"
7   using namespace std;
8   main()
9   {
```

```
10    void sort(char * name[],int n);
11    void print(char * name[],int n);
12    static char * name[] = { "中国","美国","澳大利亚",
13                  "意大利","法国"};
14    int n = 5;
15    sort(name,n);
16    print(name,n);
17  }
18  void sort(char * name[],int n)
19  {
20    char * pt;
21    int i,j,k;
22    for(i = 0;i < n - 1;i++)
23    {
24      k = i;
25      for(j = i + 1;j < n;j++)
26       if(strcmp(name[k],name[j])> 0)
27        k = j;
28       if(k!= i)
29      {
30        pt = name[i];
31        name[i] = name[k];
32        name[k] = pt;
33      }
34    }
35  }
36  void print(char * name[],int n)
37  {
38    int i;
39    for (i = 0;i < n;i++)
40      cout << name[i]<< endl;
41  }
```

程序运行结果如图 7-13 所示。

图 7-13　例 7-14 运行结果

【程序解释】

(1) 本例中定义了两个函数，第 18 行函数 sort()完成排序，第 36 行函数 print()用于排序后字符串的输出。

(2) 第 18 行函数的形参为指针数组 name，形参 n 为字符串的个数。

(3) 第 26 行的两个字符串比较采用了 strcmp()函数，该函数允许参与比较的串以指针方式出现，name[k]和 name[j]都是指针。

(4) 字符串比较后如果需要交换，只交换指针数组元素的值(如第 30～32 行)，而不交换具体的字符串。

【例 7-15】 引用作为函数的返回值。

```
1   /*****************************************************
2                 程序文件名:Ex7_15.cpp
3                 引用作为函数的返回值应用举例
```

```
4    ************************************************** /
5    #include < iostream >
6    using namespace std;
7    int max1(int a[ ], int n)
8    {
9      int t = 0;
10     for(int i = 0;i < n;i++)
11       if(a[i]> a[t])
12         t = i;
13     return a[t] + 0;
14   }
15   int &max2(int a[ ], int n)
16   {
17     int t = 0;
18     for(int i = 0;i < n;i++)
19      if(a[i]> a[t])
20         t = i;
21      return a[t];
22   }
23   int &sum(int a[ ], int n)
24   {
25     int s = 0;
26     for(int i = 0;i < n;i++)
27       s += a[i];
28     return s;
29   }
30   main()
31   {
32     int a[8] = {11,22,33,44,55,66,77,88};
33     int num1 = max1(a,8);
34     int num2 = max2(a,8);
35     int &num3 = max2(a,8);
36     int &num4 = sum(a,8);
37     cout <<"num1 = "<< num1 << endl;
38     cout <<"num2 = "<< num2 << endl;
39     cout <<"num3 = "<< num3 << endl;
40     cout <<"num4 = "<< num4 << endl;
41     num3 += 10;
42     max2(a,8) -= 100;
43     cout << sum(a,8)<< endl;
44   }
```

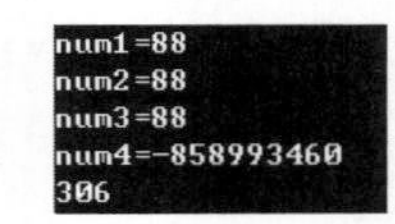

图 7-14　例 7-15 运行结果

程序运行结果如图 7-14 所示。

【程序解释】

(1) 第 13 行的 a[t]+0 作为函数 max1()的返回值,但在 max2()中不能使用 a[t]+0 作为返回值,因为当函数返回类型是引用型时,返回值必须是一个左值。

(2) 第 34 行使用 int 型变量接收函数返回的 int& 型值。

(3) 第 35、36 行使用 int& 型变量接收函数返回的 int& 型值,但不能使用引用接收返回类型为非引用的函数值。

（4）第 35 行 num3 引用的返回值变量 a[t]在函数调用结束时仍旧有效。

（5）第 36 行 num4 引用的返回值变量 s 是函数体内的变量，在函数调用结束时失效。因此 num4 的值是－858993460 这样一个无效值。即函数返回类型是引用型时，返回变量不能是临时变量。

（6）第 42 行，当函数返回类型是引用型时，函数调用形式可以作为左值，接收右值对象的值。

7.4 建模扩展与优化

【例 7-16】 一诺毕业后成为一名列车客运段调度员，现在车站内有 4 节车厢供他支配，车厢之间可自由连接，若需加入新的车厢或改变原有车厢的顺序，只需修改车厢之间的连接。现在一诺输入了 4 个数字，准备用链表的思想来模拟安排车厢的连接过程。

```
1   /***********************************************/
2                 程序文件名:Ex7_16.cpp
3                 基于链表思想的调度
4   /***********************************************/
5   #include < iostream >
6   using namespace std;
7   main()
8   {
9     int train[5] = {0, 10, 20, 30, 40};
10    int next[5] = {-1, -1, -1, -1, -1};
11    int head;
12    cout <<"请输入列车头车厢编号:"
13    cin >> head;
14    int cur = head;
15    cout <<"请输入车头之后车厢的连接顺序"<< endl;
16    for(int i = 1;i <= 3;i++)
17    {
18        int ne;
19        cin >> ne;
20        next[cur] = ne;
21        cur = ne;
22    }
23    while(head != -1)
24    {
25        cout << train[head] << " ";
26        head = next[head];
27    }
28  }
```

程序运行结果如图 7-15 所示。

图 7-15　例 7-16 运行结果

【程序解释】

(1) 链表的思想设计如下：创建数组 train 记录车厢编号，创建数组 next 记录车厢的连接关系。

(2) 第 9 行定义了车厢编号 train 数组，第 10 行定义了连接关系 next 数组。

(3) 对于 next 数组，下标描述当前车厢编号，元素值描述下一节车厢编号。如："next[3]=4;"表示第 4 节车厢连在第 3 节车厢之后；"next[4]=-1;"表示第 4 节车厢之后没有车厢。

(4) 第 13 行输入的第一个数字表示列车头车厢编号，同时在它之后需要连接车厢。

(5) 第 14 行定义的变量 cur 表示当前要处理的车厢编号。

(6) 第 16～22 行使用 for 语句依次输入 3 个数字，用 ne 记录编号。

(7) 第 20 行变量 cur 和 ne 分别对应直接前驱车厢和直接后继车厢。

(8) 第 23～27 行表示从车头车厢开始向后顺次输出连接的车厢编号。

小结

(1) 指针是专门存放地址的变量，也可以进行赋值、取值、加减和比较运算。

(2) C++中的指针操作与数组联系紧密，可以由指针表示数组元素。在 C++中，指针数组是以指针为元素的数组，数组指针是指向数组的指针。

(3) 字符串常量的类型是指向字符的指针，即字符指针 char *。字符串常量在内存中以'\0'结尾，通常存储在内存 data 区中的 const 区。

(4) 指针可以作为函数参数，当指针作为函数参数时，在调用过程中被调用函数能够改变实参指针所指向变量的值，但不能改变实参指针的值。

(5) 指针函数是返回指针的函数。在 C++中，除了 void 类型的函数外，所有被调用函数在调用结束后必须有返回值。当函数返回一个指针时，必须保证指针所指向的对象是实际存在的。

(6) 指向函数的指针也叫函数指针，是专门用于存放该函数代码首地址的指针变量。一旦定义了某函数指针，它就与函数名一样具有调用函数的作用。

(7) 引用是已存在的变量或对象的别名，创建引用时，必须用已经存在的变量或对象对其进行初始化。引用本身没有地址，一旦引用被初始化，它将与其引用的对象永远绑定。

(8) 引用传递函数参数相当于创建了形参对实参的引用，在函数体内对形参的运算相当于对实参的运算。

(9) 如果函数返回值的类型是引用，那么当接收返回值的变量也是一个引用时，相当于创建了一个对返回变量的引用。如果函数返回值不是引用类型，则不能使用引用接收这个返回值。

(10) 用 const 修饰的引用称为常引用，不能通过常引用更改引用的变量(对象)的值。

习题 7

1. 选择题

(1) 变量的指针，其含义是指该变量的(　　)。

A. 值　　B. 地址　　C. 名　　D. 一个标志

(2) 下面能正确进行字符串赋值操作的是(　　)。

A. char s[5]={"ABCDE"};

B. char s[5]={'A','B','C','D','E'};

C. char *s;s="ABCDE";

D. char *s;cin>>s;

(3) 对于类型相同的两个指针变量之间不能进行的运算是(　　)。

A. <　　B. =　　C. +　　D. -

(4) 若有语句 int *point,a=4;和 point=&a;下面均代表地址的一组是(　　)。

A. a,point,*&a　　B. &*a,&a,*point

C. *&point,*point,&a　　D. &a,&*point,point

(5) 已有定义 int k=2;int *ptr1,*ptr2;,且 ptr1 和 ptr2 均已指向变量 k,下面不能正确执行的赋值语句是(　　)。

A. k=*ptr1+*ptr2;　　B. ptr2=k;

C. ptr1=ptr2;　　D. k=*ptr1*(*ptr2);

(6) 若有说明 int i,j=2,*p=&i;,则能完成 i=j 赋值功能的语句是(　　)。

A. i=*p;　　B. *p=*&j;　　C. i=&j;　　D. i=**p;

(7) 若有定义 int a[8];,则下面表达式中不能代表数组元素 a[1]地址的是(　　)。

A. &a[0]+1　　B. &a[1]　　C. &a[0]++　　D. a+1

(8) 若有以下语句且 0<=k<6,则正确表示数组元素地址的表达式的是(　　)。

```
int x[ ] = {1,3,5,7,9,11}, * ptr = x,k;
```

A. x++　　B. &ptr　　C. &ptr[k]　　D. &(x+1)

(9) 在说明语句 int *f();中,标识符 f 代表的是(　　)。

A. 一个用于指向整型数据的指针变量

B. 一个用于指向一维数组的行指针

C. 一个用于指向函数的指针变量

D. 一个返回值为指针型函数名

(10) 以下程序段的执行结果是(　　)。

```
int f(int i) {return ++i;}
int g(int &i) {return ++i;}
void main()
{
  int a(0),b (0);
  a += f(g(a));
  b += f(f(b));
  cout << a <<"\t"<< b;
}
```

A. 3　2　　B. 2　3　　C. 3　3　　D. 2　2

(11) 以下程序段的执行结果是(　　)。

```
int& max(int& x, int& y)
{
  return(x > y?x:y);
}
void main()
{
  int m(3),n(4);
  max(m,n) -- ;
  cout << m <<"\t"<< n;
}
```

A. 3 2 B. 2 3 C. 3 4 D. 3 3

(12) 已知 int i=16,下面是引用正确定义的是( )。

A. int &r=i; B. int &r=&i; C. int &r; D. int *r=i;

(13) 现有如下代码段:

```
const int x = 8;
const int y = 2;
int z = 10;
const int * pi = &x;
```

下面不正确的语句是( )。

A. pi=&z; B. x= * pi; C. pi=&y; D. z= * pi;

(14) 已知整型变量 int a=3,下面哪个指针的定义,能既不修改指针自身,也不修改它所指向的对象?( )

A. const int * p=&a; B. int const * p=&a;

C. int * const p=&a; D. const int * const p=&a;

2. 读程序写结果

(1)
```
#include < iostream >
using namespace std;
#include < string.h >
void main()
{
  char s1[ ] = "Friday";
  char * p1 = s1;
  for(int i = 0; * p1!= '\0';p1++, i++);
    cout <<"字符串的长度是:"<< i << endl;
  for(p1 = s1; * p1;p1++)
    cout << * p1;
}
```

(2)
```
#include < iostream >
using namespace std;
void sub(int x, int y, int&z)
{
  z = y - x;
}
void main()
{
```

```
    int a = 1,b = 2,c = 3;
    sub(10,5,a);
    cout << a <<','<< b <<','<< c <<','<< endl;
    sub(7,a,b);
    cout << a <<','<< b <<','<< c <<','<< endl;
    sub(a,b,c);
    cout << a <<','<< b <<','<< c <<','<< endl;
}
```

第8章 结构体

CHAPTER 8

在C语言中已经用过结构体,在C++中,它依然可用,只不过又增加了一些新的特性,使结构体成为C++的一部分。要了解C++中的结构体都有哪些新增特性,就必须先掌握结构体的定义、引用方法和初始化方法;理解结构体与数组、指针、函数的关系。

学习目标

- 掌握声明结构体类型的方法;
- 掌握定义结构体类型变量的方法;
- 掌握结构体变量的引用;
- 掌握结构体变量的初始化;
- 理解结构体与数组的关系;
- 理解结构体与指针的关系;
- 理解结构体与函数的关系。

8.1 结构体

C++提供了一些由系统已定义好的数据类型(如int、float、char等)供用户使用,这些系统提供的数据类型对于解决一般性的问题还是够用的。但是人们遇到且需要处理的问题往往都比较复杂,只使用系统提供的数据类型对解决此类问题会很不方便。例如,假定希望建立一个管理学生信息的简单程序,具体包括学生的学号、姓名、性别、年龄、成绩和家庭住址等信息项,现在需要考虑在程序中如何存放这些反映学生基本情况的信息项,如果简单地把反映学生情况的信息项一一单独定义,就不能很好地反映出各个信息项之间的关系,而且很难有效地组织、处理和使用它们。相反,如果能把这些有关联的数据项有机地组织在一起,将会大大提高对这些数据的处理效率。有人可能想到用数组,能否用一个数组来存放这些数据项呢?显然不行,因为一个数组中只能存放同一种类型的数据。例如,双精度型数组可以存放成绩,但不能存放姓名、性别和家庭住址等字符型的数据。为此,C++允许用户根据需要建立一些新的数据类型,结构体就是其中一种,用来描述具有不同数据类型的数据集。

8.1.1 结构体的概念

结构体是一种编程人员在程序中自己定义的新的数据类型,也称为构造类型或用户自定义类型,它与C++提供的数据类型(如int、float等)地位是等同的。也就是说,结构体类型和 C++提供的数据类型（如 int、float 等）具有相似的作用，都可以用来定义变量，只不过 int、float 等数据类型是系统已声明的，而结构体类型是由编程人员根据需要在程序中指定的。

8.1.2 结构体类型的声明

结构体类型声明的一般格式为：

```
struct  结构体名
{
    类型 1 成员 1;
    类型 2 成员 2;
    ……
    类型 n 成员 n;
};
```

说明：

(1) 结构体类型的声明必须以关键字 struct 打头。

(2) 该关键字后跟结构体名，即结构体类型的名称，遵循标识符规定。结构体名可以省略，但不提倡。使用结构体类型时，结构体名作为一个整体，表示名字为“结构体名”的结构体类型。

(3) 结构体名后紧跟一个左花括号，结构体成员及其数据类型就包含在左花括号及右花括号之间，每个成员的数据类型以分号结束。结构体成员名同样遵循标识符规定，它属于特定的结构体变量，名字可以与程序中其他变量或标识符同名。

(4) 注意，右花括号后面带有分号。

例如，我们可以声明一个结构体类型来在程序中描述学生基本情况的信息项。

```
struct studentinfo                          //类型名为 studentinfo 结构体类型的声明
{
    unsigned int num;                       //学号
    char name[20];                          //姓名
    char sex[4];                            //性别
    unsigned int age;                       //年龄
    double score;                           //成绩
    char address[30];                       //家庭住址
};                                          //分号是必需的
```

struct 是声明结构体类型的关键字，必须有。结构体名 studentinfo 是编程人员自己选定的，可以省略。一对大括号必须有，由它括起来的 6 条语句是结构体中 6 个成员的声明，成员的个数、类型、名字由编程人员视所处理的问题而定。相同类型的成员也可以合写在一个类型下，例如：

```
struct studentinfo
{
    unsigned int num,age;
    char name[20],sex[4],address[30];
    double score;
};
```

结构体类型的成员可以是基本数据类型,也可以是其他的已经定义的另一个结构体类型,即结构体类型的声明可以嵌套。结构体成员的类型不能是正在定义的结构体类型,但可以是正在定义的结构体类型的指针。例如:

```
struct studentinfo
{
    unsigned int num,age;
    char name[20],sex[4],address[30];
    struct                                  //此处省略了结构体名
    {
        double Math,English,Computer;       //数学、英语、计算机课程成绩
    } score;
};
```

8.1.3 结构体变量的声明

在用 struct 关键字声明一个结构体类型之后,就诞生了一种新的数据类型,它的名字就是紧跟 struct 关键字后的标识符,如果结构体名省略,则称无名结构体。例如前面声明的 studentinfo,它的名字就是数据类型标识符。这个标识符和 int、float 等地位一样,都表示一种数据类型。而数据类型的作用简单讲就是声明变量。对于结构体类型而言,声明结构体类型的变量有三种形式(以前面的结构体类型 studentinfo 为例)。

1. 声明结构体类型之后再声明结构体类型变量

```
struct studentinfo

{
    unsigned int num,age;
    char name[20],sex[4],address[30];
    double score;
};
studentinfo zhangsan,lisi;
```

这样,就声明了名字分别是 zhangsan 和 lisi 的两个结构体类型变量。在 C 语言中,声明结构体变量时,需要在结构体类型前面加上 struct 关键字,在 C++ 中可以不加 struct 关键字。

2. 声明结构体类型同时声明结构体类型变量

```
struct studentinfo

{
    unsigned int num,age;
    char name[20],sex[4],address[30;
    double score;
}; zhangsan,lisi;
```

这样也能声明两个结构体类型变量 zhangsan 和 lisi。

3. 声明无名结构体类型同时声明结构体类型变量

```
struct

{
    unsigned int num,age;
```

```
    char name[20],sex[4],address[30];
    double score;
}; zhangsan,lisi;
```

这种方式与第二种方式的作用是一样的，也是声明两个结构体类型变量 zhangsan 和 lisi。但两者还是有差别的，主要是第三种方式只能在声明结构体类型的同时声明结构体类型变量，而不能像第一种方式那样声明变量，因为这种方式没有类型名称，当然也就不能重复使用。

说明：

(1) 结构体类型的声明与结构体变量的声明是两个不同的概念。结构体类型的声明仅仅定义了该结构体的模板，即它的格式。这就相对于设计好了飞机图纸，但可以翱翔天空的飞机并未制造。而结构体变量的声明就是按照设计好的飞机图纸制造看得见、摸得着、可以飞的飞机。用专业语言来讲就是编译器在遇到结构体类型的声明时并不会为它分配内存空间，当遇到该结构类型变量的声明时才会为变量分配内存空间。

(2) 编译器总是按照结构体中成员声明的顺序分配内存空间。分配内存空间的大小(即结构体变量所占的字节数)是各成员所占字节数的和。在 32 位计算机系统中，编译器为 studentinfo 结构体类型的变量分配的空间大小是 68 字节(4＋20＋2＋4＋8＋30＝68)。

(3) 结构体类型中的成员名字不能同名，但可以与结构体类型声明以外的变量或其他结构体类型中的成员名字同名。例如，可以在程序中再声明一个无符号整型变量 num，它与 studentinfo 结构体类型声明中的 num 是不同的。

(4) 程序员自己定义的新的数据类型变量需要定义后才能使用，结构体的类型本身也是需要先声明后使用。

8.1.4 结构体变量成员的访问

在用结构体类型声明相应的结构体变量之后，就可以通过结构体变量名来完成对结构体变量成员的访问。对结构体变量成员的访问主要涉及两种运算符：成员运算符“.”和指向运算符“->”。

(1) 当使用结构体指针变量时，用指向运算符“->”，格式如下：

结构体指针变量名->结构体变量成员名

(2) 当使用不是结构体指针变量时，用成员运算符“.”，格式如下：

结构体变量名.结构体变量成员名

例如，使用第一种形式声明两个 studentinfo 结构体类型的变量：

```
struct studentinfo
{
    unsigned int num,age;
    char name[20],sex[4],address[30];
    double score;
};
studentinfo zhangsan, * ptr = &zhangsan;
```

则 zhangsan. num 表示结构体类型变量 zhangsan 中的 num(学号)成员,ptr-> age 表示结构体类型变量 zhangsan 中的 age(年龄)成员。

说明:

(1) 如果结构体成员本身又属于一个结构体类型的变量,则对于这个结构体类型变量的成员的访问要使用多个成员运算符"."或指向运算符"->"一级一级地访问,直到找到最低一级的成员。例如:

```
struct studentinfo
{
    unsigned int num, age;
    char name[20], sex[4], address[30];
    struct                                //此处省略了结构体名
    {
        double Math, English, Computer;   //数学、英语、计算机课程成绩
    } score;
};
studentinfo zhangsan, * ptr = &zhangsan;
```

假定要访问 Math(数学)成员,则通过结构体类型变量 zhangsan 可以写成: zhangsan. score. Math。通过结构体类型指针变量 ptr 可以写成: ptr-> score. Math。

(2) 结构体类型变量的成员可以像普通变量一样在程序中使用。例如,zhangsan. age++。对于该算数表达式,成员运算符"."的优先级最高,因此自加运算是对 zhangsan. age 进行的,而不是先对 age 进行的。同理,对于 ptr-> score. Math=95,由于成员运算符"."和指向运算符"->"的优先级相同且高于赋值运算符"=",因此按照从左向右的顺序结合,实现的是对结构体类型变量 zhangsan 中的结构体类型 score 成员中的 Math 成员赋值为 95。

8.1.5 结构体变量的赋值

与普通变量一样,结构体类型的变量既可以在声明时赋值,也可以在声明之后赋值。在声明时赋值称作初始化,对结构体类型变量的初始化有两种方式:

方式一:用初始化列表给结构体类型的变量初始化,初始化列表是用花括号括起来的一些值,这些值依次赋给结构体类型的变量中的相应各个成员,格式如下:

```
结构体类型变量名 = {值 1,值 2,……,值 n};
```

例如:

```
studentinfo zhangsan = {20010301,18,"张三","男","中山区 108 号",95};
```

这条语句执行后,结构体类型变量 zhangsan 的成员 num 的值是 20010301,age 的值是 18,name 数组的值是"张三",sex 数组的值是"男",address 数组的值是"中山区 108 号",score 的值是 95。

方式二:用一个已知的结构体类型变量给该结构体类型的另一个变量初始化,格式如下:

```
结构体类型变量名 = 结构体类型变量名;
```

例如:

```
studentinfo lisi = zhangsan;                    // zhangsan在方式一中已经被初始化
```

这条语句执行后,结构体类型变量lisi的所有成员的值与结构体类型变量zhangsan的所有成员的值完全相同,即lisi成员num的值是20010301,age的值是18,name数组的值是"张三",sex数组的值是"男",address数组的值是"中山区108号",score的值是95。

说明:

(1) 相应于结构体类型变量的声明有三种形式,结构体类型变量的初始化也有三种形式(请参考8.1.3节);

(2) 结构体类型变量在声明时可以赋值,也可以不赋值。如果结构体类型变量在声明时没有赋值,则对于局部结构体类型变量,各个成员的值是随机的,对于全局结构体类型变量和静态结构体类型变量,数值型成员被系统初始化为0,字符型成员被系统初始化为'\0',指针型成员被系统初始化为NULL。

(3) 初始化列表中值的顺序必须按照结构体成员的顺序对应排列,且值的数据类型要和成员的数据类型一致(或经过转换后一致)。

(4) 结构体类型变量成员的值也可以通过对成员直接赋值的方式初始化。例如,zhangsan. age=18。

【例8-1】 结构体应用举例。

```
1   /*************************************************
2               程序文件名:Ex8_1.cpp
3               结构体应用举例
4   *************************************************/
5   #include <iostream>
6   using namespace std;
7   struct studentinfo                          //类型名为studentinfo结构体类型的声明
8   {
9       unsigned int num;                       //学号
10      char name[20];                          //姓名
11      char sex[4];                            //性别
12      unsigned int age;                       //年龄
13      double score;                           //成绩
14      char address[30];                       //家庭住址
15  } zhangsan,lisi = {20010301,"张三","男",18,95,"中山区108号"};
16  main()
17  {
18    cout <<"学    号:"<< zhangsan.num << endl
19         <<"姓    名:"<< zhangsan.name << endl
20         <<"性    别:"<< zhangsan.sex << endl
21         <<"年    龄:"<< zhangsan.age << endl
22         <<"成 绩:"<< zhangsan.score << endl
23         <<"家庭住址:"<< zhangsan.address << endl
24         <<"------------------------------------"<< endl;
25    studentinfo wangwu = lisi;
```

```
26    cout <<"学      号:"<< wangwu.num << endl
27         <<"姓      名:"<< wangwu.name << endl
28         <<"性      别:"<< wangwu.sex << endl
29         <<"年      龄:"<< wangwu.age << endl
30         <<"成      绩:"<< wangwu.score << endl
31         <<"家庭住址:"<< wangwu.address << endl
32         <<"--------------------------------------
           "<< endl;
33  }
```

```
学      号:0
姓      名:
性      别:
年      龄:0
成      绩:0
家庭住址:

学      号:20010301
姓      名:张三
性      别:男
年      龄:18
成      绩:95
家庭住址:中山区108号
```

图 8-1　例 8-1 运行结果

程序运行结果如图 8-1 所示。

【程序解释】

(1) 第 7 行声明了一个新的数据类型,名字是 studentinfo 的结构体类型。结构体类型声明仅仅定义了该结构体的模板,即它的格式。编译器在遇到结构体类型的声明时并不会为它分配内存空间。结构体类型也是有作用范围的,即它与变量一样,也有全局和局部之分。在一个函数中定义的结构体类型是局部的,只能用于在该函数中定义结构体变量;在函数之外定义的结构体类型是全局的,可定义在其后用到的结构体类型的全局和局部变量。

(2) 第 8 行是紧跟结构体名后的左花括号,不能省略。

(3) 第 9～14 行是结构体的内容,称作成员。结构体 studentinfo 的成员有 num,name,sex,age,score,address。name,sex,address 是字符数据类型。num,age 是整型数据类型,score 是双精度数据类型。

(4) 第 15 行在声明结构体类型的同时声明了两个结构体类型变量,一个变量的名字是 zhangsan,另一个变量的名字是 lisi,变量 zhangsan 在声明时没有赋值,变量 lisi 在声明时采用初始化列表的形式进行了初始化。

(5) 程序从第 16 行 main()函数开始执行,第 18～23 行输出变量 zhangsan 中每个成员的值。

(6) 第 25 行是在声明结构体类型 studentinfo 之后再声明结构体类型变量 wangwu,并采用一个已知的结构体类型变量 lisi 给该结构体类型的另一个变量 wangwu 初始化的形式进行了初始化。

(7) 第 26～31 行输出变量 wangwu 中每个成员的值。

8.2 结构体与数组

一个结构体类型的变量中可以存放一组有关联的数据(如一个学生的学号、姓名、性别、年龄、成绩和家庭住址等信息项)。如果有多个学生的数据需要处理,就应该使用数组。用结构体类型声明的数组就称为结构体数组,结构体数组中的每个元素都是结构体类型的变量。

声明一个已知的结构体类型的数组与一般数组的声明形式类似:

```
结构体类型名  结构体数组名[常量表达式 1][常量表达式 2]……[常量表达式 n];
```

例如,使用前面声明的结构体类型 studentinfo 声明一个数组:

```
studentinfo stu[10];
```

上面语句声明了一个一维结构体数组，因为在这个声明形式中只有一个常量表达式，如果要声明二维结构体数组，只需在声明形式中带上两个常量表达式，声明三维结构体数组带上三个常量表达式，其他多维结构体数组以此类推。

在这个一维结构体数组 stu 中，含有 10 个数组元素，它们每个数组元素都是结构体类型的变量，由于结构体类型的变量中有成员，如果要访问结构体数组元素中的成员，形式如下：

```
结构体数组名[下标].成员名
```

以一维结构体数组 stu 为例，要访问结构体数组元素 stu[i]中的 num 成员的写法是 stu[i].num，同理，访问其他成员的写法分别是：

```
stu[i].name
stu[i].sex
stu[i].age
stu[i].score
stu[i].address
```

【例 8-2】 结构体数组应用举例。

```
1   /***************************************************
2             程序文件名:Ex8_2.cpp
3             结构体数组应用举例
4   ***************************************************/
5   #include<iostream>
6   #include<iomanip>
7   using namespace std;
8   struct studentinfo                        //类型名为 studentinfo 结构体类型的声明
9   {
10      unsigned int num;                     //学号
11      char name[20];                        //姓名
12      char sex[4];                          //性别
13      unsigned int age;                     //年龄
14      double score;                         //成绩
15      char address[30];                     //家庭住址
16  };
17  studentinfo stu[5] =
18  {
19      {20010301,"张三","男",18,95,"中山区 108 号"},
20      {20010302,"李四","男",19,85,"西岗区 034 号"},
21      {20010303,"王五","女",18,69,"黄浦区 059 号"},
22      {20010304,"赵六","男",17,78,"闵行区 602 号"},
23      {20010304,"刘七","女",18,88,"嘉定区 085 号"}
24  };
25  int main()
26  {
27      cout<<"学    号"<<'|'
28        <<"姓    名"<<'|'
29        <<"性    别"<<'|'
```

```
30          <<"年      龄"<<'|'
31          <<"成      绩"<<'|'
32          <<"家庭住址"<< setw(4)<<'|'<< endl
33  <<"---------|---------|---------|---------|---------|-----------|"<< endl;
34      studentinfo temp;                       //定义 temp 为 student 结构
35      int i = 0;
36      int j = 0;
37      for(j = 0;j < 3;j = j + 1)//冒泡排序
38          for(i = 0;i < 3 - j;i = i + 1)
39              if(stu[i].score > stu[i + 1].score)
40              {
41                  temp = stu[i];              //整体交换
42                  stu[i] = stu[i + 1];
43                  stu[i + 1] = temp;
44              }
45      for(i = 0;i < 4;i = i + 1)              //输出
46      {
47          cout << stu[i].num <<'|'
48              << stu[i].name << setw(5)<<'|'
49              << stu[i].sex << setw(7)<<'|'
50              << stu[i].age << setw(7)<<'|'
51              << stu[i].score << setw(7)<<'|'
52              << stu[i].address <<'|'<< endl;
53      }
54      return 0;
55  }
```

程序运行结果如图 8-2 所示。

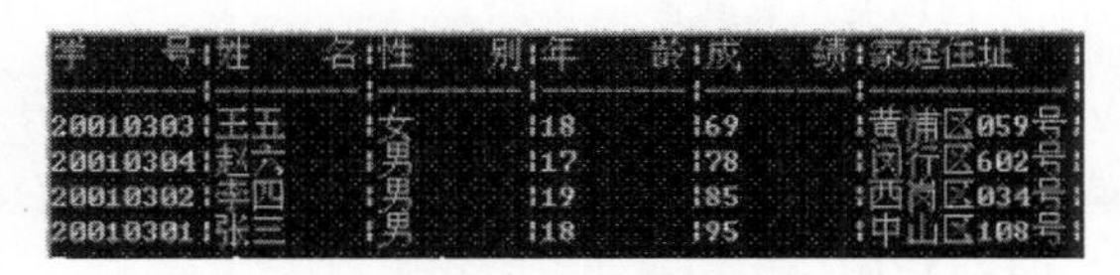

图 8-2 例 8-2 运行结果

【程序解释】

(1) 第 8～16 行是 studentinfo 的结构体类型的声明，由于该结构体类型是在函数之外声明的，因此是全局的。

(2) 第 17～24 行是用结构体类型 studentinfo 声明了一个含有 5 个元素的全局结构体数组 stu，并对该数组用初始化列表进行了初始化。

(3) 程序从第 25 行 main()函数开始执行，第 27～33 行输出一行辅助信息。

(4) 第 34 行用结构体类型 studentinfo 声明了一个名字为 temp 的结构体类型临时变量。

(5) 第 35、36 行声明了两个循环变量，并初始化为 0。

(6) 第 37～44 行采用冒泡排序算法对结构体数组按成员 score 的值由小到大进行排序。

(7) 第 45～53 行使用 for 循环输出排好序的结构体数组所有元素的每个成员的值。

8.3 结构体与指针

类似于整型、字符型等系统提供的数据类型都可以有指针，结构体类型也是可以有指针的，这样的指针称作结构体指针，它是一个结构体变量的起始地址，这个地址实际上就是该结构体变量第一个成员的地址，可以通过对结构体变量进行“&”运算获得。

声明一个结构体指针与声明其他数据类型的指针一样，需要将“ * ”放在结构体指针变量名字的前面，形式如下：

```
结构体类型名 * 结构体指针变量名;
```

例如，使用前面声明的结构体类型 studentinfo 声明一个结构体指针：

```
studentinfo * ptr;
```

上面语句声明了一个名为 ptr 的结构体指针，由于并没有对结构体指针 ptr 进行初始化，所以直接使用这样的指针是非常危险的。让它变得安全的方法很简单，只需在使用这样的指针之前，使它指向一个合法的结构体变量，这样就可以由结构体指针来操纵结构体变量的成员。

通过结构体指针访问结构体变量中的成员，有如下两种访问形式：

1. 使用指向运算符“->”

```
结构体指针变量名->结构体变量成员名
```

2. 使用成员运算符“.”

```
(*结构体指针变量名).结构体变量成员名
```

例如，studentinfo zhangsan, * ptr=&zhangsan;

使用结构体指针变量 ptr 访问结构体变量中的 num 成员的写法是 ptr-> num 或(* ptr). num，两者运算结果完全相同。

下面的例子与例 8-2 功能相同，不同的只是使用结构体指针访问每个结构体变量成员的内容。

【例 8-3】 结构体指针应用举例。

```
1   /***************************************************
2               程序文件名:Ex8_3.cpp
3               结构体指针应用举例
4   *************************************************** /
5   #include < iostream >
6   #include < iomanip >
7   using namespace std;
8   struct studentinfo                              //类型名为 studentinfo 结构体类型的声明
9   {
10      unsigned int num;                           //学号
11      char name[20];                              //姓名
12      char sex[4];                                //性别
13      unsigned int age;                           //年龄
```

```
14      double score;                       //成绩
15      char address[30];                   //家庭住址
16  };
17  studentinfo stu[5] =
18  {
19      {20010301,"张三","男",18,95,"中山区 108 号"},
20      {20010302,"李四","男",19,85,"西岗区 034 号"},
21      {20010303,"王五","女",18,69,"黄浦区 059 号"},
22      {20010304,"赵六","男",17,78,"闵行区 602 号"},
23      {20010304,"刘七","女",18,88,"嘉定区 085 号"}
24  }, * ptr = stu;
25  int main()
26  {
27      cout <<"学      号"<<'|'
28          <<"姓      名"<<'|'
29          <<"性      别"<<'|'
30          <<"年      龄"<<'|'
31          <<"成      绩"<<'|'
32          <<"家庭住址"<< setw(4)<<'|'<< endl
33  <<"--------|--------|--------|--------|--------|-----------|"<< endl;
34      studentinfo temp;                   //定义 temp 为 student 结构
35      int i = 0;
36      int j = 0;
37      for(j = 0;j < 3;j = j + 1)//冒泡排序
38          for(i = 0;i < 3 - j;i = i + 1)
39            if(( * (ptr + i)).score >( * (ptr + i + 1)).score)
40            {
41              temp = * (ptr + i);         //整体交换
42              * (ptr + i) = * (ptr + i + 1);
43              * (ptr + i + 1) = temp;
44            }
45      for(i = 0;i < 4;i = i + 1,ptr++)    //输出
46      {
47          cout << ptr - > num <<'|'
48            << ptr - > name << setw(5)<<'|'
49              << ptr - > sex << setw(7)<<'|'
50              << ptr - > age << setw(7)<<'|'
51              << ptr - > score << setw(7)<<'|'
52            << ptr - > address <<'|'<< endl;
53      }
54      return 0;
55  }
```

程序运行结果如图 8-3 所示。

```
学      号|姓      名|性      别|年      龄|成      绩|家庭住址   |
--------|--------|--------|--------|--------|-----------|
20010303|王五     |女      |18      |69      |黄浦区059号|
20010304|赵六     |男      |17      |78      |闵行区602号|
20010302|李四     |男      |19      |85      |西岗区034号|
20010301|张三     |男      |18      |95      |中山区108号|
```

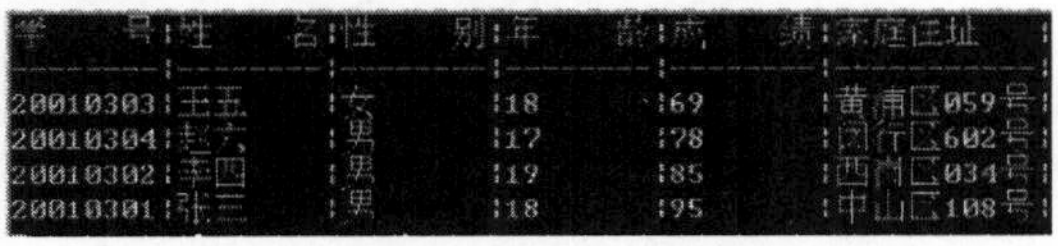

图 8-3　例 8-3 运行结果

【程序解释】

(1) 第 8～16 行是 studentinfo 结构体类型的声明。

(2) 第 17～24 行是用结构体类型 studentinfo 声明了一个含有 5 个元素的全局结构体数组 stu，并对该数组用初始化列表进行了初始化，同时还声明了一个结构体指针 ptr，并用它指向结构体数组 stu。

(3) 程序从第 25 行 main()函数开始执行，第 27～33 行输出一行辅助信息。

(4) 第 34 行用结构体类型 studentinfo 声明了一个名为 temp 的结构体类型临时变量。

(5) 第 35、36 行声明了两个循环变量，并初始化为 0。

(6) 第 37～44 行采用冒泡排序算法对结构体数组按成员 score 的值由小到大进行排序，这里使用第二种访问形式，通过结构体指针访问结构体变量成员的内容。

(7) 第 45～53 行使用 for 循环输出排好序的结构体数组所有元素的每个成员的值。这里使用第一种访问形式，通过结构体指针访问结构体变量成员的内容。

8.4 结构体与函数

结构体作为一种用户自定义的数据类型，它的变量与其他数据类型的变量类似，都可以传给函数进行处理，也可以作为函数的处理结果返回。

8.4.1 传递结构体参数

将一个结构体变量传给一个函数处理有三种方式。

1. 内容传递

所谓内容传递就是按值传递，是把作为函数调用时实际参数的结构体变量的内容(即值)复制给该函数的形式参数。这时，实际上是把结构体类型的变量看成是一个不可分割的整体，用法和普通变量作为函数的实际参数是一样的。当然结构体变量的成员也可以作为函数的实际参数进行内容传递，但这种应用很少见。

2. 地址传递

所谓地址传递就是按址传递，是把作为函数调用时实际参数的结构体变量的地址复制给该函数的形式参数。地址传递在结构体变量所占内存空间很大时效率很高，因为这种传递方式不用传递整个结构体变量的内容，节省了传递时间和存储空间。

3. 引用传递

所谓引用传递是指被调用函数的形式参数声明为结构体变量的引用形式，这个引用实际上是为该函数的实际参数起了一个别名。

【例 8-4】 内容传递方式应用举例。

```
1   /*****************************************************
2               程序文件名:Ex8_4.cpp
3               内容传递方式应用举例
4   *****************************************************/
5   #include< iostream >
6   #include< iomanip >
7   using namespace std;
```

```
8    struct studentinfo                          //类型名为 studentinfo 结构体类型的声明
9    {
10       unsigned int num;                       //学号
11       char name[20];                          //姓名
12       char sex[4];                            //性别
13       unsigned int age;                       //年龄
14       double score;                           //成绩
15       char address[30];                       //家庭住址
16   };
17   void teststruct(studentinfo s){
18       s.score = 69;
19       cout << s.num <<'|'
20           << s.name << setw(5)<<'|'
21           << s.sex << setw(7)<<'|'
22           << s.age << setw(7)<<'|'
23           << s.score << setw(7)<<'|'
24           << s.address <<'|'<< endl;
25   }
26   void displayinfo(){
27       cout <<"学      号"<<'|'
28           <<"姓      名"<<'|'
29           <<"性      别"<<'|'
30           <<"年      龄"<<'|'
31           <<"成      绩"<<'|'
32           <<"家庭住址"<< setw(4)<<'|'<< endl
33   <<"--------|--------|--------|--------|--------|-----------|"<< endl;
34   }
35   int main()
36   {
37       studentinfo stu1 = {20010301,"张三","男",18,95,"中山区 108 号"};
38       displayinfo();
39       teststruct(stu1);
40       cout << stu1.num <<'|'
41           << stu1.name << setw(5)<<'|'
42           << stu1.sex << setw(7)<<'|'
43           << stu1.age << setw(7)<<'|'
44           << stu1.score << setw(7)<<'|'
45           << stu1.address <<'|'<< endl;
46       return 0;
47   }
```

程序运行结果如图 8-4 所示。

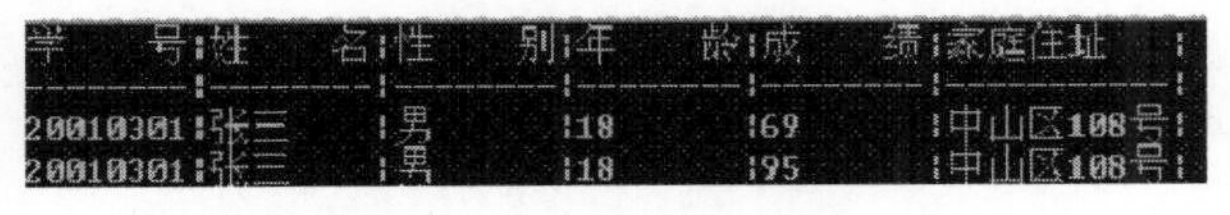

图 8-4 例 8-4 运行结果

【程序解释】

(1) 第 8～16 行是 studentinfo 结构体类型的声明。

(2) 第 17～25 行是函数 teststruct 的定义，该函数的主要功能是演示内容传递方式。函数 teststruct 的形式参数是结构体类型 studentinfo 声明的一个结构体变量 s，是采用内容传递的方式进行参数传递的，并在函数 teststruct 的函数体中对 s. score 的值进行了修改，改为 69。然后输出结构体变量 s 所有成员的内容。

(3) 第 26～34 行是函数 displayinfo 的定义，该函数的主要功能是完成辅助信息的输出。

(4) 程序从第 35 行 main()函数开始执行。

(5) 第 37 行用结构体类型 studentinfo 声明了一个名为 stu1 的结构体变量，并对其进行了初始化。

(6) 第 38 行调用 displayinfo 函数，完成辅助信息的输出。

(7) 第 39 行调用 teststruct 函数，结构体变量 stu1 作为该函数的实际参数与第 17 行 teststruct 函数定义中的形式参数完成内容传递，即将结构体变量 stu1 看成是一个整体，把它的所有成员的内容复制给形式参数变量 s，使变量 s 和变量 stu1 的所有成员的内容都是相同的。调用 teststruct 函数的结果是修改了结构体变量 s 成员 score 的值，然后输出结构体变量 s 所有成员的内容。

(8) 第 40～45 行输出结构体变量 stu1 所有成员的内容。由输出结果可以看出，先输出的内容是调用 teststruct 函数中的输出语句完成的，s. score 的值被改为 69。最后输出内容是主函数中执行了输出语句完成对结构体变量 stu1 的所有成员内容的输出，stu1. score 的内容还是初始的值。可以看出，结构体变量在采用内容传递方式传给函数进行处理时，函数的实际参数和形式参数存储在不同的内存空间，在函数中对形式参数的处理(s. score 的值被改为 69)并不会影响实际参数，这就是内容传递方式的特点。

【例 8-5】 地址传递方式应用举例。

```
1    /**************************************************
2              程序文件名:Ex8_5.cpp
3              地址传递方式应用举例
4    **************************************************/
5    #include<iostream>
6    #include<iomanip>
7    using namespace std;
8    struct studentinfo                    //类型名为 studentinfo 结构体类型的声明
9    {
10       unsigned int num;                 //学号
11       char name[20];                    //姓名
12       char sex[4];                      //性别
13       unsigned int age;                 //年龄
14       double score;                     //成绩
15       char address[30];                 //家庭住址
16   };
17   void teststruct(studentinfo *ptr){
18       ptr->score = 69;
19       cout << ptr->num <<'|'
```

```
20            << ptr -> name << setw(5)<<'|'
21            << ptr -> sex << setw(7)<<'|'
22            << ptr -> age << setw(7)<<'|'
23            << ptr -> score << setw(7)<<'|'
24            << ptr -> address <<'|'<< endl;
25    }
26    void displayinfo(){
27        cout <<"学      号"<<'|'
28            <<"姓      名"<<'|'
29            <<"性      别"<<'|'
30            <<"年      龄"<<'|'
31            <<"成      绩"<<'|'
32            <<"家庭住址"<< setw(4)<<'|'<< endl
33    <<"--------|--------|--------|--------|--------|-----------|"<< endl;
34    }
35    int main()
36    {
37        studentinfo stu1 = {20010301,"张三","男",18,95,"中山区 108 号"};
38        displayinfo();
39        teststruct(&stu1);
40        cout << stu1.num <<'|'
41            << stu1.name << setw(5)<<'|'
42            << stu1.sex << setw(7)<<'|'
43            << stu1.age << setw(7)<<'|'
44            << stu1.score << setw(7)<<'|'
45            << stu1.address <<'|'<< endl;
46        return 0;
47    }
```

程序运行结果如图 8-5 所示。

图 8-5 例 8-5 运行结果

【程序解释】

(1) 第 8～16 行是 studentinfo 结构体类型的声明。

(2) 第 17～25 行是函数 teststruct 的定义,该函数的主要功能是演示地址传递方式。函数 teststruct 的形式参数是结构体类型 studentinfo 声明的一个指向结构体类型的指针,因此是采用地址传递的方式进行参数传递的,并在函数 teststruct 的函数体中对指针 ptr 所指向的结构体变量的 score 成员的值进行了修改,改为 69。然后输出指针 ptr 所指向的结构体变量所有成员的内容。

(3) 第 26～34 行是函数 displayinfo 的定义,该函数的主要功能是完成辅助信息的输出。

(4) 程序从第 35 行 main()函数开始执行。

(5) 第 37 行用结构体类型 studentinfo 声明了一个名为 stu1 的结构体变量,并对其进行了初始化。

（6）第 38 行调用 displayinfo 函数，完成辅助信息的输出。

（7）第 39 行调用 teststruct 函数，结构体变量 stu1 的地址作为该函数的实际参数与第 17 行 teststruct 函数定义中的形式参数完成内容传递，即将结构体变量 stu1 的地址复制给形式参数指针变量 ptr，使指针变量 ptr 指向结构体变量 stu1。

（8）第 40～45 行输出结构体变量 stu1 所有成员的内容。输出结果先输出的内容是调用 teststruct 函数中的输出语句完成的，指针 ptr 所指向的结构体变量的 score 成员的值被改为 69。最后输出内容是主函数中执行了输出语句完成对结构体变量 stu1 的所有成员内容的输出，stu1.score 的内容发生了变化，也被改为 69。可以看出，结构体变量在采用地址传递方式传给函数进行处理时，如果在被调用函数中修改形式参数指针所指向变量的内容(ptr->score 的值被改为 69)将会影响实际参数，这就是地址传递方式的特点。

【例 8-6】 引用传递方式应用举例。

```
1   /**************************************************
2               程序文件名:Ex8_6.cpp
3               引用传递方式应用举例
4   **************************************************/
5   #include <iostream>
6   #include <iomanip>
7   using namespace std;
8   struct studentinfo                              //类型名为 studentinfo 结构体类型的声明
9   {
10      unsigned int num;                           //学号
11      char name[20];                              //姓名
12      char sex[4];                                //性别
13      unsigned int age;                           //年龄
14      double score;                               //成绩
15      char address[30];                           //家庭住址
16  };
17  void teststruct(studentinfo &r){
18      r.score = 69;
19      cout << r.num <<'|'
20          << r.name << setw(5)<<'|'
21          << r.sex << setw(7)<<'|'
22          << r.age << setw(7)<<'|'
23          << r.score << setw(7)<<'|'
24          << r.address <<'|'<< endl;
25  }
26  void displayinfo(){
27      cout <<"学    号"<<'|'
28          <<"姓    名"<<'|'
29          <<"性    别"<<'|'
30          <<"年    龄"<<'|'
31          <<"成    绩"<<'|'
32          <<"家庭住址"<< setw(4)<<'|'<< endl
33  <<"--------|--------|--------|--------|--------|-----------|"<< endl;
34  }
```

```
35  int main()
36  {
37      studentinfo stu1 = {20010301,"张三","男",18,95,"中山区 108 号"};
38      displayinfo();
39      teststruct(stu1);
40      cout << stu1.num <<'|'
41          << stu1.name << setw(5)<<'|'
42          << stu1.sex << setw(7)<<'|'
43          << stu1.age << setw(7)<<'|'
44          << stu1.score << setw(7)<<'|'
45          << stu1.address <<'|'<< endl;
46      return 0;
47  }
```

程序运行结果如图 8-6 所示。

```
学    号|姓    名|性    别|年    龄|成    绩|家庭住址  |
--------|--------|--------|--------|--------|----------|
20010301|张三    |男      |18      |69      |中山区108号|
20010301|张三    |男      |18      |69      |中山区108号|
```

图 8-6 例 8-6 运行结果

【程序解释】

(1) 第 8～16 行是 studentinfo 结构体类型的声明。

(2) 第 17～25 行是函数 teststruct 的定义,该函数的主要功能是演示引用传递方式。函数 teststruct 的形式参数是结构体类型 studentinfo 声明的一个结构体类型的引用,因此是采用引用传递的方式进行参数传递的,并在函数 teststruct 的函数体中对 r 所引用的结构体变量的 score 成员的值进行了修改,改为 69。然后输出 r 所引用的结构体变量所有成员的内容。

(3) 第 26～34 行是函数 displayinfo 的定义,该函数的主要功能是完成辅助信息的输出。

(4) 程序从第 35 行 main()函数开始执行。

(5) 第 37 行用结构体类型 studentinfo 声明了一个名为 stu1 的结构体变量,并对其进行了初始化。

(6) 第 38 行调用 displayinfo 函数,完成辅助信息的输出。

(7) 第 39 行调用 teststruct 函数,结构体变量 stu1 作为该函数的实际参数与第 17 行 teststruct 函数定义中的形式参数完成引用传递,即给结构体变量 stu1 起个 r 的别名,使实际参数 stu1 和形式参数 r 所代表的都是同一个结构体变量 stu1。

(8) 第 40～45 行输出结构体变量 stu1 所有成员的内容。输出结果先输出的内容是调用 teststruct 函数中的输出语句完成的,r 所引用的结构体变量 score 成员的值被改为 69。最后输出内容是主函数中执行了输出语句完成对结构体变量 stu1 的所有成员内容的输出,stu1.score 的内容发生了变化,也被改为 69。可以看出,结构体变量在采用引用传递方式传给函数进行处理时,如果在被调用函数中修改形式参数 r 所引用变量的内容(r.score 的值被改为 69)将会影响实际参数,这就是引用传递方式的特点。

8.4.2 返回结构体

通过函数返回一个结构体变量也有三种方式。

(1) 返回结构体类型的变量。这种方式要求函数定义的一般形式如下：

```
结构体类型名  函数名(形式参数声明)
{
    //语句序列
    return 结构体变量;
}
```

(2) 返回结构体类型的指针。这种方式要求函数定义的一般形式如下：

```
结构体类型名 * 函数名(形式参数声明)
{
    //语句序列
    return 结构体变量的地址;
}
```

(3) 返回结构体类型的引用。这种方式要求函数定义的一般形式如下：

```
结构体类型名 & 函数名(形式参数声明)
{
    //语句序列
    return 结构体变量;
}
```

【例 8-7】 返回结构体应用举例。

```
1   /***************************************************
2               程序文件名:Ex8_7.cpp
3               返回结构体应用举例
4   ***************************************************/
5   #include <iostream>
6   #include <iomanip>
7   using namespace std;
8   struct studentinfo                              //类型名为 studentinfo 结构体类型的声明
9   {
10      unsigned int num;                           //学号
11      char name[20];                              //姓名
12      char sex[4];                                //性别
13      unsigned int age;                           //年龄
14      double score;                               //成绩
15      char address[30];                           //家庭住址
16  } stu1 = {20010301,"张三","男",18,95,"中山区 108 号"};
17  studentinfo teststruct1()                       //返回结构体类型的变量
18  {
19      return stu1;
20  }
21  studentinfo * teststruct2()                     //返回结构体类型的指针
22  {
23      return &stu1;
```

```
24  }
25  studentinfo &teststruct3()                    //返回结构体类型的引用
26  {
27      return stu1;
28  }
29  void displayinfo(){
30      cout <<"学    号"<<'|'
31          <<"姓    名"<<'|'
32          <<"性    别"<<'|'
33          <<"年    龄"<<'|'
34          <<"成    绩"<<'|'
35          <<"家庭住址"<< setw(4)<<'|'<< endl
36  <<"--------|--------|--------|--------|--------|-----------|"<< endl;
37  }
38  void displaystruct(){
39      cout << stu1.num <<'|'
40          << stu1.name << setw(5)<<'|'
41          << stu1.sex << setw(7)<<'|'
42          << stu1.age << setw(7)<<'|'
43        << stu1.score << setw(7)<<'|'
44          << stu1.address <<'|'<< endl;
45  }
46  int main()
47  {
48      displayinfo();
49      teststruct1().score = 13;
50      displaystruct();
51      teststruct2() -> score = 45;
52      displaystruct();
53      teststruct3().score = 56;
54      displaystruct();
55      return 0;
56  }
```

程序运行结果如图 8-7 所示。

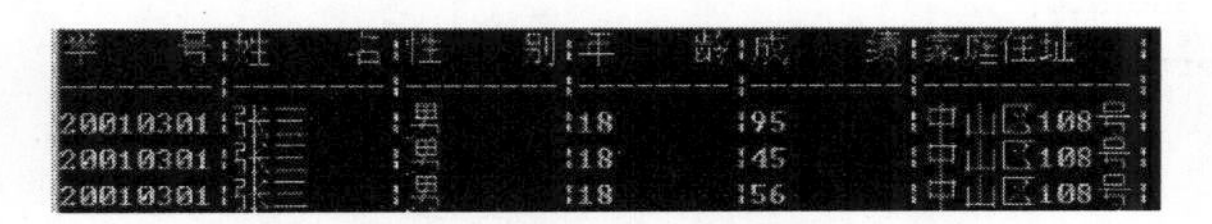

图 8-7　例 8-7 运行结果

【程序解释】

(1) 第 8～16 行是 studentinfo 结构体类型的声明。同时声明了一个名为 stu1 的结构体全局变量,并对其进行了初始化。

(2) 第 17～20 行是返回结构体变量函数 teststruct1 的定义,该函数的主要功能是用 return 语句返回结构体类型的变量 stu1。

(3) 第 21～24 行是返回结构体指针函数 teststruct2 的定义,该函数的主要功能是用 return 语句返回结构体类型变量 stu1 的地址。

（4）第 25～28 行是返回结构体引用函数 teststruct3 的定义，该函数的主要功能是用 return 语句返回结构体类型变量 stu1 的引用。

（5）第 29～37 行是函数 displayinfo 的定义，该函数的主要功能是完成辅助信息的输出。

（6）第 38～45 行是函数 displaystruct 的定义，该函数的主要功能是输出结构体变量 stu1 所有成员的内容。

（7）程序从第 46 行 main()函数开始执行，并在第 48 行调用 displayinfo 函数，完成辅助信息的输出。

（8）第 49 行调用 teststruct1 函数，由于该函数返回结构体变量，因此可以访问这个返回的结构体变量的任何一个成员，这里对 score 成员进行赋值操作。从输出结果可以看出，此处的修改操作并没有影响全局变量 stu1。

（9）第 51 行调用 teststruct2 函数，由于该函数返回结构体指针，因此也可以访问通过这个指针所指向的结构体变量的任何一个成员，这里对 score 成员进行赋值操作。从输出结果可以看出，此处的修改操作对全局变量 stu1 有影响。

（10）第 53 行调用 teststruct3 函数，由于该函数返回结构体引用，因此也可以访问通过这个引用所关联的结构体变量的任何一个成员，这里对 score 成员进行赋值操作。从输出结果可以看出，此处的修改操作对全局变量 stu1 有影响。

8.5 建模扩展与优化

【例 8-8】 民族舞蹈学校有 $n(n\leqslant 2\times 10^3)$名舞蹈学员，编号从 1 到 n，校长一诺希望按照学员的年龄从大到小进行排序，但需要排序是稳定排序。

```
1   /*****************************************************/
2                      程序文件名:Ex8_8.cpp
3                      结构体的排序应用
4    /*****************************************************/
5    #include <bits/stdc++.h>
6    using namespace std;
7    struct dancer                              //创建结构体 dancer
8    {
9       int h;                                  //h 存储学员编号
10      int g;                                  //g 存储学员年龄
11   }in[100000];
12   bool cmp(dancer x,dancer y)
13   {
14       if(x.g == y.g)
15         return x.h < y.h;
16       else
17         return x.g > y.g;
18   }
19   main()
20   {
21       int n,i;
```

```
22    cout <<"请输入舞蹈学员数量:";
23      cin >> n;
24    cout <<"请输入学员的年龄:";
25      for(i = 1;i < = n;i++)
26      {
27         cin >> in[i].g;
28         in[i].h = i;
29      }
30      sort(in + 1,in + n + 1,cmp);
31    cout <<"按学员年龄由大到小排序结果为:"<< endl;
32      for( i = 1;i < = n;i++)
33      {
34        cout << in[i].h <<"号学员的年龄"<< in[i].g << endl;
35      }
36  }
```

程序运行结果如图 8-8 所示。

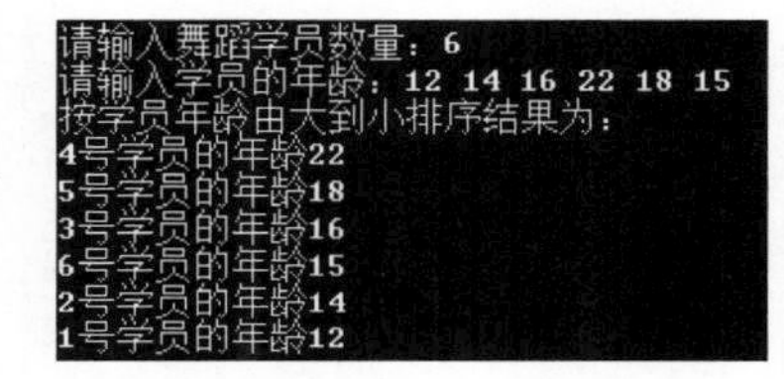

图 8-8 例 8-8 运行结果

【程序解释】

(1) 程序第 7 行定义结构体 dancer,其中定义两个结构体成员 h 和 g 分别存储学员的编号和年龄。

(2) 第 11 行定义结构体类型变量数组 in[ ]。

(3) 第 30 行调用 sort( )函数对结构体变量按照年龄由大到小进行排序,如果升序排序,则 sort( )函数的第 3 个参数可以缺省,即 sort( )函数默认升序排序。

(4) 第 34 行分别顺次输出不同结构体变量(学员)的编号和年龄。

【例 8-9】 由于市政水管改造,民族小区近期停水,物业安排业主到物业中心统一接水。有 n 个人在一个水龙头前排队接水,假如每个人接水的时间为 t_i,请编程找出这 n 个人排队的一种顺序,使得 n 个人的平均等待时间最小。

```
1   /**************************************************/
2                     程序文件名:Ex8_8.cpp
3                     贪心算法求解排队接水问题
4    /**************************************************/
5    #include < algorithm >
6    #include < iostream >
7   using namespace std;
8   struct Node
9   {
10    int id, t;
11  } a[1005];
12  bool cmp(Node p1,Node p2)
13  {
14     if(p1.t == p2.t)
15     {
16       return p1.id < p2.id;
17     }
18     return p1.t < p2.t;
19  }
```

```
20  main()
21  {
22    int n,i;
23    cout <<"请输入待排队接水的人数:";
24    cin >> n;
25    cout <<"输入每个业主的接水时间(单位:分钟)"<< endl;
26    for (i = 0; i < n; i++)
27    {
28      cin >> a[i].t;
29      a[i].id = i + 1;
30    }
31    sort(a,a + n,cmp);
32    long sum = 0;
33    for(i = 0;i < n;i++)
34    {
35      sum += (n - i - 1) * a[i].t;
36    }
37    cout <<"由贪心算法求得平均等待时间最少的顺序如下"<< endl;;
38    for (i = 0; i < n; i++)
39    {
40      cout << a[i].id << " ";
41    }
42    cout << endl;
43    cout <<"平均等待时间为"<< 1.0 * sum / n <<"分钟"<< endl;
44  }
```

程序运行结果如图 8-9 所示。

```
请输入待排队接水的人数: 8
输入每个业主的接水时间<单位: 分钟>
12 20 15 31 18 17 25 18
由贪心算法求得平均等待时间最少的顺序如下
1 3 6 5 8 2 7 4
平均等待时间为56.25分钟
```

图 8-9　例 8-9 运行结果

【程序解释】

（1）本问题的贪心策略是：让接水时间少的人先接水。

（2）第 12 行的 cmp( )函数的作用是按接水时间从小到大排序，接水时间相同时，按编号从小到大排序。

（3）第 32 行变量 sum 存储总的等待时间。

（4）第 33～36 行下标从 0 开始，表示后面有 n－i－1 个人在排队，需要等待时间为(n－i－1) * a[i].t，最终累加进总等待时间 sum 中。

小结

（1）C++语言中的结构体是 C 语言结构体的扩展，是在原有基础上增加了一些新的特性，使结构体成为 C++的一部分。

（2）结构体是一种新的数据类型，它与 C++提供的数据类型（如 int、float 等）地位是等同的。通过使用结构体类型可以描述具有不同数据类型的数据集，还能比较容易地实现复杂的数据结构和动态的数据结构。

(3) 结构体类型的声明要求以关键字 struct 开头，后跟结构体名(可以省略)，结构体名后紧跟一对花括号，花括号之间的部分是结构体成员。结构体类型的声明以分号作为结束标识。

(4) 结构体类型的声明与结构体变量的声明是两个不同的概念。结构体类型的声明仅仅定义了该结构体的模板，即它的格式，并不会为它分配内存空间，当遇到该结构类型变量的声明时才会为变量分配内存空间，且按照结构体中成员声明的顺序分配内存空间，结构体变量所占的字节数是各成员所占字节数的和。

(5) 可以声明结构体变量，也可以声明结构体数组。和普通数组一样，可以定义一维结构体数组，也可以定义多维结构体数组。

(6) 可以声明指向结构体类型的指针，通过结构体指针访问结构体变量中的成员通常会用到指向运算符“->”和成员运算符“.”。

(7) 结构体变量与其他数据类型的变量类似，都可以传给函数进行处理，也可以作为函数的处理结果返回。作为参数传给函数处理时有内容传递、地址传递和引用传递三种方式。同样，一个函数也可以返回结构体类型的变量、指针或引用。

习题 8

1. 选择题

(1) 已知：

```
struct st
{
  int a;
  float b;
}data, * pt;
```

若有 pt=&data，则对 data 中的成员 a 的正确引用是(   )。

A. pt-> data. a

B. (* pt). data. a

C. (* pt). a

D. pt. data. a

(2) 当说明一个结构体变量时，系统分配给它的内存是(   )。

A. 结构体中第一个成员所需内存量

B. 各成员所需内存量的总和

C. 占内存量最大的成员所需的容量

D. 结构体中最后一个成员所需内存量

(3) 设有以下声明和语句：

```
struct student
{
```

```
    int num,age;
};
student stu[3] = {{2011,18},{2012,20},{2013,19}};
student * pt = stu;
```

则错误的引用是(　　)。

A. (*pt).age

B. (pt++)->age

C. pt++

D. pt=&stu.age

(4) 下列程序的运行结果为(　　)。

```
#include< iostream >
using namespace std;

struct setd
{
int x;
int * y;
} * pt;
int data[4] = {10,20,30,40};
setd a[4] = {50, &data[0], 60,&data[0],60,&data[0],60,&data[0] };
main()
{
pt = a;
cout <<++( * (pt -> y))<< endl;
}
```

A. 41　　B. 21　　C. 51　　D. 11

(5) 下列程序的运行结果为(　　)。

```
#include< iostream >
using namespace std;

struct stu{
    char name[10];
    int num;
};
void fun1(stu s)
{
    stu d = {"LiSi",2012};
    s = d;
}
void fun2(stu * ps)
{
    stu d = {"ZhangSan",2014};
    * ps = d;
}

main( )
```

```
{
    stu a = {"Zhaoliu",2011},b = {"WangWu",2013};
    fun1(a);fun2(&b);
    cout << a.num <<" "<< b.num << endl;
}
```

A. 2011　2014　　B. 2012　2014　　C. 2012　2013　　D. 2011　2013

2. 读程序写结果

(1)

```
#include <iostream>
using namespace std;
struct student
{
    char name[10];
    int num;
    int age;
};
void fun(student *ps)
{
    cout <<( *ps).name << endl;

}
main( )
{
    student stu[3] = {  {"Zhangsan",9901,20},
                        {"Zhaoliu",9902,19},
                        {"WangWu", 9903, 21}};
    fun(stu + 2);
}
```

(2)

```
#include <iostream>
using namespace std;
struct student
{
    char name[10];
    int num;
    float score[3];
};
void display(student *p)
{
    cout << p -> num <<" - "
        << p -> name <<" - "
        << p -> score[0]<<" - "
        << p -> score[1]<<" - "
        << p -> score[2]<< endl;

}
main( )
```

```
{
    student stu;
    stu.num = 2001;
    strcpy(stu.name,"lisi");
    stu.score[0] = 88;
    stu.score[1] = 66.4;
    stu.score[2] = 78.5;
    display(&stu);
}
```

3. 编写程序

定义一个结构体数据类型并声明一个结构体数据类型的数组，然后声明一个结构体指针变量，通过指针变量输出该数组中各元素的值，要求输出学生成绩如下所示：

学号	姓名	数据库	大学英语
1	张三	58	65
2	李四	96	75
3	王五	76	80

第二篇　面向对象篇

本篇主要讲述如下内容。

(1) 封装：封装是面向对象的特征之一，是对象和类概念的主要特性。也就是把客观事物封装成抽象的类，并且类可以把自己的数据和方法只让可信的类或者对象操作，对不可信的类或者对象进行信息隐藏。

(2) 继承：面向对象程序设计(Object-Oriented Programming，OOP)语言的一个主要功能就是“继承”。继承是指这样一种能力：使用现有类的所有功能，并在无须重新编写原来的类的情况下对这些功能进行扩展。继承概念的实现方式有3类——实现继承、接口继承和可视继承。实现继承是指使用基类的属性和方法而无须额外编码的能力；接口继承是指仅使用属性和方法的名称，但是派生类必须提供实现的能力；可视继承是指子窗体(类)使用基窗体(类)的外观和实现代码的能力。

(3) 多态：允许将基类对象设置成和一个或更多派生类对象相等的技术，赋值之后，基类对象就可以根据当前赋值给它的派生类对象的特性以不同的方式运作，允许将派生类类型的指针赋值给基类类型的指针。

第9章 类与对象

CHAPTER 9

面向对象程序设计是一种程序设计范型，它用面向对象的观点对现实世界的问题进行抽象，然后通过计算机程序来描述问题。类是C++语言实现面向对象程序设计的基础，它把数据和操作数据的函数封装在一起，构成基本的封装单元；对象是类的实例和具体化。本章重点介绍类和对象的概念以及如何通过建立类和对象来抽象并解决现实世界中的问题。

学习目标

- 深入理解类的概念和定义；
- 掌握对象的概念和创建对象的方法；
- 掌握构造函数和析构函数的作用和用法；
- 熟悉复制构造函数的使用条件；
- 掌握各种对象的使用；
- 掌握new和delete操作动态对象的方法；
- 掌握静态成员的概念和用法；
- 理解友元函数和友元类的概念；
- 掌握常对象和常成员的作用和用法。

9.1 类与对象的定义

9.1.1 面向对象程序设计

目前的程序设计主要有两种开发方法：一种是面向过程的程序设计，前面章节介绍的主要是基于面向过程的设计思想；另一种是面向对象的程序设计。面向对象程序设计的雏形出现在20世纪60年代，1967年挪威计算中心开发了Simula67语言，它能够提供比子程序更高一级的抽象和封装，并引入类的概念；20世纪70年代初Palo Alto研究中心开发出Smalltalk语言，之后又开发了纯正的面向对象语言Smalltalk-80，这对以后的面向对象语言，如Object-C、C++等产生了深远的影响；1980年Grady Booch提出了面向对象设计的思想，之后出现了面向对象分析(Object-Oriented Analysis，OOA)。

传统的面向过程程序设计将程序看作一系列函数的集合，函数将对数据处理的语句放在函数体内，通过形参和实参的传递将数据传入函数体。面向对象程序设计的程序由类和对象构成，类对数据和函数进行了封装，对象是对类的实现，每一个对象都能够接收数据、处理数据并将数据传递给其他对象。面向对象程序设计提高了程序的灵活性和可维护性。

9.1.2 类的定义

类是具有共同属性和行为的事物集合，类中的具体事物被描述为实例(instance)或对象(object)。以汽车类为例，不管是大众系列还是丰田系列等不同品牌和型号的汽车都可以组成汽车类，汽车类中有该类所有对象共同的属性，如方向盘、轮胎、后视镜、座椅等，也有该类所有对象共同的行为，如驾驶、载人。汽车类中的某辆汽车是类的一个对象，它具有确定和特定的属性，如某辆大众迈腾汽车不仅具有真皮方向盘、真皮座椅、温度分区控制空调等属性，还具有智能泊车、ACC 自适应巡航等独特功能。

从例子中我们可以知道，类是描述集合中所有对象共同属性和行为的抽象概念，而对象是具体的概念，不仅具体描述了其具有的共同属性(方向盘)，还描述了区别于类中共同属性的特定属性(智能泊车)。我们不能驾驶汽车类，而只能驾驶具体的某辆汽车；某个对象可以随时被创建或者销毁，但类的概念在一定范围内是持久存在的。

在 C++中类与结构体相似，是一种用户自定义的数据类型，但是 C 语言的结构体中仅可以包含不同数据类型的变量，而 C++中的结构体或类中既可以包含变量又可以包含函数，因此类也被称为“包含了函数的结构体”。类定义的语法格式为：

```
class 类名
{
public:
  <公有数据成员和公有成员函数>;
protected:
  <保护数据成员和保护成员函数>;
private:
  <私有数据成员和私有成员函数>;
};
```

其中：

(1) class 是定义类的关键字。

(2) 类名是用户自定义的合法标识符，用于唯一标识一个类，首字母一般大写。

(3) 花括号内是类的说明部分，说明该类的所有成员。类的成员包括数据成员和成员函数两部分，数据成员一般用来描述类的属性；成员函数也叫方法，用来描述类的行为。

(4) 类的成员按照访问权限可分为三类：public(公有)、protected(保护)和 private(私有)，默认访问权限为 private；而结构体成员的默认访问权限为 public。

(5) 说明为 public 的成员可以被程序中的任何代码访问；说明为 private 的成员只能被类本身的成员函数或友元类的成员函数访问，其他类的成员函数，包括其派生类的成员函数都不能访问；说明为 protected 的成员与 private 成员类似，所不同的是除了类本身的成员函数和说明为友元类的成员函数可以访问外，该类派生类的成员也可以访问。

(6) 类定义后要以分号结尾。

【例 9-1】 日期类的定义。

```
1   class Tdate
2   {
3     public:
```

```
4          void SetDate(int y, int m, int d)
5          {
6            year = y;month = m;day = d;
7          }
8          int IsLeapYear( )
9          {
10           return (year % 4 == 0 && year % 100!== 0)||(year % 400 == 0);
11         }
12         void print( )
13         {
14           cout << year <<"."<< month <<"."<< day << endl;
15         }
16     private:
17         int year,month,day;
18   };
```

【程序解释】

(1) 本例进行了完整的类定义,类名为 Tdate。

(2) 第 3～15 行说明类的公有成员,第 16、17 行说明类的私有成员。

(3) 类中有 3 个成员函数,分别是 SetDate()、IsLeapYear()和 print();有 3 个数据成员,分别是 year、month 和 day。

(4) 成员函数可以在类内定义,也可以在类外定义,在类内定义的成员函数被默认为内联函数,本例的成员函数是类内定义。

(5) 第 18 行的分号是类定义结束符。

在进行类定义时还应该注意:

(1) 在类内不允许对所定义的数据成员进行初始化,因为类只是一种抽象描述,其数据成员不占用内存空间。如下面的定义是错误的:

```
class Tdate
{
  public:
    …
  private:
    int year = 1998,month = 4,day = 9;          //错误,不允许在类内初始化数据成员
 };
```

(2) 类中的数据成员可以是任意类型,包括 int 型、float 型、char 型、数组、指针和引用等,其他类的对象也可以作为该类的数据成员,但类自身的对象不能作为本类的成员。

(3) 习惯上,在类内先说明公有成员,后说明私有成员。

(4) 一般将类定义的说明部分或者整个定义部分放在一个头文件中。

(5) 在类的说明部分之后必须加分号“;”。

9.1.3 成员函数

1. 成员函数的定义

在类内声明或定义的函数称作成员函数,比如有类定义:

```
class A
{
  public:
    void fun1();
  private:
    int fun2();
  protected:
    bool fun3(int i);
};
```

那么，fun1()、fun2()、fun3(int)都是类A的成员函数，成员函数全名格式是：类名::函数名()。如函数fun3(int)的全名是A::fun3(int)。类名A的作用是指出函数fun3(int)是类A的一个成员函数，而不是普通函数。与成员函数概念相对的是非成员函数，即不属于任何类的函数，本章之前的所有函数都是非成员函数。

"::"是作用域区分符，当"::"跟在类名后时，用来指明"::"后的函数或数据属于这个类；当"::"没有跟在类名后时，用来表示全局函数或全局变量。例如：

```
int a;                                          //全局变量
int b;
void set(int i,int j)                           //非成员函数
{
  ::a = i;                                      //给全局变量 a 赋值
  ::b = j;
}
class A
{
  public:
    void set(int i,int j)                       //类 A 的成员函数 set()
    {
       ::set(i,j);                              //调用非成员函数 set()
    }
  private:
    int a;
    int b;
}
```

上面例子中的两个函数set(int,int)虽然同名，但却是两个完全不同的函数，一个是类中的成员函数A::set(int,int)，另一个则是普通的非成员函数。如果语句::set(i,j)省略了"::"，则语句的含义是类中的成员函数set(int,int)调用自身。

除了可以在类内定义成员函数（如例9-1），C++还允许在类内声明成员函数原型，在类外定义函数体。在类外定义函数体也称作成员函数的实现，其语法格式为：

```
返回值类型 类名::成员函数名(形参列表)
{
  函数体;
}
```

例9-1中Tdate类的成员函数在类内声明表示如下：

```
class Tdate
{
  public:
    void SetDate(int y, int m, int d);          //成员函数的声明
    int IsLeapYear( );
    void print( );
  private:
    int year,month,day;
};
```

在类外实现成员函数的表示如下：

```
void Tdate::SetDate(int y, int m, int d)
{
    year = y;month = m;day = d;
}
int Tdate::IsLeapYear( )
{
    return (year % 4 == 0 && year % 100!== 0)||(year % 400 == 0);
}
void Tdate::print( )
{
    cout << year <<"."<< month <<"."<< day << endl;
}
```

在类外定义成员函数不仅可以使类中成员函数的功能一目了然，还可以实现类定义和成员定义的分开，通常做法是将类定义存储在头文件中，类中成员函数定义存储在源文件中，用类来编制应用程序时，只需包含类的接口文件(头文件)即可，例如：

```
//Tdate.h                          包含类定义的头文件
  class Tdate
  {
     public:
        void SetDate(int y, int m, int d);
        int IsLeapYear( );
        void print( );
     private:
        int year,month,day;
};

//Tdate.cpp                        包含成员函数定义的源文件
#include "Tdate.h"                 //导入头文件
  void Tdate::SetDate(int y, int m, int d)
  {
       year = y;month = m;day = d;
  }
  int Tdate::IsLeapYear( )
  {
       return (year % 4 == 0 && year % 100!== 0)||(year % 400 == 0);
  }
```

```
void Tdate::print( )
{
    cout << year <<"."<< month <<"."<< day << endl;
}
```

2. 成员函数的重载

类成员函数重载的方法与普通函数重载一样。但类成员函数的重载仅限于同一类中，也就是说即使某类的成员函数与另一个类的成员函数或非成员函数同名，也不认为是重载，因为完整的成员函数名中包含其所在的类名。例如：

```
class Tdate
{
    void SetDate(int y, int m)
    {
        …
    }
    void SetDate(int y, int m, int d)
    {
        …
    }
};
class Time
{
    void SetDate(int y, int m)
    {
        …
    }
};
int SetDate(int y, int m, int d)
{
    …
}
```

上面程序段中共定义了 4 个函数名为 SetDate 的函数，其中 Tdate 类的函数全名分别是 Tdate::SetDate(int,int,int)和 Tdate::SetDate(int,int)，它们互为重载；Time 类的函数全名是 Time::SetDate(int,int)，普通函数的函数名为 SetDate (int,int,int)。

9.1.4 对象的定义

对象也称为实例，与定义变量类似，定义对象时，C++为其分配内存空间。对象与类的关系类似于变量与数据类型的关系。定义对象的语法格式如下：

```
类名  对象名;
```

对象名可以是任意合法的标识符，也可以是数组。例如定义例 9-1 中 Tdate 类的一个对象：

```
Tdate obj1;
```

obj1 是对象名,对象包含数据成员和成员函数两部分。编译器为新创建的对象分配内存空间的实质是为对象的数据成员分配内存空间。建立对象后,就可以通过对象在相应访问权限内存取数据成员和调用成员函数。对象存取和调用成员最常用的是点操作符“.”,具体格式如下:

```
对象名.数据成员;
对象名.成员函数名(实参列表);
```

例如,通过 Tdate 类的 obj1 对象调用成员函数 SetDate(int,int,int)的语句如下:

```
obj1.SetDate(2011,6,22);
```

对象访问类中的成员需要满足一定的访问权限,对象只能直接访问类中访问权限为 public 的成员,而对象需要通过先访问类中的 public 成员函数,然后再间接访问 protected 或 private 的成员,从而实现了信息隐藏,达到了保护数据的目的。例如,在 Tdate 类中,数据成员 year、month 和 day 的访问权限是 private,如下访问方式是错误的:

```
obj1.year = 2011;
```

要完成对 private 成员的存取,只能在类中定义 public 成员函数,先通过该成员函数存取 private 成员,然后在类外调用 public 成员函数,达到间接存取 private 成员的目的。这样的成员函数起到了向外界提供访问类内 private 成员接口的作用。如 Tdate 类中的成员函数 SetDate()、IsLeapYear()和 print()都起到公共接口的作用。但是,当对象作为本类成员函数的形参或定义在函数体内时,对象可以访问该类的所有成员,如 Tdate 类的成员函数 SetDate()改写如下:

```
void SetDate(Tdate M)
{
    Tdate N;
    M.year = 2011;                    //可以通过对象 M 存取 private 成员 year
    N.month = 7;                      //可以通过对象 M 存取 private 成员 month
}
```

9.2 构造函数与析构函数

在面向对象程序设计中,对象表达了客观世界的实体。对象创建时,需要进行初始化,即给它的数据成员分配内存空间并赋初值;对象撤销时,需要释放所占用的内存空间。在 C++中,初始化对象和撤销对象由该类专门的成员函数完成,它们分别是构造函数和析构函数。

9.2.1 构造函数的定义

构造函数是 C++中专门用于初始化对象的成员函数。例如要打造一张桌子,那么桌子就是将要被建立的对象,桌子就有了相应的长、宽、高和重量。构造函数的作用是在桌子对象建立时,给对象的长、宽、高和重量等数据成员赋初值。

当创建对象时,构造函数被系统自动调用,不能在程序中直接被调用,除非调用构造函数来创建无名对象。构造函数名与类名完全相同，没有返回值，因此也没有任何返回值类型。构造函数可以有任意类型的参数，同一个类中可以有多个构造函数（重载构造函数）。

在类体外定义构造函数的语法格式如下：

```
类名::类名(形参列表)
{
    函数体;
}
```

例如，下面都是类 Tdate 构造函数的表示形式：

```
Tdate::Tdate()
{
   函数体;
}
```

或

```
Tdate::Tdate(int a,float b)
{
   函数体;
}
```

如果定义类时没有定义任何形式的构造函数，那么系统会自动生成一个默认的构造函数，该构造函数的参数列表和函数体都是空的，其作用仅是在创建对象时为对象申请内存空间。

默认构造函数是指参数列表为空或所有参数都有默认值的构造函数。

【例 9-2】 构造函数应用举例。

```
/*****************************************************
                 程序文件名包括 tdate.h 和 Ex9_2.cpp
                 构造函数应用举例
 *****************************************************/
```

//头文件 tdate.h 中的代码如下：

```
1   class Tdate
2   {
3     public:
4       Tdate();
5     private:
6       int year,month;
7   };
8   Tdate::Tdate()
9   {
10    year = 2011;
11    month = 12;
12    cout <<"constructing one object of class Tdate"<< endl;
13  }
```

//源文件 Ex9_2.cpp 中的代码如下：

```
14 #include <iostream>
15 using namespace std;
16 #include "tdate.h"
17 main()
18 {
19     Tdate a,b;
20     cout <<"back in main"<< endl;
21 }
```

【程序解释】

(1) 在函数 main()中创建了类 Tdate 的两个对象：对象 a 和对象 b。

(2) 在头文件的类体内第 4 行声明了一个无参的构造函数，其对应的函数定义体为第 8～13 行。

(3) 当程序执行时，首先创建对象 a，此时系统自动调用构造函数，即执行函数 Tdate::Tdate()，使 a.year＝2011，a.month＝12；执行完函数体后，程序跳回调用点继续创建对象 b，此时系统再一次自动调用构造函数，使 b.year＝2011，b.month＝12。

(4) 类中的所有对象都是通过构造函数进行构造的，如果程序中创建了 n(n≥0)个对象，那么系统就会自动调用 n(n≥0)次构造函数。

类初始化时，构造函数可用两种方式给数据成员赋值。

(1) 在构造函数体内赋值，例如：

```
class X
{
    int a,b;
    public:
    X(int i,int j)                          //构造函数体内赋值
    {
      a = i;
      b = j;
    }
};
```

(2) 在构造函数定义体前使用冒号"："赋值，例如：

```
class X
{
    int a,b;
    public:
    X(int i,int j):a(i),b(j)                //函数体前使用":"赋值
    { }
};
```

在构造函数定义体前使用":"赋值时，必须使用赋值号"()"而不能使用赋值号"＝"，如写法 X(int i,int j):a=i,b=j 是错误的。冒号的使用也使常量数据成员和引用数据成员的初始化成为可能。因为常量不能被赋值，一旦初始化后，其值就不能被改变；引用也不能被重新绑定对象，初始化后其值也固定不变。例如：

```
class Tdate
```

```
{
  public:
   Tdate()
   {
    year = 2011;                              //错误,给常量赋值
    ref = month;                              //错误,引用不能重新绑定对象
   }
  private:
   const int year;
   int &ref;
};
```

常量和引用的初始化必须在构造函数正在建立数据成员结构时，当进入 Tdate 类的构造函数体后，对象结构已经建立，数据成员 year 和 ref 已经存在，所以在构造函数体内对常量赋值或对引用绑定对象就不是初始化了。上面程序段的构造函数可修改为：

```
Tdate():year(2011),ref(month)
{ }
```

视频

9.2.2 带参数的构造函数

构造函数虽然是类中的特殊成员函数，但也像其他的成员函数一样，既可以没有参数，也可以带有任意个数、任意类型的参数和默认形参值。在类的实际使用中，为了创建有意义的对象，常需要使构造函数带有具体的参数，这样就避免了构造的对象千篇一律。比如，例 9-2 中构造的对象 a 和对象 b 初始化的数据成员 a. year 和 b. year 都是“2011”，a. month 和 b. month 都是“12”。

使用带参数的构造函数初始化对象时，要求给对象声明初始值，并且初始值的个数和类型与相应构造函数参数的个数和类型完全一致。给对象声明初始值使用圆括号“()”，例如，创建声明有三个初始值的对象：

```
Tdate a(2010,6,22);
```

将例 9-2 中初始化对象的构造函数修改为带参数的构造函数(如例 9-3)。

【例 9-3】 带参数的构造函数应用举例。

```
/*************************************************
            程序文件名包括 tdate1.h 和 Ex9_3.cpp
            带参数的构造函数应用举例
*************************************************/
```

//头文件 tdate1.h 中的代码如下：

```
1    class Tdate
2    {
3      public:
4         Tdate(int,int,int);
5            void print( );
6      private:
7         int year,month,day;
```

```
8   };
9   Tdate::Tdate(int a,int b,int c)
10  {
11    year = a;
12    month = b;
13    day = c;
14  }
15  void Tdate::print( )
16  {
17    cout << year <<"."<< month <<"."<< day << endl;
18  }
```

//源文件 Ex9_3.cpp 中的代码如下：

```
19  #include <iostream>
20  using namespace std;
21  #include "tdate1.h"
22  main()
23  {
24     Tdate a(2010,6,22),b(2011,7,23);
25     cout <<"a 对象的数据成员分别为 ";
26     a.print();
27     cout << endl;
28     cout <<"b 对象的数据成员分别为 ";
29     b.print();
30     cout << endl;
31  }
```

```
a对象的数据成员分别为 2010.6.22
b对象的数据成员分别为 2011.7.23
```

图 9-1 例 9-3 运行结果

程序运行结果如图 9-1 所示。

【程序解释】

(1) 在函数 main()中，程序第 24 行顺次创建了对象 a 和对象 b。

(2) 对象 a 的 3 个初始值分别为 2010、6 和 22，根据初始值的个数和类型，系统自动调用第 9 行定义的带 3 个 int 型参数的构造函数，2010、6 和 22 作为实参传递给相应构造函数的形参，构造函数执行完后，对象 a 的数据成员 a.year＝2010，a.month＝6，a.day＝22；创建对象 b 的过程同理，对象 b 的数据成员 b.year＝2011，b.month＝7，b.day＝23。

9.2.3 重载构造函数

视频

同一类中名字相同但是参数列表不完全相同的成员函数可以互为重载，构造函数属于成员函数，因此也可以重载。当被创建对象初始值的个数或类型不同时，需要调用参数列表不同的构造函数来进行初始化。下例创建 4 个带有不同初始值的对象，需要调用重载构造函数。

【例 9-4】 重载构造函数应用举例。

```
/*************************************************
               程序文件名：Ex9_4.cpp
               重载构造函数应用举例
*************************************************/
1   #include <iostream>
```

```
2   using namespace std;
3   class Tdate
4   {
5    public:
6     Tdate();
7     Tdate(int d);
8     Tdate(int m,int d);
9     Tdate(int m,int d,int y);
10   protected:
11    int year;
12    int month;
13    int day;
14  };
15  Tdate::Tdate()
16  {
17    month = 3; day = 23; year = 2006;
18    cout << month <<"/" << day <<"/" << year << endl;
19  }
20  Tdate::Tdate(int d)
21  {
22    month = 7; day = d; year = 2008;
23    cout << month <<"/" << day <<"/" << year << endl;
24  }
25  Tdate::Tdate(int m,int d)
26  {
27    month = m; day = d; year = 2010;
28    cout << month <<"/" << day <<"/" << year << endl;
29  }
30  Tdate::Tdate(int m,int d,int y)
31  {
32    month = m; day = d; year = y;
33    cout << month <<"/" << day <<"/" << year << endl;
34  }
35  main()
36  {
37    Tdate firstDay;
38    Tdate secondDday(18);
39    Tdate thirdDay(6,8);
40    Tdate fourthDay(7,23,2011);
41  }
```

3/23/2006
7/18/2008
6/8/2010
7/23/2011

图 9-2　例 9-4 运行结果

程序运行结果如图 9-2 所示。

【程序解释】

(1) 第 37～40 行顺次创建了 4 个对象，4 个对象的初始值个数分别为 0、1、2、3 个。

(2) 根据对象初始值个数的不同，创建对象时，系统需要调用相应的构造函数。

(3) 第 6～9 行声明了名为 Tdate 的参数不同的 4 个互为重载的构造函数。

(4) 创建 firstDay 对象时，系统自动调用第 15～19 行的无参构造函数；创建 secondDay(18)对象时，系统自动调用第 20～24 行的有一个形参的构造函数；thirdDay 对象和 fourthDay 对象的创建过程同理，这里不再赘述。

例 9-4 定义了 4 个互为重载的构造函数，但是仔细观察会发现这 4 个构造函数的函数体功能大致相同。对这样函数体大致相同的重载函数，可以使用默认形参值对函数体进行简化。下面例 9-5 用一个带有默认形参值的函数体代替例 9-4 中的 4 个构造函数体。

【例 9-5】 带默认形参值构造函数应用举例。

视频

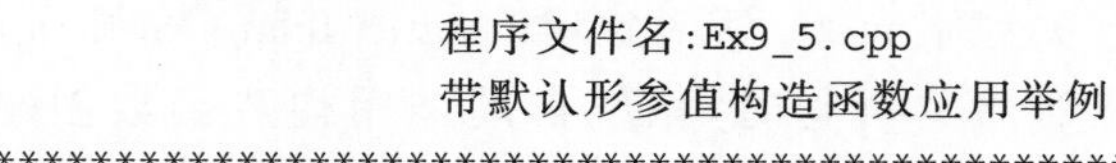

```
/ ************************************************
                程序文件名:Ex9_5.cpp
                带默认形参值构造函数应用举例
  ************************************************ /
1   #include < iostream >
2   using namespace std;
3   class Tdate
4   {
5     public:
6       Tdate(int m = 6, int d = 8, int y = 2010);
7     protected:
8       int year;
9       int month;
10      int day;
11  };
12  Tdate::Tdate(int m, int d, int y)
13  {
14    month = m; day = d; year = y;
15    cout << month <<"/" << day <<"/" << year << endl;
16  }
17  main()
18  {
19    Tdate firstDay;
20    Tdate secondDday(4);
21    Tdate thirdDay(6,18);
22    Tdate fourthDay(7,23,2011);
23  }
```

【程序解释】

(1) 第 6 行声明了带有 3 个默认形参值的构造函数，其对应的函数定义体从第 12 行开始。

(2) 第 19 行创建的对象 firstDay 默认了 3 个初始值，构造该对象时使用提供的 3 个默认值 m＝6、d＝8、y＝2010。

(3) 第 20 行创建的对象 secondDay(4)默认了 2 个初始值，构造该对象时初始值“4”传给构造函数中的形参 m，默认的 2 个参数取默认值 d＝8、y＝2010。

(4) 第 21 行创建的对象 thirdDay(6,18)默认了 1 个初始值，构造该对象时初始值“6”和“18”分别传给构造函数中的形参 m、d，默认的 1 个参数取默认值 y＝2010；对象 fourthDay(7,23,2011)没有默认初始值，因此不使用任何默认参数值。

(5) 在使用带默认形参值构造函数时，可以将对象看作是对构造函数的调用，对象的初始值看作是调用函数的实参，使用过程中仍然符合第 4 章介绍的带默认形参值函数的规则。

9.2.4 析构函数

C++的对象根据定义位置不同，其生存期也不相同。对象按照生存期可分为如下三类：

(1) 局部对象，定义在函数体或程序块中的一般对象。对象被定义时，系统自动调用构造函数创建对象，局部对象在栈中建立；当程序跳出定义该对象的函数体或程序块时，对象被撤销，其内存空间也随之释放。

(2) 静态对象，定义语句的前面有关键字 static 的对象，如 static Tdate a；中 a 就是静态对象。当程序第一次执行定义静态对象的语句时，系统自动调用构造函数创建对象，并且静态对象的定义语句仅执行一次；当整个程序结束时，该对象才被撤销，其内存空间被释放。

(3) 全局对象，定义在所有函数体或程序块之外的对象。对象被定义时，在 main()之前系统自动调用构造函数创建对象；当整个程序结束时，该对象才被撤销，其内存空间被释放。

当对象被撤销时，对象的数据成员所占用的内存空间需要被释放，这些工作由专门的成员函数——析构函数来完成。析构函数是与构造函数对立的概念，当对象被创建时，系统自动调用构造函数，而对象被撤销时，系统自动调用析构函数。程序中的构造函数与析构函数是成对出现的，正如自然界的有生就有灭，有始就有终。

析构函数的名字表示为类名前加符号“～”。析构函数没有参数和返回值，一个类中只允许定义一个析构函数，因此析构函数不能重载。析构函数一般由用户定义，如果用户没有定义析构函数，系统将自动提供一个函数体为空的析构函数。当对象超出其定义范围（即释放该对象）时，系统自动调用析构函数。

在类体外定义构造函数的语法格式如下：

```
类名::～类名()
{
    函数体;
}
```

若一个对象是使用 new 运算符动态创建的，在使用 delete 运算符释放它时，delete 也会自动调用析构函数。为例 9-3 中的类添加析构函数如下：

【例 9-6】 析构函数应用举例。

```
/**************************************************
        程序文件名:Ex9_6.cpp
        析构函数应用举例
**************************************************/

1   #include <iostream>
2   using namespace std;
3   class Tdate
4   {
5     public:
6       Tdate();
7       Tdate(int d);
```

```
8       Tdate(int m,int d);
9       Tdate(int m,int d,int y);
10      ~Tdate()
11     {
12      cout <<"destructing the object"<< year << endl;
13     }
14   protected:
15      int year;
16      int month;
17      int day;
18   };
19   Tdate::Tdate()
20   {
21      month = 3; day = 23; year = 2006;
22      cout << month <<"/" << day <<"/" << year << endl;
23   }
24   Tdate::Tdate(int d)
25   {
26      month = 7; day = d; year = 2008;
27      cout << month <<"/" << day <<"/" << year << endl;
28   }
29   Tdate::Tdate(int m,int d)
30   {
31      month = m; day = d; year = 2010;
32      cout << month <<"/" << day <<"/" << year << endl;
33   }
34   Tdate::Tdate(int m,int d,int y)
35   {
36      month = m; day = d; year = y;
37      cout << month <<"/" << day <<"/" << year << endl;
38   }
39   Tdate thirdDay(6,8);
40   Tdate fourthDay(7,23,2011);
41   main()
42   {
43     Tdate firstDay;
44     Tdate secondDday(18);
45   }
```

```
6/8/2010
7/23/2011
3/23/2006
7/18/2008
The year of the destructed object is 2008
The year of the destructed object is 2006
```

图 9-3 例 9-6 运行结果

程序运行结果如图 9-3 所示。

【程序解释】

(1) 在第 10～13 行定义了析构函数～Tdate()。

(2) 例中程序共创建了 4 个对象,其中 firstDay 和 secondDay 是局部对象(也称为栈对象),thirdDay 和 fourthDay 是全局对象,因此程序共调用了 4 次构造函数和 4 次析构函数。

(3) 全局对象 thirdDay 和 fourthDay 的构造函数在函数 main()之前调用。

(4) 当程序执行到 main()的右括号时,系统顺次调用了 2 次析构函数,第 1 次析构的是对象 secondDay,第 2 次析构的是对象 firstDay;在 main()之后,系统又顺次用了 2 次析构函数,分别析构的是 fourthDay 和 thirdDay。

(5) 在相同的生存期里，先构造的对象后被析构，后构造的对象先被析构，这类似于“栈”数据结构。

(6) 程序运行结果只显示两个局部对象对应的析构函数，原因是全局对象是在 main()之后调用析构函数，而 cout 也是对象，在 thirdDay 和 fourthDay 析构前它本身已经析构了，因此不能显示全局对象的析构函数。如果程序改用 printf 输出就可以看到全局对象的析构函数结果，即析构函数改写为：

```
~Tdate()
{
    printf("The year of the destructed object is %d\n",year);
}
```

```
6/8/2010
7/23/2011
7/18/2008
3/23/2006
The year of the destructed object is 2006
The year of the destructed object is 2008
The year of the destructed object is 2011
The year of the destructed object is 2010
```

图 9-4　全局对象的析构函数

则程序运行结果显示如图 9-4 所示。

析构函数是与构造函数定义和使用相对立的成员函数，与构造函数相比，其具有如下特点：

(1) 析构函数是成员函数，函数体可写在类体内，也可写在类体外。

(2) 析构函数的名字是在相应构造函数名字前加“～”符号，析构函数没有返回值，也没有参数。

(3) 析构函数不能重载，一个类中只允许定义一个析构函数。

(4) 析构函数可以被系统调用，也可以被程序调用。

9.2.5 复制构造函数

类的对象是通过构造函数给对象赋初值建立起来的，C++也允许用已经存在的对象来初始化同类的新对象，相当于新建立的对象是已经存在的对象的复制。例如：

```
Tdate s1(2000,1,1);                    //s1 对象
Tdate s2(s1);                          //用 s1 对象建立新对象 s2
```

上面的第 1 行语句，系统调用构造函数建立了 s1 对象；第 2 行建立了新的对象 s2，s2 对象是将 s1 对象作为初值建立起来的，相当于执行了 s2＝s1，即 s2 对象是 s1 对象的复制，它的数据成员与 s1 对象的完全相同。在这种用一个已存在的对象初始化同类新对象的情况下，系统将调用复制构造函数建立新对象。

复制构造函数是一种特殊的构造函数，它与类名相同，没有返回值。一般情况下，复制构造函数有且只有一个同类对象的引用作为形参，如果除了同类对象的引用，复制构造函数还有其他参数，那么这些参数必须是带有默认值的形参。例如，下面的构造函数声明：

```
Tdate (Tdate &a);                      //复制构造函数
Tdate (Tdate &a, int b = 3);           //复制构造函数
Tdate (Tdate &a, int b);               //一般构造函数，非复制构造函数
```

定义复制构造函数的语法格式如下：

```
类名 (类名 & 对象名 <带默认值的形参>)
{
  函数体;
}
```

【例 9-7】 复制构造函数应用举例。

```
/***********************************************
              程序文件名包括 tdate2.h 和 Ex9_7.cpp
              复制构造函数应用举例
***********************************************/
```

//头文件 tdate2.h 中的代码如下：

```
1   class Tdate
2   {
3     public:
4        Tdate(int,int,int);
5        Tdate(Tdate &t);
6        ~Tdate();
7        void print( );
8     private:
9        int year,month,day;
10  };
11  Tdate::Tdate(int a,int b,int c)
12  {
13      year = a;
14      month = b;
15      day = c;
16      cout <<"This is the constructor"<< endl;
17  }
18  Tdate::Tdate(Tdate &t)
19  {
20      year = t.year;
21      month = t.month;
22      day = t.day;
23      cout <<"This is the copy - constructor"<< endl;
24  }
25  Tdate::~Tdate()
26  {
27      cout <<"The year of the destructed object is "<< year << endl;
28  }
29  void Tdate::print( )
30  {
31      cout << year <<"."<< month <<"."<< day << endl;
32  }
```

//源文件 Ex9_7 中的代码如下：

```
33  #include <iostream>
34  using namespace std;
35  #include "tdate2.h"
36  main()
37  {
38      Tdate t1(2010,6,6),t2(2011,7,7);
39      Tdate t3(t1);
40      Tdate t4 = t2;
```

```
41      cout <<"t3 对象的数据成员为: ";
42      t3.print();
43      cout <<"t4 对象的数据成员为: ";
44      t4.print();
45  }
```

```
a This is the constructor
b This is the constructor
c This is the copy-constructor
d This is the copy-constructor
e t3对象的数据成员为:    2010.6.6
f t4对象的数据成员为:    2011.7.7
g The year of the destructed object is 2011
h The year of the destructed object is 2010
i The year of the destructed object is 2011
j The year of the destructed object is 2010
```

图 9-5 例 9-7 运行结果

程序运行结果如图 9-5 所示。

【程序解释】

(1) 第 38 行顺次创建了 2 个对象 t1、t2,调用 2 次构造函数 Tdate(int,int,int),产生 a、b 两行的运行结果。

(2) 第 39 行创建了新对象 t3,t3 以已存在的对象 t1 作为初值,系统将调用复制构造函数,实现了 t3. year=t1. year,t3. month=t1. month,t3. day=t1. day,产生 c 行的运行结果。

(3) 第 40 行创建了新对象 t4,t4 以已存在的对象 t2 作为初值,系统将再一次调用复制构造函数,实现了 t4. year=t2. year,t4. month=t2. month,t4. day=t2. day,产生 d 行的运行结果。

(4) 本例共创建了 4 个对象,调用了 4 次构造函数(包括 2 次复制构造函数),函数 main()结束时,系统调用了 4 次析构函数撤销对象:第 g 行结果析构对象 t4,第 h 行析构对象 t3,第 i 行析构对象 t2,第 j 行析构对象 t1。

(5) 用已存在的对象初始化同类的新对象时,系统调用复制构造函数,当对象之间互相赋值时,不调用任何构造函数,如 t3=t2;只是一般的赋值语句。

(6) 用常量初始化新建立的对象时,系统仅调用一般的构造函数而不是复制构造函数。

如果用户没有定义复制构造函数,系统会自动生成一个默认复制构造函数来完成把已存在对象的数据成员的值复制给新对象的功能。

除了用已存在对象初始化同类新对象时,系统将调用复制构造函数,在下列两种情况下系统也调用复制构造函数:

(1) 如果类的对象作为函数的参数,实参向形参传值的过程中,系统调用复制构造函数。

(2) 如果函数的返回值是类的对象,函数执行结束时,系统将调用复制构造函数初始化用来保存返回值的无名临时对象。

将例 9-7 的源文件修改如下:

【例 9-8】 复制构造函数的综合应用。

```
/***************************************************
        程序文件名包括 tdate2.h 和 Ex9_8.cpp
        复制构造函数的综合应用
***************************************************/

//头文件与例 9-7 的头文件相同
//源文件 Ex9_8 中的代码如下:
1   #include < iostream >
```

```
2   using namespace std;
3   #include "tdate2.h"
4   Tdate fun(Tdate Q);
5   main()
6   {
7     Tdate t1(2010,6,22),t2(2011,7,23);
8     Tdate t3(t1);
9     t2 = fun(t3);
10    cout <<" t2 对象的数据成员为: ";
11    t2.print();
12    cout <<" t3 对象的数据成员为: ";
13    t3.print();
14  }
15  Tdate fun(Tdate Q)
16  {
17    cout <<" ok\n";
18    Tdate t4(2012,1,24);
19    return t4;
20  }
```

```
a This is the constructor
b This is the constructor
c This is the copy-constructor
d This is the copy-constructor
e ok
f This is the constructor
g This is the copy-constructor
h The year of the destructed object is 2012
i The year of the destructed object is 2010
j The year of the destructed object is 2012
k t2对象的数据成员为:  2012.1.24
l t3对象的数据成员为:  2010.6.22
m The year of the destructed object is 2010
n The year of the destructed object is 2012
o The year of the destructed object is 2010
```

图 9-6 例 9-8 运行结果

程序运行结果如图 9-6 所示。

【程序解释】

(1) 第 7 行顺次创建了 2 个对象 t1、t2,调用 2 次构造函数 Tdate(int,int,int),产生 a、b 两行的运行结果。

(2) 第 8 行创建了新对象 t3,t3 以已存在的对象 t1 作为初值,系统将调用复制构造函数,产生 c 行的运行结果。

(3) 第 9 行的函数 fun()中由对象 t3 作为实参,函数的定义体从第 15～20 行,调用函数 fun()时,实参对象 t3 向形参对象 Q 传值的过程中,对象 Q 作为形参的临时对象,也是 t3 的一个复制,因此系统调用了复制构造函数,产生 d 行的运行结果。

(4) 第 18 行创建了局部对象 t4,系统调用构造函数 Tdate(int,int,int),产生 f 行的运行结果。

(5) 第 19 行由对象 t4 作为函数 fun()的返回值,在函数调用过程中返回值不会直接赋给调用函数 fun(),而是由系统创建一个无名的临时对象,t4 先把值存储到无名的临时对象中,此时系统调用复制构造函数,产生 g 行的运行结果。

(6) 接着函数 fun()结束,系统需要撤销函数内的局部对象,随之调用析构函数,h 行结果析构的是对象 t4,数据成员 year=2012; i 行结果析构的是临时对象 Q,因为 Q 是对象 t3 的复制,因此数据成员 year=2010。

(7) 当用来存储对象 t4 值的无名临时对象把结果返回给调用函数 fun()后,系统撤销无名临时对象,此时系统调用复制构造函数,产生 j 行的运行结果。

(8) 第 9 行的语句 t2=fun(t3)只是一般的赋值语句,不调用任何构造函数。

(9) 函数 main()结束时,系统顺次撤销对象 t3、t2 和 t1,调用析构函数分别产生 m 行、n 行和 o 行的运行结果。

9.3 对象的使用

9.3.1 组合

组合是指一个类的对象作为另一个类的数据成员。类的数据成员既可以是基本类型，包括int型、float型、char型、数组、指针和引用等，也可以是自定义类型，即其他类的对象也可以作为该类的数据成员，但类自身的对象不能作为本类的数据成员。例如，日期类中包含日期编号类。

【例9-9】 对象作为数据成员应用举例。

```
/************************************************
            程序文件名为Ex9_9.cpp
            对象作为数据成员应用举例
************************************************/

1   #include <iostream>
2   using namespace std;
3   int nextDateID = 0;
4   class TdateID
5   {
6     public:
7       TdateID()
8       {
9         number = ++nextDateID;
10        cout <<"The ID of date is "<< number << endl;
11      }
12      ~TdateID()
13      {
14        --nextDateID;
15        cout <<"Destructing the ID of date is "<< number << endl;
16      }
17    private:
18     int number;
19  };
20  class Tdate
21  {
22    public:
23     Tdate(int a,int b,int c)
24     {
25       year = a;
26       month = b;
27       day = c;
28       cout <<"Construcing date "<< year <<"."<< month <<"."<< day <<"."<< endl;
29     }
30    private:
31      int year,month,day;
32      TdateID id;
33  };
```

```
34  main()
35  {
36    Tdate a(2010,6,22),b(2011,7,23);
37  }
```

```
The ID of date is 1
Construcing date 2010.6.22.
The ID of date is 2
Construcing date 2011.7.23.
Destructing the ID of date is 2
Destructing the ID of date is 1
```

图 9-7　例 9-9 运行结果

程序运行结果如图 9-7 所示。

【程序解释】

(1) 当有一个日期类对象被构造时,就有一个日期编号赋给该对象,例中的对象 a 和 b 的日期编号分别为 1 和 2。

(2) 日期编号类 TdateID 中包含私有数据成员 number,number 不能被 TdateID 类以外的所有对象访问。

(3) 在 Tdate 类中包含 TdateID 类的对象 id 作为数据成员,系统构造对象 a 的步骤为:

① 第 36 行为对象 a 分配空间并建立空间的结构;

② 在进入构造函数体前先建立第 31 行的 year、month 和 day,其次是第 32 行的 id,而 id 是 TdateID 类的对象,所以此时先跳到第 18 行建立对象 id 的空间结构 number,接着进入 TdateID 类的构造函数体,即第 7 行,输出运行结果的第 1 行;

③ 执行完构造函数 TdateID()后,返回到第 23 行执行 Tdate 类的构造函数,输出运行结果的第 2 行;

(4) 构造对象 b 的步骤同理,不再赘述,函数 main()结束时,系统需要析构对象,析构的顺序为: 先析构对象 b,再析构对象 b 的对象成员 b.id; 然后析构对象 a,再析构对象 a 的对象成员 a.id。

9.3.2　对象指针

变量占用一定的内存空间,可以使用指向变量地址的指针来访问变量。对象也占用一段连续的内存空间,也可以使用一个指针来指向存放对象的内存地址,这种指针就是对象指针。

对象指针定义的语法格式为:

```
类名 * 对象指针名;
```

例如: Tdate * tpoint;建立了 Tdate 类的对象指针 tpoint。

可以通过对象指针来访问对象的成员。定义对象指针不调用构造函数,除非使用 new 运算符(见 9.3.5 节); 当对象指针指定了某对象的地址后才可以访问该对象的成员。如同通过对象名访问对象的成员一样,使用对象指针也只能访问该类的公有成员,但是对象指针访问成员的运算符是"->",其语法格式为:

```
对象指针名 -> 数据成员名;
对象指针名 -> 成员函数名(参数列表);
```

例如:

```
Tdate a(2011,7,23);
Tdate * tpoint = &a;
tpoint -> print();                              //相当于 a.print()
```

对象指针除了可以调用类的成员外，还可以作为成员函数的形参。对象指针作为函数参数比对象作为函数参数使用更灵活、效率更高，主要表现在：

(1) 可以在函数调用时将实参对象的地址传递给作为形参的对象指针，使形参对象指针和实参对象指向相同的内存，这样可以通过形参对象指针的改变影响相应实参对象，达到信息双向传递的目的。

(2) 对象指针作为函数形参可以节省对象之间复制副本的空间开销，提高程序的效率。

【例 9-10】 员工工资计算应用举例。

员工实发工资一般由多个部分组成，包括基本工资、绩效工资和奖金等，本例中的实发工资假设由基本工资和奖金两部分组成，使用对象指针实现实发工资的计算。

```
/**************************************************
            程序文件名为 Ex9_10.cpp
            对象指针应用举例
 **************************************************/

1    #include <iostream>
2    using namespace std;
3    class Salary
4    {
5     public:
6       Salary(int a = 990, int b = 9, int c = 6)
7       {
8          yuan = a;
9          jiao = b;
10         fen = c;
11      }
12     void addBonus(Salary * sp)
13      {
14         yuan = yuan + sp -> yuan + (jiao + sp -> jiao + (fen + sp -> fen)/10)/10;
15         jiao = (jiao + sp -> jiao + (fen + sp -> fen)/10) % 10;
16         fen = (fen + sp -> fen) % 10;
17      }
18      void show()
19      {
20         cout << yuan <<"元"<< jiao <<"角"<< fen <<"分"<< endl;
21      }
22    private:
23      int yuan, jiao, fen;
24   };
25   main()
26   {
27    Salary s1(2007,8,6);
28    cout <<"基本工资为:";
29    s1.show();
30    Salary s2;
31    cout <<"奖金为:  ";
32    s2.show();
33    s2.addBonus(&s1);
```

```
34    cout <<"实发工资为:";
35    s2.show();
36  }
```

图 9-8 例 9-10 运行结果

程序运行结果如图 9-8 所示。

【程序解释】

(1) 类 Salary 包含 3 个数据成员：yuan、jiao、fen。第 33 行由对象 s2 访问成员函数 addBonus()，函数的实参是对象 s1 的地址，因此函数 addBonus()的形参应该是 Salary 类的对象指针。

(2) 第 12～17 行是成员函数 addBonus()的定义体，形参 sp 是对象指针，对象指针访问成员的运算符是“->”。

(3) 此时，程序将对象 s1 的地址传递给 sp 指针，所以函数体内由“sp->”访问的成员都是 s1 对象的成员，而成员函数体内没有对象或对象指针显式访问的成员默认属于访问该函数的对象。如第 16 行的代码 fen=(fen+sp->fen)%10 中，前两个数据成员“fen”属于访问函数 addBonus()的对象，本例中 s2.addBonus(&s1)，显然是对象 s2 访问了函数 addBonus()，因此前两个“fen”的实质是 s2.fen；而对象指针 sp 接收的是对象 s1 的地址，因此 sp->访问的是对象 s1 的成员，即当前时刻第 16 行代码的执行原型是：s2.fen=(s2.fen+s1.fen)%10。

9.3.3 对象引用

对象引用是给某类的对象声明一个引用，对象引用是被引用对象的“别名”，其使用方法与基本类型的变量引用是一样的。创建引用时，必须用已经存在的对象对其进行初始化，其语法格式为：

```
类名 & 对象引用名 = 被引用的对象;
```

其中，对象引用与被引用对象必须属于同类，系统不为创建的引用分配任何内存空间，所以创建对象引用不调用构造函数。对象引用访问类的数据成员和成员函数的方法与对象相同，都是使用“.”操作符。例如：

```
Tdate a(2011,7,23);
Tdate &ref = a;                        //创建了对象 a 的引用 ref
ref.print();                           //对象引用访问成员函数
```

对象引用也可以作为函数的参数，当对象引用作为函数参数时，不仅具有参数信息双向传递的优点，操作还更直观。例如，在运行结果不变的情况下，用对象引用替换例 9-10 的对象指针，则第 12～17 行代码可修改如下：

```
void addBonus(Salary &ref)
{
   yuan = yuan + ref.yuan + (jiao + ref.jiao + (fen + ref.fen)/10)/10;
   jiao = (jiao + ref.jiao + (fen + ref.fen)/10) % 10;
   fen = (fen + ref.fen) % 10;
}
```

第 33 行代码相应修改为：s2.addBonus(s1)；

9.3.4 对象数组

以对象为元素的数组称为对象数组，对象数组定义的语法格式为：

```
类名 对象数组名[常量表达式 1][常量表达式 2]……[常量表达式 n];
```

类名是对象数组元素所属的类，对象数组名可以是满足 C++命名规则的任何合法标识符，常量表达式代表某维数组元素的个数，对象数组元素的下标也是从 0 开始，例如，有下面的一维对象数组：

```
Tdate object1[3];                  //定义 Tdate 类的包含 3 个元素的对象数组
object1[0].print();                //第 1 个数组元素 object1[0]访问成员函数 print()
object1[1].print();
```

对象数组本质是由单一类类型元素组成的有序对象集合，因此对象数组元素对类成员的访问方式与普通对象一样，都是使用“.”操作符。

创建对象数组时，需要使用构造函数进行初始化，数组中的每个对象元素都将调用构造函数。

【例 9-11】 对象数组应用举例。

```
/**************************************************
            程序文件名:Ex9_11.cpp
            对象数组应用举例
 ************************************************** /
1   #include <iostream>
2   using namespace std;
3   class Tdate
4   {
5     public:
6       Tdate(int m,int d,int y);
7       void print();
8     protected:
9       int year;
10      int month;
11      int day;
12  };
13  Tdate::Tdate(int m,int d,int y)
14  {
15     month = m; day = d; year = y;
16  }
17  void Tdate::print()
18  {
19     cout << month <<"/" << day <<"/" << year << endl;
20  }
21  main()
22  {
23     Tdate object1[3] = {Tdate(10,28,2006),
24                         Tdate(9,16,2007),
25                         Tdate(1,12,2009)};
26     for(int i = 0;i < 3;i++)
```

```
27     {
28       object1[i].print();
29     }
30  }
```

图 9-9　例 9-11 运行结果

程序的运行结果如图 9-9 所示。

【程序解释】

(1) 第 23 行创建了包含 3 个元素的名为 object1 的 Tdate 类对象数组，调用了 3 个构造函数对每个对象元素进行初始化。

(2) 3 个对象数组元素分别为 object1[0]、object1[1]和 object1[2]，每个对象元素通过调用构造函数，从构造函数的实参中获得数据成员的初值。

(3) 第 26 行使用 for 循环语句分别调用 3 个对象元素的成员函数 print()。

(4) 如果创建的对象数组没有被初始化，即没有初始化表，那么系统就会调用默认构造函数来构造数组中的对象元素。例如本例中的第 23 行语句，如果既没有对数组进行初始化，也没有对数组进行任何赋值操作，相应语句修改为：

```
…
Tdate object1[3];
for(int i = 0;i < 3;i++)
{
   object1[i].print();
}
…
```

则需要类定义中或者有用户自定义的默认构造函数，或者不定义任何构造函数，而是用系统提供的默认构造函数来构造对象元素。

对象数组元素初始值的个数和类型可以相同，也可以不同，初始值个数或类型不相同的对象数组元素将调用重载构造函数，分别进行初始化。

例如将例 9-11 中对象数组元素的初始值进行修改后，类定义体的构造函数也需要进行相应调整。

【例 9-12】 重载构造函数初始化对象数组应用举例。

```
/***************************************************
              程序文件名:Ex9_12.cpp
              重载构造函数初始化对象数组应用举例
 ***************************************************/
1   #include < iostream >
2   using namespace std;
3   class Tdate
4   {
5     public:
6       Tdate(int m);
7       Tdate(int m,int d);
8       Tdate(int m,int d,int y);
9       void print();
10    protected:
11      int year;
```

```
12        int month;
13        int day;
14    };
15     Tdate::Tdate(int m)
16    {
17        month = m;
18    }
19     Tdate::Tdate(int m, int d)
20    {
21        month = m; day = d;
22    }
23     Tdate::Tdate(int m, int d, int y)
24    {
25        month = m; day = d; year = y;
26    }
27     void Tdate::print()
28    {
29        cout << month <<"/" << day <<"/" << year << endl;
30    }
31     main()
32    {
33        Tdate object1[3] = {Tdate(10),
34                            Tdate(9,16),
35                            Tdate(1,12,2009)};
36        for(int i = 0;i < 3;i++)
37        {
38          object1[i].print();
39      }
40    }
```

```
10/-858993460/-858993460
9/16/-858993460
1/12/2009
```

图 9-10　例 9-12 运行结果

程序的运行结果如图 9-10 所示。

【程序解释】

(1) 第 33 行创建了包含 3 个元素的名为 object1 的 Tdate 类对象数组，调用了 3 个构造函数对每个对象元素进行初始化。

(2) 由于初始化表中对象元素值的个数各不相同，因此需要在类定义体中分别定义形参值为 1 个、2 个和 3 个的重载构造函数来构造对象元素。

(3) 由于对象 object1[0]的数据成员 day 和 year 没有初始值，系统使用随机值 −858993460 和 −858993460，即 object1[0].day＝−858993460，object1[0].year ＝−858993460；同样，对象 object1[1]的数据成员 year 也没有初始值，object1[1].year＝−858993460。

(4) 如果对象数组元素的初始值只有一个，则对象数组元素的初始化可以只使用值，而不需要调用构造函数的形式进行初始化。如本例中的对象 object1[0]只有一个初始值 10，则可以使用下面形式进行初始化，而程序运行结果保持不变：

```
Tdate object1[3] = { 10,                                //相当于 Tdate(10)
                     Tdate(9,16),
                     Tdate(1,12,2009)};
```

在给对象数组进行初始化时还应注意：

(1) 如果数组的初始化表中初始值的个数少于数组元素的个数，那么没有获得初始值的对象元素将调用默认构造函数。

(2) 如果某对象元素的初始值个数多于1个，那么初始化时必须使用函数调用的形式，例如，例9-12中的object1[1]和object1[2]都属于这种情况。

9.3.5 new和delete的使用

C++程序的内存分为4个区域：全局数据区、代码区、栈区和堆区，其中堆区也叫自由存储区。程序中的全局变量、静态数据和常量存放在全局数据区，函数代码存放在代码区，局部变量、函数参数、返回数据和返回地址等存放在栈区，剩下的空间都是堆区。从堆区给对象分配内存主要因为不知道对象确切的生存期或直到程序运行时才知道一个对象需要内存空间的大小。

堆区中的对象可以被程序设计者随时动态建立并可随时撤销，堆区的对象叫动态对象。C++建立动态对象申请内存使用new运算符，撤销动态对象释放内存使用delete运算符。

建立动态对象的语法格式为：

```
对象指针 = new 类名(初值表);
```

其中：

(1) 对象指针与类名的类型一致。

(2) 使用new建立动态对象时根据初值表调用相应构造函数。

(3) 动态对象指针调用成员函数使用"->"运算符。

例如：

```
Tdate * sp;                          //建立 Tdate 类对象指针
sp = new Tdate(6);                   //建立动态对象,调用构造函数 Tdate(int)
sp -> print();                       //调用成员函数 print()
sp = new Tdate(8,3,2011);            //建立动态对象,调用构造函数 Tdate(int,int,int)
sp -> print();
```

堆区建立的动态对象不能自动消失，需要使用delete运算符撤销对象，撤销动态对象的语法格式为：

```
delete 对象指针;
```

用delete撤销动态对象时，系统先调用析构函数然后释放堆区的内存空间。例如：

```
delete sp;                           //撤销 sp 指向的动态对象
```

因为堆区动态对象的生存期是整个程序，所以如果不使用delete运算符，动态对象的生存期将延续到程序运行结束。在堆区还可以分配动态对象数组，其语法格式为：

```
对象指针 = new 类名[数组长度];
```

建立动态对象数组时，"new类名"后只能是[数组长度]，而不能跟任何初始值，因此使用new建立动态对象数组时只能调用默认构造函数，而不能调用其他任何形式的构造函数。动态对象指针数组元素调用成员函数使用"."运算符。

撤销动态对象数组的语法格式为：

```
delete []对象指针;
```

即使在“[]”中写上了数组长度，编译器也将忽略它，但是“[]”不能省略。

将例 9-11 改为动态对象数组的实现如下：

【例 9-13】 动态对象数组应用举例。

```
/****************************************************
                    程序文件名:Ex9_13.cpp
                    动态对象数组应用举例
****************************************************/
1   #include <iostream>
2   using namespace std;
3   class Tdate
4   {
5     public:
6       void setValue(int m, int d, int y)
7       {
8           month = m;
9           day = d;
10          year = y;
11      }
12      void print()
13      {
14          cout << month <<"/" << day <<"/" << year << endl;
15      }
16    protected:
17        int year;
18        int month;
19        int day;
20  };
21  main()
22  {
23      Tdate * sp;
24      sp = new Tdate[3];
25      sp[0].setValue(10,28,2006);
26      sp[1].setValue(9,16,2007);
27      sp[2].setValue(1,12,2009);
28      for(int i = 0;i < 3;i++)
29      {
30          sp[i].print();
31      }
32      delete []sp;
33  }
```

```
10/28/2006
9/16/2007
1/12/2009
```

图 9-11　例 9-13 运行结果

程序运行结果如图 9-11 所示。

【程序解释】

(1) 动态对象数组元素调用成员函数的形式为：对象指针[下标值].成员函数。第 25～27 行的语句都是这种情况。但是单独的动态对象调用成员函数则使用“->”运算符，如 sp-> print()。

(2) 建立动态对象数组时，系统调用默认构造函数，并且调用的次数与数组长度相同；撤销对象数组时，系统调用析构函数，调用的次数也与数组长度相同，第 32 行调用了 3 次析构函数。

(3) 动态对象的析构是在 delete 语句执行时，如果不使用 delete 语句释放内存，那么在程序结束之前是不会自动释放的。

9.3.6 this 指针

在某些程序的成员函数中，有时需要引用调用该成员函数的对象，如有下列定义：

```
Tdate a;
void Tdate::print()
{
  …
}
a.print()
```

如果在 print()函数中需要引用调用它的对象 a，C++就会使用隐含的 this 指针。this 指针是系统预定义的特殊指针，专门指向当前对象，表示当前对象的地址。print()函数中的语句也可以用下面两种形式表示：

```
cout << this -> month <<"/" << this -> day <<"/" << this -> year << endl;
cout <<( * this).month <<"/" <<( * this).day <<"/" <<( * this).year << endl;
```

在成员函数中使用 this 指针还可以区分函数体内与数据成员同名的形参等其他变量。利用 this 指针可以明确指出成员函数中的数据成员所属的对象。如果 C++程序涉及对象调用成员函数，则编译器先将该对象的地址赋给 this 指针，然后再调用成员函数，这样成员函数在操作对象的数据成员时，就会隐含地使用 this 指针。但 this 指针主要用在运算符重载中。

使用 this 指针的时候应注意：this 指针不是调用对象的名称，而是指向调用对象的指针名称；this 指针的值不能改变，它总是指向当前被调用对象。

9.4 静态成员

类描述的是所有对象的共同属性和行为，共同属性表示为数据成员，共同行为表示为成员函数。在实际使用中，类中的成员大多属于某个具体对象，例如学生类中有学生的姓名、身高等属性，也有学生学习、运动等行为，这些属性和行为只有属于具体的学生对象才有意义，如名字为张成功、身高为 172cm 的学生。但是在类中也有一些属性和行为不属于某个具体对象，而是属于类的，它们的值不随某个具体对象的建立而产生，也不随某个具体对象的撤销而消失，比如学生的属性中除了姓名、性别、身高等外，还有校名、学校地址等属性，校名、学校地址等属性信息是属于学校学生类的，并且被类中所有学生对象所共享。这些被共享的属性当然可以说明为全局变量，但这将破坏类的封装性；为了保护类的封装性，C++使用了另一种机制，即将这种被类中所有对象共享而不被某个对象独享的成员说明为静态成员，静态成员是类定义的一部分。

不管类中有多少个对象，某个静态成员的版本只有一个，例如所有学生共用同一个校名，校名属性的版本是唯一的；而每个学生都有自己的姓名，姓名属性的版本与学生的数量有关。

类的静态成员声明为 static，包括静态数据成员和静态成员函数。

视频讲解

9.4.1 静态数据成员

静态数据成员是被类中所有对象所共享的数据成员，与静态变量一样也用 static 关键字来修饰，无论类中是否建立对象，静态数据成员都是存在的。静态数据成员应该被实际地分配内存空间，而类声明并不进行实际的内存分配，所以不能在类声明中初始化静态数据成员；静态数据成员不属于类中的任何一个具体对象，所以它的初始化也不能在构造函数中进行。

静态数据成员应该在类内进行声明，在类外进行初始化。

在类内声明静态数据成员的语法格式为：

```
static  数据类型  静态数据成员名;
```

在类外初始化静态数据成员的语法格式为：

```
数据类型  类名::静态数据成员名 = 初始值;
```

静态数据成员在程序开始运行时就必须存在。对静态数据成员的操作和一般数据成员一样，定义为 protected 或 private 的静态数据成员不能被类外部访问，但可以被任意访问权限许可的函数访问，也可以在类的成员函数中改变静态数据成员。引用静态数据成员的方式为：

```
类名::静态数据成员
```

下面以班费管理为例说明静态数据成员的使用。

【例 9-14】 用静态数据成员实现班费管理。

```
/***************************************************
            程序文件名:Ex9_14.cpp
            静态数据成员应用举例
 ***************************************************/

1   #include<iostream>
2   using namespace std;
3   class Student
4   {
5     public:
6       void setData(char * s,int n)
7       {
8         name = s;age = n;
9       }
10      void getData(int n)
11      {
```

```
12          count = count + n;
13        }
14        void spend(int n)
15        {
16          count = count - n;
17        }
18        void display()
19        {
20          cout << name <<"显示班费金额 "<< count << endl;
21        }
22    private:
23      char * name;
24      int age;
25      static int count;
26  };
27  int Student::count = 0;              //为静态数据成员分配空间和初始化
28  main()
29  {
30      Student demo1,demo2;
31      demo1.setData("Robert",21);
32      demo2.setData("Mary",18);
33      demo1.getData(1000);
34      demo2.display();                 //输出 1000
35      demo2.spend(300);
36      demo1.display();                 // 输出 700
37  }
```

Mary显示班费金额 1000
Robert显示班费金额 700

图 9-12　例 9-14 运行结果

程序运行结果如图 9-12 所示。

【程序解释】

(1) 第 25 行在类体内声明了类 Student 的静态数据成员 count 用来保存班费。

(2) 第 27 行在类体外初始化静态数据成员 count,初始化语句不能添加关键字 static。

(3) 静态数据成员 count 被类中所有对象共享,所有对象操作的是同一个 count。第 33 行由对象 demo1 调用成员函数 getData(1000),第 12 行函数体的执行语句 count＝count＋n;使 count 的值变为 1000,即 demo1. count＝1000,对象访问成员的运算符只能是“. ”; 第 34 行对象 demo2 调用成员函数 display(),结果显示 demo2. count 也变为 1000。

(4) 第 35 行由对象 demo2 调用成员函数 spend(300),第 16 行函数体的执行语句 count＝count-n;使 count 的值变为 700,即 demo2. count＝700; 第 36 行对象 demo1 调用成员函数 display(),结果显示 demo1. count 也变为 700。

(5) 从结果可以知道,对象 demo1 的 count 值发生了变化,对象 demo2 的 count 值随之也发生变化,反之亦然。实际上,deomo1. count 和 demo2. count 都是指同一个静态数据成员,即 Student::count,相当于自然语言中的“demo1 所在班级的班费和 demo2 所在班级的班费都是指班级的班费”,只是引用班费的定语不同。静态数据成员由类名访问时使用“::”,而由对象名访问时使用“. ”。

9.4.2 静态成员函数

静态成员函数是用关键字 static 声明的成员函数，它属于类而不属于某个具体对象，是类定义的一部分。像静态数据成员一样，类中所有对象共享静态成员函数。静态成员函数既可以在类体内定义，也可以在类内声明，在类外定义。当在类外定义静态成员函数时，不允许再用关键字 static 修饰。

类内定义静态成员函数的格式如下：

```
static 数据类型 静态成员函数名(形参列表)
{
  函数体;
}
```

静态成员函数与静态数据成员的生存期和整个程序的生存期一样，都是在类中对象产生以前已经存在，因此静态成员函数只能访问类中的静态成员（静态数据成员和静态成员函数）和类以外的函数和数据，而不能直接访问类中的非静态成员（非静态数据成员和非静态成员函数）；如果要访问非静态成员，只能通过参数传递先得到类的对象，再通过对象来间接访问。

在例 9-14 类中的成员函数 display()前添加 static 关键字后就变成静态成员函数，即：

```
static void display()
{
   cout << name <<"显示班费金额 "<< count << endl;
}
```

但是，由于 name 是类的非静态数据成员，静态成员函数不能直接访问它，因此编译的过程系统会报错，修改的方法是：让类 Student 的对象作为函数 dislay()的形参，通过形参对象来间接访问 name，则函数修改为：

```
static void display(Student s)
{
   cout << s.name <<"显示班费金额 "<< count << endl;
}
```

函数 main()相应作如下修改：

```
main()
{
  Student demo1,demo2;
  demo1.setData("Robert",21);
  demo2.setData("Mary",18);
  demo1.getData(1000);
  Student::display(demo2);                //用类名调用静态成员函数
  demo2.spend(300);
  demo1.display(demo1);                   //用对象名调用静态成员函数
}
```

静态成员既可以由类名调用，也可以由对象名调用。当用对象名调用静态成员时，系统实际识别的是对象的类型，如执行语句 demo1. dispaly(demo1);，系统实际执行的是：Student::display(demo1)。

9.5 友元

C++语言的优点之一是对类成员的数据隐藏，主要体现为类的封装性和隐藏性，即只有类的成员函数才能访问本类的私有成员和保护成员，而类外的其他函数无法访问这些成员。类的这种特性要求类能够提供足够多的成员函数满足所有的访问请求，成员函数的频繁调用和参数传递同时也增加了时间开销，降低了程序的运行效率。

一种方法是将类中所有成员的被访问权限都设为 public，但这将导致所有的非成员函数都能随意访问类的成员，从而破坏了类的封装性和隐藏性，失去了数据隐藏的意义。另一种方法是寻求能使类外的普通函数直接访问类中私有成员和保护成员的机制。C++提供了友元机制来满足这一要求。

友元只是类的“朋友”而不是类的成员，它可以访问类中包括私有成员和保护成员在内的所有成员。友元既可以是不属于任何类的普通函数，也可以是其他类的成员函数，还可以是整个其他类。作为友元的函数叫作某类的友元函数，而作为友元的类称作某类的友元类。

9.5.1 友元函数

在类中声明由关键字 friend 修饰的非成员函数是友元函数。其语法格式为：

```
friend  函数返回类型  函数名(形参列表)
```

友元函数既可以在类内进行定义，也可以在类内声明，在类外进行定义，友元函数可以在类内的任意位置进行声明，在 public 区和 private 区声明的意义完全相同。

下面举例说明友元函数的使用。

【例 9-15】 友元函数应用举例。

```
/***************************************************
            程序文件名:Ex9_15.cpp
            友元函数应用举例
 ***************************************************/

1   #include <iostream>
2   using namespace std;
3   class Tdate;
4   class Ttime
5   {
6     public:
7       void add(Tdate x ,Tdate y);
8     private:
9       int count;
10  };
11  class Tdate
12  {
13    public:
14      Tdate();
15    private:
16      int year,month;
```

```
17      friend void display(Tdate t);
18      friend void Ttime::add(Tdate x,Tdate y);
19  };
20  void Ttime::add(Tdate x,Tdate y)
21  {
22    count = x.year + y.year;
23    cout << count << endl;
24  }
25  Tdate::Tdate()
26  {
27    year = 2011;
28    month = 12;
29  }
30  void display(Tdate t)
31  {
32    cout << t.year <<" "<< t.month << endl;
33  }
34  main()
35  {
36    Tdate a,b;
37    Ttime c;
38    display(a);
39    c.add(a,b);
40  }
```

【程序解释】

(1) 第 17 行声明了普通函数 display(Tdate)作为类 Tdate 的友元函数，在类体外的定义体中，通过对象名直接访问了类 Tdate 的私有数据成员 year 和 month。普通函数作为类的友元函数时，既可以在类内定义，也可以在类内声明在类外定义。

(2) 第 18 行声明了类 Ttime 的成员函数 add(Tdate,Tdate)作为类 Tdate 的友元函数，声明时函数名前的 Ttime::是必需的，表示函数 add(Tdate,Tdate)的类类型。

(3) 第 20～24 行是 add(Tdate,Tdate)的类外定义体，如果某类的成员函数作为其他类的友元函数，则该函数必须在类外定义，否则系统会提示“类未定义”的错误。

(4) 第 3 行的 class Tdate 是前向引用声明，因为类 Ttime 的成员函数 add(Tdate,Tdate)要使用 Tdate 类，而类 Tdate 定义在类 Ttime 之后，如果没有这一行则编译器不知道 Tdate 是一个类。前向引用声明的作用就是通知编译器，类 Tdate 是合法的，它的定义在后面。

9.5.2 友元类

若一个类 A 声明为另一个类 B 的友元，则类 A 的所有成员都能访问类 B 的私有成员和保护成员，类 A 的所有成员函数都是类 B 的友元函数。

友元类是在类名前添加关键字 friend 进行修饰，其定义的语法格式为：

```
class B
{
  …
```

```
    friend class A;
    …
};
```

类A是类B的友元类,要保证类A是已经存在的类。

使用友元的时候应注意:

(1) 友元不具有传递性,即如果类B是类A的友元,则类C是类B的友元,但是类A和类C之间在没有任何声明的前提下没有任何友元关系。

(2) 友元机制虽然提高了数据的共享性和程序的效率,但是随着硬件性能的提高,友元的优点越来越不明显,并且友元破坏了类的封装性,因此使用友元时应该慎重。

9.6 常对象与常成员

为了增强数据的安全性,C++不仅允许变量可以定义为不能修改的常变量,还允许类中的对象、数据成员也可以用关键字const来限定。用关键字const限定的对象叫作常对象,该对象在程序运行过程中不能被修改。

9.6.1 常对象

常对象一旦建立,它的数据成员值在对象的整个生存期内不能被改变,即常对象只能被初始化,而不能被修改。

常对象定义的语法格式为:

```
类名  const  对象名;
```

或

```
const  类名  对象名;
```

例如:

```
Tdate const t(7,23,2011);
```

C++规定只有常成员函数才能访问本类的常对象。

9.6.2 常成员函数

使用const关键字修饰的成员函数称为常成员函数。只有常成员函数才有资格访问常对象,而非常成员函数不能访问常对象,但是类的非常对象可以调用常成员函数。

常成员函数定义的语法格式为:

```
返回类型  成员函数名(形参列表)  const;
```

const是函数类型的一部分,因此const不只在函数声明,而且在函数定义体中也要有。关键字const还可以用于重载函数的区分,例如:

```
void print();
void print() const;
```

这两个是互为重载函数，此时，函数重载的原则是：常成员函数访问常对象，一般成员函数访问一般对象。

【例 9-16】 常成员函数应用举例。

```
/************************************************
                程序文件名:Ex9_16.cpp
                常成员函数应用举例
************************************************/

1  #include <iostream>
2  using namespace std;
3  class Tdate
4  {
5    public:
6      Tdate(int y,int m,int d)
7      {
8        month = m;
9        day = d;
10       year = y;
11     }
12     void print();
13     void print() const;
14   private:
15     int year,month,day;
16 };
17 void Tdate::print()
18 {
19   cout << year <<":"<< month <<":"<< day << endl;
20 }
21 void Tdate::print() const
22 {
23   cout << year <<":"<< month <<":"<< day << endl;
24 }
25 main()
26 {
27   Tdate a(2010,6,22);
28   a.print();                    //调用 void print()
29   const Tdate b(2011, 7,23);
30   b.print();                    //调用 void print() const
31 }
```

【程序解释】

(1) 第 12 行和第 13 行声明了两个互为重载的函数。

(2) 第 28 行的对象 a 是一般对象，因此只能调用一般成员函数；第 30 行的对象 b 是常对象，因此只能调用常成员函数。

(3) 在没有重载函数的情况下，一般对象可以访问常成员函数。

9.6.3 常数据成员

const 不仅可以说明常对象和常成员函数，也可以说明常数据成员。常数据成员只能被初始化而不能被赋值。所以,类的常数据成员只能通过构造函数的初始化列表来初始化。

常数据成员的定义格式为:

```
数据类型 const 数据成员名;
```

或

```
const 数据类型 数据成员名;
```

【例 9-17】 常数据成员应用举例。

```
/***************************************************
            程序文件名:Ex9_17.cpp
            常数据成员应用举例
 ***************************************************/
1   #include <iostream>
2   using namespace std;
3   class A
4   {
5     public:
6       A(int i);
7       void print();
8       const int &r;
9     private:
10      const int a;
11      static const int b;                  //静态常数据成员
12  };
13  const int A::b = 10;                     //静态常数据成员在类外初始化
14  A::A(int i):a(i), r(a)                   //常数据成员只能通过初始化列表来获得初值
15  {
16  }
17  void A::print()
18  {
19     cout << a <<":"<< b <<":"<< r << endl;
20  }
21  main()
22  {
23     A a1(100), a2(0);
24     a1.print();
25     a2.print();
26  }
```

【程序解释】

(1) 第 8 行声明了常引用 r,第 10 行声明了常数据成员 a,第 11 行声明的是静态常数据成员 b,b 同时具有静态成员和常成员的特点。

(2) 第 14 行是类 A 的构造函数定义体,常数据成员 r 和 a 只能通过":"的初始化列表进行初始化。

(3) 由于 b 是静态常数据成员,因此只能在类体外初始化,即第 13 行,初始化不能有关

键字 static。

(4) 类中数据成员构造的顺序由在类中说明的顺序决定，与初始化列表的初始化顺序无关，本例中数据成员构造的顺序为 r、a、b。

9.7 实例应用与剖析

【例 9-18】 创建 3 个不同类的对象，其中两个类的对象作为另一类的数据成员。

```
/**************************************************
           程序文件名：Ex9_18.cpp
           组合类应用举例
 ************************************************** /
1    #include < iostream >
2   using namespace std;
3   class Student
4   {
5     public:
6       Student( )
7       {
8         cout <<" constructing student.\n";
9         semesHours = 100;
10        gpa = 3.5;
11      }
12    protected:
13      int semesHours;
14      float gpa;
15  };
16  class Teacher
17  {
18    public:
19      Teacher( )
20      {
21        cout <<" constructing teacher.\n";
22      }
23  };
24  class TutorPair
25  {
26    public:
27      TutorPair( )
28      {
29        cout <<" constructing tutorpair.\n";
30    }
31   protected:
32     Student s;
33     Teacher t;
34     int noMeeting;
35  };
36  main( )
37  {
```

```
38    TutorPair tp;
39    cout <<" back in main.\n";
40  }
```

```
constructing student.
constructing teacher.
constructing tutorpair.
back in main.
```

例 9-13　例 9-18 运行结果

程序运行结果如图 9-13 所示。

【程序解释】

(1) 例中创建了 3 个类：Student、Teacher 和 TutorPair，函数 main()中创建了类 TutorPair 的对象 tp，在类 TutorPair 的类说明中，分别以类 Student 的对象 s 和类 Teacher 的对象 t 作为数据成员。

(2) 程序进入函数 main()开始执行第 38 行语句，创建类 TutorPair 的对象 tp 并建立对象空间的结构。

(3) 在进入第 27 行开始的构造函数体前，先建立数据成员，建立的顺序是 s、t、noMeeting。而 s 是类 Student 的对象，所以先跳到第 6 行建立对象 s 的空间结构，接着进入类 Student 的构造函数体，输出运行结果的第 1 行；然后返回函数调用点，构造类 Teacher 的对象 t，调用相应构造函数，输出运行结果的第 2 行。

(4) 执行完构造函数 Teacher()后，返回第 28 行进入类 TutorPair 的构造函数体，输出运行结果的第 3 行。

【例 9-19】 用静态成员统计学生对象的数量变化。

```
/*************************************************
              程序文件名:Ex9_19.cpp
              静态成员的应用
*************************************************/
1   #include <iostream.h>
2   #include <string.h>
3   class Student{
4   public:
5     Student(char * pName = "no name")
6     {
7       cout <<"create one student\n";
8       strncpy(name, pName,40);
9       name[39] = '\0';
10      noOfStudents++;
11      cout <<"学生数量为:"<< noOfStudents << endl;
12    }
13    ~Student()
14    {
15      cout <<"destruct one student\n";
16      noOfStudents--;
17      cout <<"学生数量为:"<< noOfStudents << endl;
18    }
19    static int number()
20    {
21      return noOfStudents;
22    }
23  protected:
24    static int noOfStudents;
```

```
25    char name[40];
26  };
27  int Student::noOfStudents = 0;              //静态数据成员在类外分配空间和初始化
28  void fn()
29  {
30    Student s1;
31    Student s2;
32    cout <<"fn()结束前学生数量统计:"<< Student::number() << endl;
33  }
34  main()
35  {
36    fn();
37    cout <<"fn()结束后学生数量统计:"<< Student::number() << endl;
38  }
```

```
create one student
学生数量为：1
create one student
学生数量为：2
fn()结束前学生数量统计：2
destruct one student
学生数量为：1
destruct one student
学生数量为：0
fn()结束后学生数量统计：0
```

图 9-14　例 9-19 运行结果

程序运行结果如图 9-14 所示。

【程序解释】

（1）题目要求统计类中学生对象数量，保存数量的变量应该与对象无关，所以使用属于类的静态数据成员 noOfStudents 来保存。

（2）静态数据成员在类内（第 24 行）进行声明，在类外（第 27 行）进行初始化，初始化不能有 static 关键字。

（3）在函数 fn()中创建 2 个对象，因此系统调用 2 次构造函数，学生数量增加 2，在函数 fn()最后调用类的静态成员函数 Student::number()统计此时学生总数。

（4）当函数 fn()结束时对象的生存期也随之结束，则系统调用析构函数，减少学生数量，在函数 main()的最后再次调用类的静态成员函数 Student::number()统计最终学生数量。

小结

（1）类是对象的共同属性和行为的封装集合。

（2）类包括数据成员和成员函数，成员的访问控制有 private、protected 和 public。类成员的默认访问控制是 private。

（3）类是抽象的概念，不占用内存空间，对象是具体的概念。

（4）创建对象需要调用构造函数，构造函数由系统自动调用，如果用户没有提供任何构造函数，系统会提供默认构造函数；构造函数可以重载。

（5）撤销对象时，系统自动调用析构函数。

（6）当用已经存在的对象初始化新对象、对象作为函数参数以及对象作为函数返回值时，系统都将调用复制构造函数。

（7）C++提供对象指针和对象引用，对象指针和对象引用均没有建立对象，所以不调用构造函数。一个类对象也可以作为其他类的成员，构成组合类。

（8）对象数组是以对象为元素的数组，对象数组的定义、赋值等与普通数组一样，对象数组元素的个数和调用构造函数的次数一致。

(9) 使用运算符 new 建立动态对象和动态对象数组,使用操作符 delete 撤销动态对象,动态对象数组只能调用默认构造函数。

(10) this 指针是系统预定义的指向当前对象的指针,通过 this 指针可以访问当前对象的成员。

(11) 静态成员属于类,与具体的对象无关,它随着类的声明而产生,随着类的消失而失效,是类中所有对象共享的数据。静态数据成员在类内声明,在类外初始化,静态成员函数不能访问本类的非静态数据成员。

(12) 友元不是类的成员,但是可以访问类的任何成员。友元机制既提高了程序的效率,同时又破坏了类的封装性,使用时应该谨慎。

(13) 用关键字 const 修饰的对象是常对象,常对象不能被修改,只能被常成员函数访问。

习题 9

1. 选择题

(1) 数据封装就是将一组数据和有关数据的操作组合在一起,形成一个集合,这个集合就是(　　)。

A. 类　　B. 对象　　C. 函数体　　D. 数据块

(2) 类的实例化是指(　　)。

A. 定义类　　B. 创建类的对象

C. 指明具体类　　D. 调用类的成员

(3) 已知 sp 是一个指向类 Tdate 数据成员 year 的指针,t 是类 Tdate 的一个对象,给 year 赋值为 2011 的正确写法是(　　)。

A. t.sp=2011　　B. t->sp=2011　　C. t.*sp=2011　　D. *t.sp=5

(4) 下列说法中正确的是(　　)。

A. 类定义中只能说明成员函数的函数头,不能定义函数体

B. 类中的成员函数可以在类体内定义,也可以在类体外定义

C. 类中的成员函数在类体外定义时必须与类声明在同一文件中

D. 在类体外定义的成员函数不能操作该类的私有数据成员

(5) 下面关于对象概念的描述中,错误的是(　　)。

A. 对象就是 C 语言中的结构体变量

B. 对象代表着正在创建的系统中的一个实体

C. 对象是一个状态和操作(或方法)的封装体

D. 对象之间信息的传递是通过消息进行的

(6) 在建立类的对象时(　　)。

A. 只为每个对象分配用于保存数据成员的内存

B. 只为每个对象分配用于保存函数成员的内存

C. 为所有对象的数据成员和函数成员分配一个共享的内存

D. 为每个对象的数据成员和函数成员同时分配不同内存

（7）下面关于默认构造函数的说法正确的是（　　）。

A. 默认构造函数是指参数列表为空的构造函数

B. 默认构造函数是指系统自动提供的构造函数

C. 默认构造函数是指参数列表为空或所有参数都有默认值的构造函数

D. 默认构造函数是指参数列表不能为空的构造函数

（8）下面关于析构函数的说法正确的是（　　）。

A. 全局对象析构的顺序与构造的顺序一致

B. 全局对象析构的顺序与构造的顺序相反

C. 析构函数可以重载

D. 析构函数只能被系统自动调用

（9）下面关于对象定义错误的是（　　）。

```
class Point
{
  public:
    Point(int a, int b = 0)
   { x = a; y = b; }
   private:
     int x, y;
  };
```

A. Point p1　　　　B. Point p1(3)

C. Point(3,5)；　　　　D. Point p1(4,7)；

（10）有如下类定义：

```
class A
{
   int n;
 public:
   A(int i = 0):n(i)
   {}
   void setValue(int n0);
};
```

下面哪个是函数 setValue 的正确定义？（　　）

A. A::setValue(int n0){n=n0;}

B. void A::setValue(int n0){n=n0;}

C. void setValue(int n0){n=n0;}

D. setValue(int n0){n=n0;}

（11）对于任意一个类,析构函数的个数最多为（　　）。

A. 0　　　　B. 1　　　　C. 2　　　　D. 3

（12）有关构造函数的说法不正确的是（　　）。

A. 构造函数的名字和类名一样

B. 构造函数在创建时自动执行

C. 构造函数无任何函数类型

D. 构造函数有且只有一个

(13)（ ）是析构函数的特征。

A. 析构函数可以有一个或多个参数

B. 析构函数名与类名不同

C. 析构函数只能定义在类体内

D. 一个类中只能定义一个析构函数

(14) 关于成员函数特征的描述，下面说法错误的是（ ）。

A. 成员函数一定是内联函数　　B. 成员函数可以重载

C. 成员函数可以设置参数的默认值　　D. 成员函数可以是静态的

(15) 不属于成员函数的是（ ）。

A. 静态成员函数　　B. 友元函数　　C. 构造函数　　D. 析构函数

(16) 已知类 A 是类 B 的友元，类 B 是类 C 的友元，则（ ）。

A. 类 A 一定是类 C 的友元

B. 类 C 一定是类 A 的友元

C. 类 C 的成员函数可以访问类 B 对象的任何成员

D. 类 A 的成员函数可以访问类 B 对象的任何成员

(17) 静态成员函数没有（ ）。

A. 返回值　　B. this 指针　　C. 指针参数　　D. 返回类型

(18) 如下程序执行后的输出结果是（ ）。

```
#include <iostream>
using namespace std;
class A
{
  int n;
public:
  A(int k):n(k)
  {}
  int get()
  { return n; }
  int get() const
  { return n+1;}
};
main()
{
  A a(5);
  const A b(6);
  cout << a.get()<< b.get();
}
```

A. 5 5　　B. 57　　C. 7 5　　D. 7 7

(19) 由于常对象不能被更新，因此（ ）。

A. 通过常对象只能调用它的常成员函数

B. 通过常对象只能调用静态成员函数

C. 常对象的成员都是常成员

D. 通过常对象可以调用任何不改变对象值的成员函数

(20) 有如下类定义：

```
class Tdate
{
  int x,y;
public:
  Tdate():x(0),y(0)
  {}
  Tdate(int x,int y = 0):x(x),y(y)
  {}
};
若执行语句
Tdate a(2),b[3], * c[4];
```

则Tdate类的构造函数被调用的次数是(　　)。

A. 2次　　B. 3次　　C. 4次　　D. 5次

2. 程序补充

(1)
```
#include < iostream >
 ____①____
 class A{
 int i;
 static int j;
 ____②____
  A(int ii){
 ____③____                //初始化数据成员
 cout <<"The constructor is called"<< endl;
 }
 A(____④____){            //定义复制构造函数
  cout <<"the copy constructor is called"<< endl;
 }
 ~A(){
 cout <<"The destructor is called"
 }
};
 ____⑤____                //初始化静态数据成员
 main(){
   A a(3);
   A b = a;
 }
```

(2) 声明类Tree，类中包含一个名为ages的数据成员和名为grow(int years)的成员函数，ages上增加years，成员函数ages()将显示ages的值。

```
#include < iostream >
using namespace std;
class Tree
{
 ____①____
```

```
public:
    Tree (int n=0);
    ~ Tree ();
    void grow(int years);
    void age();
};
Tree::Tree ( int n)
{
    ages = n;
}
Tree::~ Tree()
{
    age();
}
void Tree::grow ( int years)
{
    ______②______
}
void Tree::age()
{
    cout <<"The age of this tree is "<< ages << endl;
}
main()
{
    Tree t(12);
    t.age( );
    t.grow(4);
    t.age( );
}
```

3. 读程序写结果

(1)
```
#include<iostream>
using namespace std;
class Tp
{
    int x,y;
  public:
    Tp(){cout <<"Tp() is called!"<< endl;}
    Tp(int xx,int yy){
      x = xx;
      y = yy;
      cout <<"Tp(int,int) is called"<< endl;
    }
    void display(){cout <<"x = "<< x <<",y = "<< y << endl;}
};
main(){
Tp p1;
Tp p2(2,3);
p2.display();
```

```
    }
```

(2)
```
#include <iostream>
using namespace std;
class Person
{
    char * name;
    int age;
    static int count;
 public:
   void setData(char * s, int n)
   {
    name = s;
    age = n;
}
void getData(int n)
{
    count = count + n;
}
void spend(int n)
{
    count = count - n;
}
void display()
{
    cout << count << endl;
}
};
int Person::count = 0;
main()
{
 Person demo1,demo2;
 demo1.setData("Jack",23);
 demo2.setData("Rose",20);
 demo1.getData(1678);
 demo2.display();
 demo2.spend(1300);
 demo1.display();
}
```

(3)
```
#include <iostream>
using namespace std;
class Sample
{
   int x,y;
public:
   Sample( ) {x = y = 0;}
   Sample( int a, int b) {x = a; y = b;}
```

```
    void disp( )
    { cout <<"x = "<< x <<", y = "<< y << endl; }
};
main( )
{
 Sample s(2,3),  * p = &s;
 p -> disp( );
}
```

(4)
```
# include < iostream >
using namespace std;
class Test
{
    public:
      Test() {n += 2;}
      ~Test() {n += 3;}
      static int getNum() { return n;}
    private:
      static int n;
};
int Test::n = 1;
main()
{
      Test * p = new Test;
      delete p;
      cout <<"n = "<< Test::getNum() << endl;

     }
```

4. 编程题

(1) 创建类 Date,类中包含数据成员 year、month 和 day 以及下列成员函数:初始化数据成员的构造函数、析构函数、输出日期的函数、设置日期的 set()函数。用 main()函数来创建初值为 2000.11.30 的对象,设置对象值为 2006.12.29,并且输出对象。

(2) 定义一个三角形类 Ctriangle,求三角形的面积和周长。

(3) 定义一个日期类 Date,它能表示年、月、日;设计一个 newDay()成员函数,增加一天日期。

(4) 设计一个学生类,包含学生学号、姓名、课程、成绩等基本信息,计算学生的平均成绩。

第10章 继承与派生

CHAPTER 10

继承(inheritance)是C++语言的重要机制,通过继承可以在已有类的基础上派生出新类。新类不仅继承了已有类的属性和行为,还增加了新的属性和行为。在新类中只需要定义已有类中没有的部分,不需要重写已有类的代码,从而降低了软件开发成本,实现了代码重用。

学习目标

- 掌握继承与派生的概念和关系;
- 掌握3种继承方式并理解其对派生类成员的影响;
- 掌握继承中构造函数和析构函数的调用顺序;
- 掌握解决继承中同名成员二义性问题的方法;
- 掌握多继承中同一层次多个基类构造函数和析构函数的调用顺序;
- 理解并掌握继承的类型兼容规则;
- 理解虚拟继承和虚基类的概念和作用;
- 掌握虚基类的使用方法及虚基类构造函数的调用顺序。

10.1 继承与派生的定义

10.1.1 继承的定义

继承是面向对象程序设计的基本特征之一,它是在已有类的基础上建立新类,提供了一种无限重复利用程序资源的途径。通过C++语言的继承机制,一个新类既可以共享已有类的数据和操作,也可以在新类中定义已有类中没有的成员。

继承是类之间的重要关系,在已有类基础上定义的新类将拥有已有类的全部特性,已有类称作新类的基类(base class)或父类(super class),新类称作已有类的派生类(derived class)或子类(sub class)。

例如,定义类B时,自动得到类A的数据和操作,设计人员只需定义类A中没有的新成分就可完成类B的定义,这时称类B继承了类A,类A派生了类B,类A是类B基类(父类),类B是类A的派生类(子类)。

一个基类可以有多个派生类,例如:把学生的集合定义为学生类,这个类中包含了学生的基本属性(如姓名、年龄、学号等)和基本行为(如运动、学习等)。学生类作为基类可以派生出中学生类、大学生类和研究生类等子类。中学生类、大学生类和研究生类在拥有学生类基本属性的同时,还拥有各自的特性。

在 C++语言中,一个派生类可以有一个基类,也可以有两个或两个以上的基类。一个派生类有且仅有一个基类称为单继承;一个派生类有两个或两个以上基类称为多继承。图 10-1 描述了类的继承与派生关系。

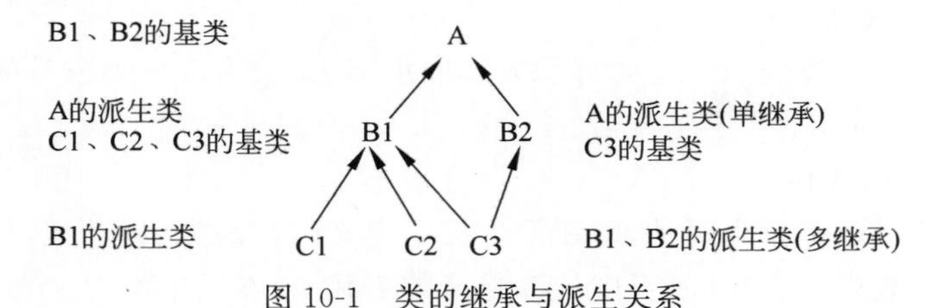

图 10-1 类的继承与派生关系

图中有 A、B1、B2、C1、C2 和 C3 等六个类,箭头指向的一端为基类。A 是 B1 和 B2 的基类,B1 和 B2 单继承了 A;而 B1 又派生了 C1、C2 和 C3,B2 派生了 C3;C1 和 C2 单继承了 B1;C3 有两个基类,因此多继承了 B1 和 B2。

10.1.2 派生类的构成

1. 派生类的定义

基类的定义与普通类相同,派生类通过在类名后使用一定的继承方式定义,派生类定义的语法格式为:

```
class 派生类名: 继承方式 1 基类名 1,继承方式 2 基类名 2,……
{
 public:
  <派生类的公有数据成员和公有成员函数>;
 protected:
  <派生类的保护数据成员和保护成员函数>;
 private:
  <派生类的私有数据成员和私有成员函数>;
};
```

其中:

(1) 派生类名是用户自定义的合法标识符。

(2) 派生类名后使用冒号":"来实现对基类的继承。

(3) "继承方式 1 基类名 1,继承方式 2 基类名 2,……"是基类列表,表示被当前派生类继承的所有基类。

(4) 如果基类列表中只有一个基类,就是单继承;如果基类列表中有两个或两个以上基类,就是多继承。

(5) 派生类可以按照不同的继承方式继承不同的基类,继承方式规定了派生类成员及类外对象对从基类继承来的成员的访问权限,所以继承方式在写法上与访问权限相同:

```
public:        公有继承
protected:     保护继承
private:       私有继承
```

(6) 继承方式也可以被默认，如果不显式注明继承方式，系统默认为私有继承。

2. 派生类的成员构成

派生类中主要包含两部分成员，一部分是按照一定的继承方式从基类中继承的成员，另一部分是在此基础上新增加的成员。

1）继承的基类成员

基类的成员被派生类按照一定的继承方式继承下来，成为派生类成员的一部分，派生类对象使用这部分成员时，隐含了基类名。

2）派生类新增的成员

派生类新增的成员可分为两种，即在派生类中定义的与基类成员同名的新成员（如果是成员函数则要求参数列表也相同，否则认为是函数重载）和在派生类中定义的与所有基类成员不同名的新成员。

当派生类中定义了与基类成员同名的成员时，派生类的成员将覆盖同名的基类成员，即派生类对象访问该成员时，系统将自动调用派生类中定义的同名成员；派生类对象可以使用"基类名：：同名的基类成员名"的方式访问同名的基类成员。

例如，在普通日期类 Tdate 基础上派生出星期类 Tweek。

【例 10-1】 派生类的成员构成。

```
class Tdate                    //基类 Tdate
{
 public:
   void setDate(int y = 2000,int m = 1,int d = 1);
   void showDate();
   Tdate();
   ~Tdate();
 private:
   int year,month,day;
};
class Tweek:public Tdate       //派生类 Tweek
{
 public:
   void setWeek(int wd = 6);
   void showDate();
 private:
   int workday;
};
```

派生类 Tweek 的成员构成如表 10-1 所示。

表 10-1 派生类 Tweek 的成员构成

<table>
<tr><th>类 名</th><th colspan="2">成 员 名</th></tr>
<tr><td rowspan="6">Tweek</td><td rowspan="3">Tdate::</td><td>year, month, day</td></tr>
<tr><td>setDate()</td></tr>
<tr><td>showDate()</td></tr>
<tr><td colspan="2">workday</td></tr>
<tr><td colspan="2">setWeek()</td></tr>
<tr><td colspan="2">showDate()</td></tr>
</table>

派生类Tweek公有继承了基类Tdate，派生类的成员既包含了从基类继承的成员（表10-1中Tdate::后的部分），又包含了新增加的成员。派生类和基类有同名成员函数showDate()，如果派生类对象直接调用showDate()，系统默认为是派生类自身的函数；如果派生类要访问基类的showDate()，则写为"对象.Tdate::showDate()"。

3. 基类和派生类的关系

任何一个类都可以派生出新类，派生类还可以再派生出新类，因此，基类和派生类的概念是相对而言的。一个基类可以同时是另一个基类的派生类，这样便形成了继承的传递结构，形成了类的层次。基类和派生类有如下关系：

(1) 派生类是基类的具体化。

(2) 派生类是基类定义的延续。

(3) 派生类是基类的组合。

派生类与其基类区别的方法是添加数据成员和成员函数。继承机制使在创建新类时，只需说明派生类与基类的区别，从而重用原有的程序代码。

10.2 继承方式

派生类继承基类有3种方式：public、protected和private。基类成员被派生类通过不同继承方式继承后，成员的访问权限将发生相应变化。不管使用何种继承方式，基类中的私有成员虽然能被派生类继承，但不能在派生类中被直接访问，只能被基类的成员函数和友元函数访问。

10.2.1 公有继承

公有继承(public)的特点是基类的公有成员和保护成员作为派生类的成员时，它们的访问权限都保持原有的状态，基类的私有成员在派生类中，不能被派生类的成员或派生类的对象直接访问。公有继承时，派生类的对象可以访问基类的公有成员；派生类的成员函数可以访问基类的公有成员和保护成员。

【例10-2】 公有继承应用举例。

```
/ ***********************************************
              程序文件名:Ex10_2.cpp
              公有继承应用举例
*********************************************** /

1   #include < iostream >
2   using namespace std;
3   class Point  {
4     public:
5       void initp(float xx = 0,float yy = 0)
6       {
7         x = xx;y = yy;
8       }
9       void move(float xoff,float yoff)
```

```
10        {
11            x += xoff;y += yoff;
12        }
13        float getx()
14        {
15            return x;
16        }
17        float gety()
18        {
19            return y;
20        }
21    private:
22        float x,y;
23  };
24  class Rectangle:public Point
25  {
26     public:
27         void initr(float x,float y,float w,float h)
28         {
29             initp(x,y);                    //调用基类的公有成员
30             W = w;H = h;
31         }
32         float getH()
33         {
34             return H;
35         }
36         float getW()
37         {
38             return W;
39         }
40     private:
41         float W,H;
42  };
43  main()
44  {
45      Rectangle r;
46      r.initr(2,3,20,10);
47      r.move(3,2);
48      cout <<"the data of rect(x,y,w,h):"<< endl;
49      cout << r.getx()<<","<< r.gety()<<","<< r.getW()<<","<< r.getH()<< endl;
50  }
```

```
the data of rect(x,y,w,h):
5,5,20,10
```

图 10-2 例 10-2 运行结果

程序运行结果如图 10-2 所示。

【程序解释】

(1) 程序中创建了 2 个类：一个是基类 Point，另一个是派生类 Rectangle。在第 24 行，类 Rectangle 公有继承了类 Point。因此，类 Rectangle 公有继承的成员构成如表 10-2 所示。

表 10-2　类 Rectangle 公有继承的成员构成

<table>
<tr><th>类　　名</th><th colspan="3">成　员　名</th><th>访 问 权 限</th></tr>
<tr><td rowspan="9">Rectangle</td><td rowspan="5">Point::</td><td>x,y</td><td>private</td><td>不可访问</td></tr>
<tr><td>initp()</td><td>public</td><td>public</td></tr>
<tr><td>move()</td><td>public</td><td>public</td></tr>
<tr><td>getx()</td><td>public</td><td>public</td></tr>
<tr><td>gety()</td><td>public</td><td>public</td></tr>
<tr><td colspan="3">W,H</td><td>private</td></tr>
<tr><td colspan="3">initr()</td><td>public</td></tr>
<tr><td colspan="3">getW()</td><td>public</td></tr>
<tr><td colspan="3">getH()</td><td>public</td></tr>
</table>

(2) 类 Point 的公有成员 initp()、move()、getx()和 gety()被类 Rectangle 公有继承后，其访问权限不变；类 Point 的私有成员 x、y 在类 Rectangle 中只能被从类 Point 继承的成员函数访问，而不能被类 Rectangle 的对象或新增加的成员函数访问。

(3) 进入 main()，首先在第 45 行创建派生类 Rectangle 的对象 r，第 46 行由对象 r 调用函数 initr()；在第 27 行函数 initr()的定义体中，形参接收了实参的传值，并且调用函数 initp()；函数 initp()是从基类 Point 中继承下来的，因此函数 initp()可以直接访问基类的私有成员 x、y。

(4) 第 47 行由对象 r 调用的函数 move()是从基类公有继承下来的，其访问权限保持不变。

(5) 类 Rectangle 继承类 Point 成员的过程实现了对类 Point 中代码的重用。

10.2.2　私有继承

私有继承(private)的特点是基类的私有成员仍然是私有的，基类的公有成员和保护成员作为派生类的私有成员，并不能被这个派生类的子类访问。私有继承时，基类成员只能被直接派生的类访问，而无法再向下传递继承。将例 10-2 的公有继承修改为私有继承，则基类不变，派生类的实现如例 10-3。

【例 10-3】 私有继承应用举。

```
/**************************************************
              程序文件名:Ex10_3.cpp
              私有继承应用举例
************************************************** /

1    class Rectangle:private Point
2    {
3      public:
4        void initr(float x,float y,float w,float h)
5        {
6            initp(x,y);                    //调用基类的公有成员
7            W = w;H = h;
8        }
9        float getH()
10       {
```

```
11          return H;
12       }
13       float getW()
14       {
15          return W;
16       }
17    private:
18       float W,H;
19    };
20    main()
21    {
22       Rectangle r;
23       r.initr(2,3,20,10);
24       r.move(3,2);
25       cout <<"the data of rect(x,y,w,h):"<< endl;
26       cout << r.getx()<<","<< r.gety()<<","<< r.getW()<<","<< r.getH()<< endl;
27    }
```

【程序解释】

(1) 在第 1 行，类 Rectangle 私有继承类 Point，类 Rectangle 私有继承的成员构成如表 10-3 所示。

表 10-3　类 Rectangle 私有继承的成员构成

<table>
<tr><th>类　名</th><th colspan="3">成　员　名</th><th>访问权限</th></tr>
<tr><td rowspan="9">Rectangle</td><td rowspan="5">Point::</td><td>x,y</td><td>private</td><td>不可访问</td></tr>
<tr><td>initp()</td><td>public</td><td>private</td></tr>
<tr><td>move()</td><td>public</td><td>private</td></tr>
<tr><td>getx()</td><td>public</td><td>private</td></tr>
<tr><td>gety()</td><td>public</td><td>private</td></tr>
<tr><td colspan="3">W,H</td><td>private</td></tr>
<tr><td colspan="3">initr()</td><td>public</td></tr>
<tr><td colspan="3">getW()</td><td>public</td></tr>
<tr><td colspan="3">getH()</td><td>public</td></tr>
</table>

(2) 类 Point 的公有成员 initp()、move()、getx()和 gety()被类 Rectangle 私有继承后，其访问权限在派生类中都变为 private，即变成了派生类的私有成员。x,y 被派生类继承但无法访问。

(3) 如果函数 main()和例 10-2 一样，则程序将出现编译错误，因为第 24 行的 r.move()、第 26 行的 r.getx()和 r.gety()的调用是非法的，通过私有继承基类所有成员在派生类中的访问权限都是 private，所以派生类对象 r 不能访问继承下来的函数。

(4) 在函数 main()不变的情况下，使程序正确运行的方法是在派生类中重新定义同名的成员函数，即在类 Rectangle 中重定义函数 move()、getx()和 gety()。在派生类重定义的同名函数中封装基类的同名成员函数。类 Rectangle 中新增加的同名函数如下：

```
class Rectangle:private Point
{
```

```
…
void move(float xoff,float yoff)
{
  Point::move(xoff,yoff);
}
float getx()
{
  return Point::getx();
}
float gety()
{
  return Point::gety();
}
…
};
```

(5) 修改后,派生类 Rectangle 的对象 r 调用的是派生类自身的同名成员函数。

10.2.3 保护继承

保护继承(protected)的特点是基类的所有公有成员和保护成员作为派生类的保护成员,能够被它的派生类成员函数或友元访问,也可以被这个派生类的子类访问,但不能被类外的对象访问。基类的私有成员仍然是私有的。

保护继承与私有继承的区别在于传递继承的不同。假设类 B 私有继承了类 A,类 C 是类 B 的派生类,无论类 C 以什么方式继承了类 B,它的成员和对象都不能访问从类 A 间接继承的成员;如果类 B 保护继承了类 A,则类 C 的成员函数可以访问从类 A 间接继承的成员,即此时类 A 的成员可以向下传递派生。

表 10-4 总结了不同继承方式下基类和派生类成员的访问权限。

表 10-4 不同继承方式下基类和派生类成员的访问权限表

继承方式	基类中访问权限	派生类中访问权限
公有继承	public	public
	protected	protected
	private	不可访问
私有继承	public	private
	protected	private
	private	不可访问
保护继承	public	protected
	protected	protected
	private	不可访问

10.3 派生类的构造

派生类对象的数据结构由基类中说明的成员和派生类中说明的成员共同构成。派生类对象中从基类继承的成员封装体称为基类子对象,它由基类中的构造函数初始化。派生类的数据成员中还可以包含其他类的对象，这个对象称为派生类的子对象，它由子对象所属类的构造函数初始化。基类的构造函数不能被继承。

派生类构造函数定义的语法格式为：

```
派生类名(形参列表): 基类名1(参数表1),……,基类名n(参数表n),子对象名1(子对象参数表1),
……,子对象名m(子对象参数表m)
{
  函数体;
};
```

其中：

(1) 基类名1(参数表1),……,基类名n(参数表n)是基类成员的初始化表。

(2) 子对象名1(子对象参数表1),……,子对象名m(子对象参数表m)是子对象的初始化表。

(3) 在派生类的构造函数中，只能在派生构造函数名后使用“:”来初始化基类成员和子对象成员。

(4) 在派生类构造函数的形参列表中，需要给出基类数据成员的初值、子对象数据成员的初值和派生类对象数据成员的初值。

(5) 基类名和子对象名的次序可以是任意的，对构造函数调用的次序没有任何影响。

当派生类单继承基类时，其构造函数的调用顺序为：

① 调用基类的构造函数；

② 调用子对象的构造函数，调用顺序按照它们在类中说明的顺序，而不是初始列表的顺序；

③ 调用派生类自身的构造函数。

当派生类对象析构时，由于析构函数也不能被继承，因此在调用派生类的析构函数时，基类的析构函数也将被调用。析构函数的调用顺序与构造函数正好相反：先调用派生类自身的析构函数，再调用子对象的析构函数，最后调用基类的析构函数。

【例10-4】 单继承派生类的构造与析构。

```
/**************************************************
          程序文件名:Ex10_4.cpp
          单继承派生类的构造与析构
************************************ /

1   #include<iostream>
2   using namespace std;
3   class Point
4   {
5     public:
6       Point()
7       {
8         x=6;
9         cout<<"基类Point的默认构造函数"<<endl;
10      }
11      Point(float i)
12      {
13        x=i;
```

```
14          cout <<"基类 Point 的构造函数"<< endl;
15        }
16        ~Point()
17        {
18          cout <<"基类 Point 的析构函数"<< endl;
19        }
20        void print()
21        {
22          cout <<"x: "<< x << endl;
23        }
24        float getx()
25        {
26          return x;
27        }
28    private:
29        float x;
30  };
31  class Rectangle:public Point
32  {
33    public:
34        Rectangle()
35        {
36            W = 10;
37            H = 15;
38            cout <<"派生类 Rectangle 的默认构造函数"<< endl;
39        }
40        Rectangle(float i,float j):Point(j),p(i)
41        {
42            W = i;
43            H = j;
44            cout <<"派生类 Rectangle 的构造函数"<< endl;
45        }
46        ~Rectangle()
47        {
48            cout <<"派生类 Rectangle 的析构函数"<< endl;
49        }
50        void print()
51        {
52          Point::print();
53          cout <<"H: "<< H <<" W: "<< W <<" 子对象的 x: "<< p.getx()<< endl;
54        }
55    private:
56        float W,H;
57        Point p;
58  };
59  main()
60  {
61    Rectangle r1;
62    Rectangle r2(20,30);
63    r1.print();
```

```
64    r2.print();
65  }
```

程序运行结果如图 10-3 所示。

```
基类Point的默认构造函数
基类Point的默认构造函数
派生类Rectangle的默认构造函数
基类Point的构造函数
基类Point的构造函数
派生类Rectangle的构造函数
x: 6
H: 15 W: 10 子对象的x: 6
x: 30
H: 30 W: 20 子对象的x: 20
派生类Rectangle的析构函数
基类Point的析构函数
基类Point的析构函数
派生类Rectangle的析构函数
基类Point的析构函数
基类Point的析构函数
```

图 10-3　例 10-4 运行结果

【程序解释】

(1) 本例中派生类 Rectangle 公有继承了基类 Point。

(2) 第 6 行和第 11 行是基类的 2 个重载构造函数，第 34 行和第 40 行是派生类的 2 个重载构造函数。

(3) 第 40 行的派生类构造函数名后是对基类对象和子对象的初始化。如果基类定义了带有形参的构造函数，那么其派生类就必须定义带参数的构造函数，提供给基类构造函数参数传值的途径。在有些情况下，派生类构造函数体可能为空，仅起到给基类参数传值的作用。如果基类没有定义构造函数或者只有默认构造函数，派生类也可以不定义构造函数。

(4) 进入函数 main()后，在第 61 行创建了派生类 Rectangle 的无初始值对象 r1，因为派生类中有子对象 Point p，所以构造函数的调用顺序为：

① 调用第 6 行基类 Point 的默认构造函数，输出第 1 行结果。

② 调用子对象 p 的默认构造函数，输出第 2 行结果。

③ 调用派生类 Rectangle 的默认构造函数，输出第 3 行结果，此时，对象 r1 的数据成员值 x、W、H 分别为 6、10 和 15。

(5) 在第 62 行创建了派生类 Rectangle 的对象 r2(20,30)，因为对象有 2 个初始值，所以派生类应该调用带有 2 个形参的构造函数，构造函数的调用顺序为：

① 第 40 行给基类构造函数传值 j=30，给子对象构造函数传值 i=20，调用第 11 行基类 Point 带 1 个参数的构造函数，输出第 4 行结果。

② 调用第 11 行子对象 p 的带 1 个参数的构造函数，输出第 5 行结果。

③ 调用第 40 行的派生类 Rectangle 的带参数构造函数，输出第 6 行结果，此时，对象 r2 的数据成员值 x、W、H 分别为 30、20 和 30。

(6) 第 63 行对象 r1 访问 print()函数，输出其数据成员的值 r1. Point::x=6、r1. W=10、r1. H=15 以及 r1 的子对象 p. x=6。

(7) 第 64 行对象 r2 访问 print()函数，输出其数据成员的值 r2. Point::x=30、r2. W=20、r2. H=30 以及 r2 的子对象 p. x=20。

(8) 程序结束时调用各对象相应的析构函数，其顺序与构造函数的顺序完全相反。

10.4　多继承

多继承是指派生类有 2 个或 2 个以上的直接基类。多继承可以很好地描述客观世界中具有复合属性的事物，比如两栖动物既有陆生动物的特征又有水生动物的特征、项目经理既是管理人员又是项目设计人员等。多继承可以看作是单继承的扩展，多继承的派生类与每个基类之间仍可看作是一个独立的单继承。

10.4.1 多继承派生类的构造

视频

多继承下派生类定义的语法格式为：

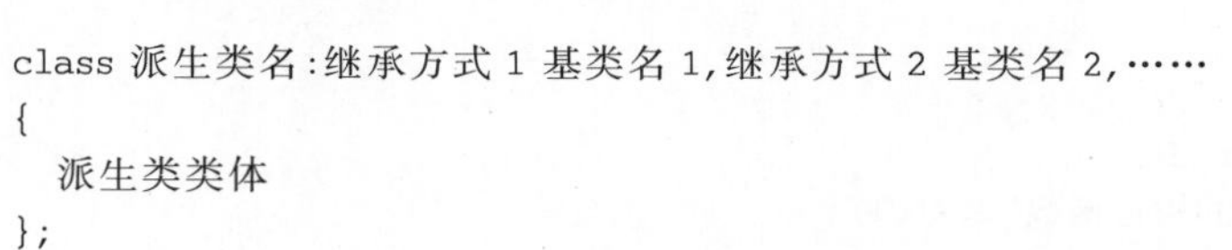

```
class 派生类名:继承方式 1 基类名 1,继承方式 2 基类名 2,……
{
  派生类类体
};
```

多继承下派生类的构造函数与单继承下派生类的构造函数相似，它必须同时负责该派生类所有基类构造函数的调用和子对象构造函数的调用。派生类的参数个数必须包含能够完成所有基类初始化所需的参数个数。同一层次的各基类构造函数的执行顺序取决于定义派生类时各基类的继承说明顺序，与派生类构造函数中的成员初始化列表的顺序无关。

多继承派生类构造函数执行的顺序为：

① 按照各基类被继承时说明的顺序由左向右调用各基类的构造函数；

② 按照子对象在派生类中定义的顺序调用派生类子对象的构造函数；

③ 调用派生类自身的构造函数。

【例 10-5】 多继承派生类的构造与析构。

```
/*************************************************
              程序文件名:Ex10_5.cpp
              多继承派生类的构造与析构
 *************************************************/

1   #include <iostream>
2   using namespace std;
3   class Base2
4   {
5     protected:
6       int i;
7     public:
8       Base2(int j);
9       ~Base2();
10  };
11  Base2::Base2(int j)
12  {   i = j;
13      cout <<"i = "<< i << endl;
14      cout <<"基类 Base2 的构造函数"<< endl;
15  }
16 Base2::~Base2()
17 {
18      cout <<"基类 Base2 的析构函数"<< endl;
19 }
20 class Base1
21 {
22   protected:
23     char c;
24   public:
```

```
25      Base1(char ch);
26      ~Base1();
27 };
28 Base1::Base1(char ch)
29 {
30      c = ch;
31      cout <<"c = "<< c << endl;
32      cout <<"基类 Base1 的构造函数"<< endl;
33 }
34 Base1::~Base1()
35 {
36      cout <<"基类 Base1 的析构函数"<< endl;
37 }
38 class Derive:public Base2,public Base1
39 {
40      int k;
41   public:
42      Derive(char ch,int i,int kk);
43      ~Derive();
44 };
45 Derive::Derive(char ch,int ii,int kk):Base1(ch),Base2(ii),k(kk)
46 {
47      cout <<"k = "<< k << endl;
48      cout <<"派生类 Derive 的构造函数"<< endl;
49 }
50 Derive::~Derive()
51 {
52      cout <<"派生类 Derive 的析构函数"<< endl;
53 }
54 main()
55 {
56      Derive object('B',10,15);
57 }
```

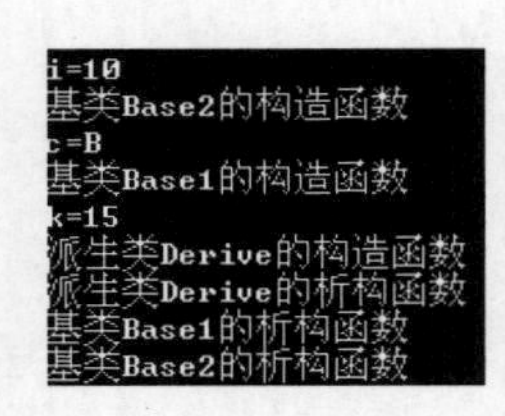

图 10-4　例 10-5 运行结果

程序运行结果如图 10-4 所示。

【程序解释】

(1) 本例中第 38 行派生类 Derive 公有继承了基类 Base2 和 Base1。

(2) 类 Base2 和类 Base1 的构造函数都有参数，所以派生类 Derive 的构造函数必须有参数以实现给所有基类构造函数的参数传值。

(3) 程序进入函数 main()后创建派生类 Derive 的对象 object，需要调用其构造函数。在第 45 行派生类的构造函数对基类子对象和其他数据成员进行初始化：Base1(ch)，Base2(ii)，k(kk)。

(4) 根据多继承构造函数的调用顺序应该先调用基类的构造函数，调用的顺序根据第 38 行继承时说明的顺序，即 Base2、Base1，而与第 45 行初始化的顺序无关，初始化的顺序为 Base1(ch)、Base2(ii)，这一点从结果可以看出。

(5) 多继承派生类对象析构函数的调用顺序与构造函数完全相反。

10.4.2 多继承的二义性问题

在多继承中派生类有2个或2个以上基类,而派生类对基类成员的访问应该是唯一的。但在多继承的情况下,派生类继承了各基类后可能会造成对基类成员访问不唯一的情况,这称为对基类成员访问的二义性问题。

1. 同名成员的二义性

在多重继承中,如果多个基类中有同名的成员,则在派生类中就有同名的成员,这会造成同名成员的二义性。例如:

```
class A
{
  public:
    void f();
};
class B
{
  public:
    void f();
    void g();
};
class C: public A,public B
{
  public:
    void g();
    void h();
};
C obj;
```

上面程序段中,派生类C继承了基类A和基类B,在基类A中有成员函数f(),在基类B中有成员函数f()和g(),在派生类C中有新增加的成员函数g()和h()以及从两个基类继承的成员,派生类C的成员构成如表10-5所示。

表10-5 派生类C的成员构成

<table>
<tr><th>类 名</th><th colspan="3">成 员 名</th></tr>
<tr><td rowspan="5">C</td><td>A::</td><td>f()</td><td>public</td></tr>
<tr><td rowspan="2">B::</td><td>f()</td><td>public</td></tr>
<tr><td>g()</td><td>public</td></tr>
<tr><td colspan="3">g()</td></tr>
<tr><td colspan="3">h()</td></tr>
</table>

派生类对象obj访问同名成员g()时,系统默认是派生类自身的成员;而当对象obj访问成员f()时,即obj.f(),由于在基类A和基类B中都有成员函数f(),编译器无法确定访问的是从A继承的f()还是从B继承的f(),因此将出现二义性的编译错误。为了避免这种二义性,可以如下访问:

```
obj.A::f();                                    //从类 A 继承的 f()
obj.B::f();                                    //从类 B 继承的 f()
```

这种用基类名来控制成员访问的规则称为支配原则，但是成员的访问权限不能避免同名成员的二义性。例如：

```
class A
{
  public:
    void fun();
  };
class B
{
  protected;
    void fun();
  };
class C : public A, public B
{ };
```

虽然类 C 继承的两个 fun()函数，一个是公有的，一个是私有的，但仍然存在二义性问题，即：

```
C obj;
obj.fun();                                     //错误，同名成员的二义性
```

2. 同一基类被多次继承的二义性

由于二义性的问题，一个派生类不能从同一基类直接继承二次或更多次。例如：

```
class Derived:public Base,public Base          //二义性错误
{ … };
```

避免这种二义性的方法是将基类 Base 拆分成两个中间基类，即：

```
class Base
{…};
class Base1:public Base
{ };
class Base2:public Base
{ };
class Derived:public Base1,public Base2
{ … };
```

10.5 赋值兼容

赋值兼容规则是指在公有派生情况下，一个派生类的对象可用于基类对象适用的地方。赋值兼容规则有 3 种情况（假定有派生类 Derived 和它对应的基类 Base）。

(1) 派生类对象可以给基类对象赋值，例如：

```
Derived obj;
Base b;
```

```
b = obj;
```

（2）派生类对象可以初始化基类的引用，例如：

```
Derived obj;
Base& br = obj;
```

（3）派生类对象的地址可以赋给指向基类的指针，例如：

```
Derived obj;
Base * pb = &obj;
```

10.6 虚拟继承与虚基类

如表10-6所示为派生类C的成员构成图。在多继承中，如果派生类所继承的2个或2个以上的基类又是从共同的更高层次的基类派生的，那么在建立的派生类对象中就会有这个更高层基类同名成员的多个复制，造成二义性。

例如，有名字为A、B1、B2和C的四个类，它们的继承关系如下：

```
class A
{
  public:
    void show()
    { … }
  private:
    int value;
};
class B1:public A
{
  public:
    void print()
    { … }
  private:
    int date;
};
class B2:public A
{
  public:
    void display()
    { … }
  private:
    int week;
};
class C:public B1,public B2
{
  public:
    int day;
};
C obj;
```

表 10-6　派生类 C 的成员构成

<table>
<tr><th>类　名</th><th colspan="3">成 员 名</th></tr>
<tr><td rowspan="9">C</td><td rowspan="4">B1::</td><td rowspan="2">A::</td><td>show()</td></tr>
<tr><td>value</td></tr>
<tr><td colspan="2">print()</td></tr>
<tr><td colspan="2">date</td></tr>
<tr><td rowspan="4">B2::</td><td rowspan="2">A::</td><td>show()</td></tr>
<tr><td>value</td></tr>
<tr><td colspan="2">display()</td></tr>
<tr><td colspan="2">week</td></tr>
<tr><td colspan="3">day</td></tr>
</table>

这就造成了派生类 C 在间接继承基类 A 时，拥有 A 成员的两份复制，即 obj. B1::A::value 和 obj. B2::A::value 以及 obj. B1::A::show()和 obj. B2::A::show()。这就产生了从不同途径继承来的同名成员在内存中有不同复制的数据不一致问题。为了解决这一问题，保证在内存中只有基类成员的一份复制，C++引入了虚拟继承的机制。

虚拟继承是指在继承定义中包含了 virtual 关键字的继承关系；而在虚拟继承中通过 virtual 继承的基类叫作虚基类。

虚基类定义的语法格式为：

```
class 派生类名:virtual 继承方式　基类名
```

其中：

（1）virtual 是用以声明虚基类的关键字。

（2）virtual 关键字的作用范围和继承方式的相同，只对紧跟其后的基类起作用。

（3）声明了虚基类后，最底层派生类中只有一份基类成员的复制。

将上例的多继承改为虚拟继承后，则类 A 称为类 B1 和 B2 的虚基类，继承关系为：

```
class B1:virtual public A
class B2:virtual public A
```

虚拟继承中派生类 C 的成员构成如表 10-7 所示。

表 10-7　虚拟继承中派生类 C 的成员构成

<table>
<tr><th>类　名</th><th colspan="3">成 员 名</th></tr>
<tr><td rowspan="7">C</td><td rowspan="3">B1::</td><td colspan="2">print()</td></tr>
<tr><td colspan="2">date</td></tr>
<tr><td rowspan="2">A::</td><td>show()</td></tr>
<tr><td rowspan="3">B2::</td><td>value</td></tr>
<tr><td colspan="2">display()</td></tr>
<tr><td colspan="2">week</td></tr>
<tr><td colspan="3">day</td></tr>
</table>

在虚拟继承中，建立对象时所使用的派生类叫作最远派生类。而当初始化虚基类时，只有最远派生类的构造函数才能调用虚基类的构造函数（该派生类的其他基类对虚基类构造

函数的调用会被自动忽略）。即上例中，只有类 C 的构造函数才能调用类 A 的构造函数，类 B1 和类 B2 对类 A 构造函数的调用被忽略。

虚基类构造函数的调用应该满足以下要求。

(1) 一个类在一个继承体系中既可以被用作虚基类，又被用作非虚基类。

(2) 在最远派生类对象中，同名的虚基类只产生一个虚基类子对象，而非虚基类产生各自的子对象。

(3) 虚基类子对象是由最远派生类的构造函数通过调用虚基类的构造函数进行初始化的。

(4) 派生类构造函数的成员初始化列表中必须列出对虚基类构造函数的调用，如果没有显式列出则表示使用该虚基类的默认构造函数。

(5) 派生类无论从虚基类直接还是间接继承，其构造函数成员初始化列表中都要列出对虚基类构造函数的调用，但只有最远派生类的构造函数才能调用虚基类的构造函数，这保证了虚基类子对象只被初始化一次。

(6) 在一个成员初始化列表中同时出现对虚基类和非虚基类构造函数的调用时，虚基类的构造函数先于非虚基类构造函数的调用。

【例 10-6】 虚基类构造的应用举例。

```
/**************************************************
              程序文件名:Ex10_6.cpp
              虚基类构造的应用举例
**************************************************/
1   #include <iostream>
2   using namespace std;
3   class A
4   {
5     public:
6       void show()
7       {
8       cout <<"虚基类 A 的成员"<< endl; }
9       A()
10      {
11        cout <<"构造虚基类 A"<< endl;
12      }
13      ~A()
14      {
15        cout <<"析构虚基类 A"<< endl;
16      }
17   private:
18     int value;
19  };
20  class B1:virtual public A
21  {
22    public:
23      void print()
24      {
25        cout <<"中间基类 B1 的成员"<< endl;
```

```
26          }
27          B1()
28          {
29            cout <<"构造中间基类 B1"<< endl;
30          }
31          ~B1()
32          {
33            cout <<"析构中间基类 B1"<< endl;
34          }
35      private:
36          int date;
37  };
38  class B2:virtual public A
39  {
40      public:
41          void display()
42          {
43            cout <<"中间基类 B2 的成员"<< endl;
44          }
45          B2()
46          {
47            cout <<"构造中间基类 B2"<< endl;
48          }
49          ~B2()
50          {
51            cout <<"析构中间基类 B2"<< endl;
52          }
53      private:
54          int week;
55  };
56  class C:public B1,public B2
57  {
58      public:
59          C()
60          {
61            cout <<"构造最远派生类 C"<< endl;
62          }
63          ~C()
64          {
65            cout <<"析构最远派生类 C"<< endl;
66          }
67      int day;
68  };
69  main()
70  {
71      C obj;
72      obj.show();
```

```
73    obj.print();
74    obj.display();
75  }
```

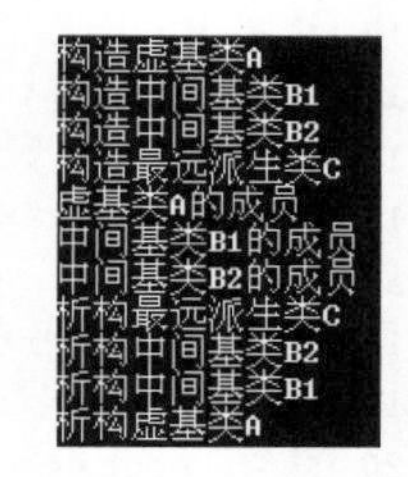

图 10-5　例 10-6 运行结果

程序运行结果如图 10-5 所示。

【程序解释】

(1) 本例中第 3 行说明了类 A,在第 20 行和第 38 行分别说明了类 B1 和类 B2,这两个类都虚拟继承了共同的虚基类 A。

(2) 第 56 行说明的派生类 C 公有继承了类 B1 和类 B2。这 4 个类形成了“钻石形”继承关系,如下所示:

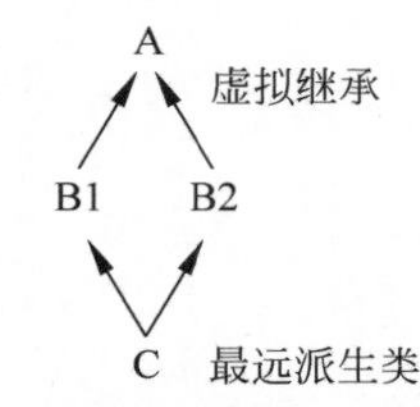

(3) 第 71 行创建了类 C 的一个对象 obj,因此类 C 是最远派生类,根据虚基类构造函数的调用规则,系统首先调用一次类 B1 和类 B2 的虚基类 A 的构造函数,然后顺次调用类 B1 和类 B2 的构造函数,最后调用派生类自身的构造函数。

(4) 如果类 B1 和类 B2 还非虚拟继承了其他基类,即第 20 行和第 38 行分别变为:

```
class B1:public D,virtual public A
class B2:public D,virtual public A
```

当创建派生类 C 的对象时,系统首先调用虚基类 A 的构造函数,然后调用非虚基类 D 的构造函数。即同层次继承时,虚基类的构造函数优先于非虚基类的构造函数。

10.7　实例应用与剖析

【例 10-7】 单继承应用实例。

```
/***************************************************
            程序文件名:Ex10_7.cpp
            单继承应用实例
 ***************************************************/
1   #include <iostream>
2   using namespace std;
3   class A
4   {
5     public:
6       A()
7       {
8        a = 0; cout <<"类 A 的默认构造函数.\n";
9       }
10      A(int i)
11      {
12       a = i; cout <<"类 A 的构造函数.\n";
```

```
13        }
14        ~A()
15        {
16         cout <<"类 A 的析构函数.\n";
17        }
18        void Print()
19        {
20         cout << a <<",";
21        }
22        int Geta() { return a; }
23      private:
24        int a;
25    };
26    class B : public A
27    {
28      public:
29        B()
30        {
31         b = 0;
32         cout <<"类 B 的默认构造函数.\n";
33        }
34        B(int i, int j, int k);
35        ~B()
36        {
37         cout <<"类 B 的析构函数.\n";
38        }
39        void Print();
40      private:
41       int b;
42       A aa;
43    };
44    B::B(int i, int j, int k):A(i), aa(j)
45    {
46      b = k;
47      cout <<"类 B 的构造函数.\n";
48    }
49    void B::Print()
50    {
51      A::Print();
52      cout << b <<","<< aa.Geta()<< endl;
53    }
54    main()
55    {
56      B bb[2];
57      bb[0] = B(1, 2, 3);
58      bb[1] = B(4, 5, 6);
59      for(int i = 0; i < 2; i++)
60        bb[i].Print();
61    }
```

【程序解释】

(1) 本例有 2 个类：基类 A 和派生类 B。

(2) 进入函数 main()后开始执行第 56 行 B bb[2]，本行创建了派生类 B 的对象数组，包含数组元素 bb[0]和 bb[1]。系统在调用派生类 B 默认构造函数前，应该先调用对应基类的默认构造函数；在派生类 B 中有数据成员 A aa，因此还需要调用子对象 aa 的默认构造函数。第 56 行执行结果如下：

(3) 在第 57 行给对象 bb[0]赋值，赋值号右边是无名对象 B(1,2,3)，创建的无名对象也需要调用构造函数，此时调用的是第 44 行定义的带有 3 个参数的构造函数。在此构造函数的成员初始化列表中给基类子对象 A(i)和成员对象 aa(j)赋值，其中 i=1，j=2。第 57 行执行结束时，需要调用析构函数撤销无名对象，释放内存。结果如下：

(4) 第 58 行用无名对象 B(4,5,6)给对象 bb[1]赋值，此时构造函数的形参接收传值为 i=4，j=5。构造函数的调用顺序和 bb[0]完全相同，结果如下：

(5) 第 59 行通过 for 循环语句调用对象数组的函数 Print()，以对象 bb[0]为例，输出对象元素的值 1、3 和 2 对应的分别是基类子对象 A::a、派生类对象 bb[0].b 和子对象 aa.a 的值。对象 bb[1]同理，不再赘述。

(6) 函数 main()结束时需要析构对象 bb[1]和对象 bb[0]，结果如下：

【例 10-8】 多继承应用实例。

```
/*****************************************************
              程序文件名:Ex10_8.cpp
              多继承应用实例
*****************************************************/
1   #include <iostream>
2   using namespace std;
3   class B1
4   {
5     public:
```

```
6         B1(int i){
7         cout <<"constructing B1"<< i << endl;}
8         ~B1(){cout <<"destructing B1"<< endl;};
9     };
10    class B2
11    {
12      public:
13        B2(int j)
14        {
15        cout <<"constructing B2"<< j << endl;}
16        ~B2(){cout <<"destructing B2"<< endl;}
17    };
18    class C:public B2,public B1
19    {
20      public:
21        C(int a,int b,int c,int d):B1(a),memberB2(d),memberB1(c),B2(b)
22        {}
23      private:
24        B1 memberB1;
25        B2 memberB2;
26    };
27    main()
28    {
29        C obj(1,2,3,4);
30    }
```

```
constructing B2 2
constructing B1 1
constructing B1 3
constructing B2 4
destructing B2
destructing B1
destructing B1
destructing B2
```

图 10-6　例 10-8 运行结果

程序运行结果如图 10-6 所示。

【程序解释】

（1）本例第 18 行，派生类 C 多继承了基类 B2 和 B1。在派生类构造函数中初始化基类子对象和派生类中的成员对象。

（2）当程序执行第 29 行创建派生类对象 obj(1,2,3,4)时，系统按照多继承派生类构造函数的调用规则分别调用基类 B2 子对象、基类 B1 子对象、成员对象 memberB1 和成员对象 memberB2 的构造函数。

（3）派生类的构造函数体为空，体现了派生类构造函数为基类和子对象传值的作用。

小结

（1）通过继承可以在已有类的基础上派生出新类，派生类继承了直接基类的全部成员，并且增加了新的成员，实现了代码重用。

（2）C++有三种继承方式：public、protected 和 private。public 继承方式下，基类成员的访问权限在派生类中保持不变；protected 继承方式下，除了私有成员，基类其他成员的访问权限在派生类中都是 protected；private 继承方式下，基类成员的访问权限在派生类中都是 private。不管哪种继承方式，派生类的成员和对象都不能直接访问继承的基类私有成员。

（3）建立派生类对象时，系统首先调用其基类的构造函数，然后调用派生类子对象的构造函数，最后调用派生类自身的构造函数。派生类构造函数的主要功能是给基类构造函数传值。

（4）多继承中，同一层次基类构造函数的调用顺序按照其在派生类继承的说明顺序，与在派生类构造函数的成员初始化列表的顺序无关；派生类子对象构造函数的调用顺序按照在派生类中定义的顺序。

（5）类型兼容原则是指在公有派生的情况下，一个派生类对象可以作为基类对象来使用，即派生类对象可以给基类对象赋值，派生类对象可以初始化基类的引用，派生类对象的地址可以赋给基类指针。

（6）单继承中，派生类成员将覆盖同名的基类成员；多继承中，多个基类的同名成员在派生类中将出现二义性问题，可以使用成员名字限定和重定义的方法解决该问题。

（7）在多继承中，如果派生类所继承的2个或2个以上的基类又是从共同的更高层次的基类派生的，那么在建立的派生类对象中就会有这个更高层基类同名成员的多个复制，造成二义性问题，可以用虚拟继承和虚基类的方法加以解决。

（8）创建最远派生类对象时，系统先调用虚基类的构造函数，再调用中间基类的构造函数，最后调用派生类自身的构造函数，中间基类对虚基类构造函数的调用将被系统忽略。同一层次如果既有虚基类又有非虚基类，则虚基类的构造函数优先被调用。

习题 10

1．选择题

（1）下面对派生类的描述中，错误的是（　　）。

A．派生类继承的基类成员的访问权限在派生类中保持不变

B．一个派生类可以作为另外一个派生类的基类

C．派生类能够继承直接基类的所有成员，除了构造函数和析构函数

D．派生类至少有一个基类

（2）下面对友元关系叙述正确的是（　　）。

A．不能继承　　B．体现了类之间的关系

C．是类的成员函数　　D．能够继承

（3）下列叙述不正确的是（　　）。

A．基类的保护成员在派生类仍然是保护的

B．基类的保护成员在公有派生类中仍然是保护的

C．基类的保护成员在私有派生类中是私有的

D．对基类成员的访问必须是无二义性的

（4）当保护继承时，基类的（　　）在派生中成为保护成员，不能通过派生类的对象来直接访问。

A．任何成员　　B．公有成员和保护成员

C．公有成员和私有成员　　D．私有成员

（5）派生类的成员函数不能直接访问基类中继承的（　　）成员。

A．私有成员　　B．公有成员

C．保护成员　　D．保护成员或私有成员

（6）同一层次虚基类和非虚基类构造函数调用顺序是（　　）。

A．虚基类优先于同级非虚基类　　B．非虚基类优先于同级虚基类

C. 按照派生类中继承的顺序　　D. 不调用非虚基类的构造函数

(7) 派生类构造函数的初始化列表中不包含下列(　　)项。

A. 基类的构造函数　　B. 基类对象成员的初始化

C. 派生类对象成员的初始化　　D. 派生类中一般数据成员的初始化

(8) 在公有派生情况下,赋值兼容规则不包括的是(　　)。

A. 派生类的对象可以赋给基类的对象

B. 派生类的对象可以初始化基类的引用

C. 派生类的对象可以直接访问基类中的成员

D. 派生类的对象的地址可以赋给指向基类的指针

(9) 有如下类定义:

```
class Base
{
    int k;
  public:
    void set(int n){ k = n;}
    int get( )const{ return k; }
 };
class Derived:protected Base
{
  protected:
    int j;
  public:
    void set(int m, int n)
    {
      Base::set(m);
      j = n
    }
    int get( )
    {
      return Base::get() + j;
    }
};
```

则类 Derived 中保护数据成员和成员函数的总数是(　　)。

A. 4　　B. 3　　C. 2　　D. 1

(10) 下面程序的运行结果为(　　)。

```
#include< iostream >
using namespace std;
class A{
    public:
      A() {cout << "In(A)"; }
      ~A(){cout <<"Out(A)";}
};
class B : public A{
      A* p;
    public:
```

```
        B() {cout << "In(B)";p = new A();}
        ~B() {cout <<"Out(B)"; delete p;}
};
main()
{
  B obj;
 }
```

A. In(B)In(A)In(A)Out(A)Out(B)Out(A)
B. In(A)In(B)In(A)Out(B)Out(A)Out(A)
C. In(B)In(A)In(A)Out(B)Out(A)Out(A)
D. In(A)In(B)In(A)Out(A)Out(B)Out(A)

2. 程序补充

(1) 已知程序运行结果如下,请将程序补充完整。

Base::fun Derived::fun

```
#include <iostream>
using namespace std;
class Base {
  pubic:
    void fun(){cout <<"Base::fun"<< endl"}
};
class Derived:public Base {
  public:
   void fun() {
   _____①_____
   cout <<"Derived::fun"<< endl;
    }
};
main() {
 Derived d;
 d.fun();
}
```

(2) 已知类B和类C公有派生自类A,请将程序补充完整。

```
#include <iostream>
#include <string.h>
using namespace std;
class A
{
 _____①_____                  //定义 int 型数据成员 id
public:
  A(_____②_____)
  {
   id = ssid;
  }
};
```

```
class B: ______③______
{
 ______④______                      //定义 char 指针型数据成员 name
public:
  B(char * n, int ssid): ______⑤______
  {
    strcpy(name,n);
  }
};
class C: ______⑥______
{
 ______⑦______                      //定义 char 指针型数据成员 department
 public:
  C(char * m):A(1001)
  {
    strcpy(department, m);
    }
};
main ()
{
 B b("Randy",1234);
 C c("ruanjian");
}
```

(3) 定义基类 Point 和其 2 个派生类 Rectangle、Circle,在不同类中有函数 Area(),根据结果将程序补充完整。

```
#include <iostream>
using namespace std;
class Point
 {
  public:
   Point(float xx,float yy)
   {
     ______①______
     ______②______
   }
  private:
    float x;
    float y;
 };
class Rectangle : ______③______
{
  public:
    Rectangle(float xx,float yy,float w,float h);
    float Area(){
     return width * high;
    }
  private:
    int width;
    int high;
```

```
};
Rectangle::Rectangle(float xx,float yy,float w,float h): _____④_____
{     width = w;
    high = h;
 }
class Circle : _____⑤_____
{
  public:
    Circle(float xx,float yy,float r);
    float Area()
   {
     return 3.14 * radius * radius;
   }
  private:
   float radius;
};
Circle::Circle(float xx,float yy,float r): _____⑥_____
{_____⑦_____}
main()
{
 Rectangle R(1,2,3,4);
 cout <<"R.Area() = "<< R.Area()<< endl;
 Circle C (5,6,7);
 cout <<"C.Area() = "<< C.Area()<< endl;
}
```

最终结果是：

```
R.Area() = 12
C.Area() = 153.86
```

3. 读程序写结果

(1)
```
#include < iostream >
using namespace std;
class Demo
{
  protected:
    int j;
  public:
    Demo()
    {
       j = 0;
    }
    void add(int i)
    {
      j += i;
    }
    void display()
    {
      cout <<"Current value of j is "<< j << endl;
    }
```

```
};
class Child:public Demo
{
    char ch;
  public:
    void sub(int i)
    {
         j -= i;
    }
};
main( )
{
 Demo a;
 a.add(5);
 Child object,obj;
 object.display();
 object.add(10);
 object.display();
}
```

第 11 章 多态性与虚函数

CHAPTER 11

多态性是面向对象程序设计的重要特征，多态主要体现在程序编译和运行两个方面。编译时的多态包括重载函数以及运算符重载，运算符重载针对自定义类型的直观操作，双目运算符常被重载为类的友元函数，单目运算符常被重载为类的成员函数。虚函数体现了运行时的多态，系统通过在具有公有继承关系的几个类中定义函数说明部分（函数名、返回类型、参数列表）完全相同的虚函数来实现运行时的多态。程序用基类类型的指针或引用正确地调用相应派生类中的虚函数。为了更好地为派生类提供通用的函数接口，C++还定义了纯虚函数和抽象类。这不仅增强了同一类族设计风格的一致性，还降低了程序的复杂度，实现了代码重用。

学习目标

- 深入理解多态性的概念；
- 理解静态联编和动态联编的区别和实现机制；
- 掌握运算符重载的实质和规则，并能灵活对不同类型的运算符进行重载；
- 掌握虚函数实现动态联编的方法，并能设计类的虚函数；
- 掌握并能使用基类的指针和引用调用派生类中的虚函数；
- 掌握纯虚函数和抽象类的概念。

11.1 多态性

多态性（polymorphism）是面向对象程序设计的重要特征之一。多态性是指不同对象收到相同消息时，将产生不同动作。在 C++ 中，消息是指对类成员函数的调用，动作是指对成员函数的实现。多态性具体体现在编译和运行两个方面，程序编译时确定操作对象的多态性体现在函数和运算符的重载上，而程序运行时确定操作对象的多态性通过继承和虚函数来实现。无论是程序编译时还是运行时确定操作对象的过程都叫作联编（binding）。

在编译、连接阶段，系统根据类型匹配等特征确定程序中的操作调用和执行该操作代码关系的过程叫静态联编，也叫早期联编。程序在编译阶段不能确定将要调用的所有函数，某些函数的调用只有在程序运行时才能确定，系统要求联编工作在程序运行时进行，这种联编工作叫动态联编，又叫晚期联编。

11.2 运算符重载

前面使用过的运算符操作对象仅是基本数据类型，C++也允许使用运算符操作用户自定义的类型。这就需要重新定义运算符，赋予已有运算符新的含义。这种使用同一运算符作用于不同类型的数据时产生不同行为的机制叫作运算符重载。

运算符重载的实质就是函数重载。使用运算符重载比使用一般函数更简洁、直观，并且能够提高程序的可读性。在运算符重载的实现过程中，首先把指定的运算表达式转化为对运算符函数的调用，运算对象转化为运算符函数的实参，然后根据实参的类型来确定需要调用的函数。这个过程是在编译过程中完成的，因此运算符重载属于静态联编。

11.2.1 运算符重载的实现

运算符重载的实质是函数重载，C++的运算符除了包括＋、－、*、/等一般算术运算符，还包括＋＋、－－、->、new 等其他运算符。运算符函数的语法格式为：

```
函数返回类型 operator 运算符 (形参列表)
{
    函数体;
}
```

其中，关键字 operator 加上运算符名构成运算符函数名。例如，有运算符重载函数的声明：Tdate operator ＋(Tdate，Tdate)；，函数名是 operator ＋。C++中除了以下 5 个运算符外，其他的全部可以被重载。

```
.         成员选择运算符
.*        成员指针运算符
::        作用域运算符
?:        三目条件运算符
sizeof    求字节数运算符
```

C++不允许重载这 5 个运算符的原因是防止破坏 C++程序的安全性。C++中可重载的运算符如图 11-1 所示。

+	–	*	/	%	^	&	|
~	!	=	<	>	+=	–=	*=
/=	%=	^=	&=	|=	<<	>>	>>=
<<=	= =	!=	<=	>=	&&	||	++
––	–>*	,	–>	[]	()	new	delete

图 11-1 C++中可重载的运算符

运算符重载的规则如下：

(1) C++只能重载图 11-1 中的运算符，而不能重载 C++中没有的运算符。

(2) 重载后运算符的优先级和结合性不会改变，操作数个数和语法结构也不会改变。

(3) 运算符重载是针对新类型数据的实际需要,对原有运算符进行适当的改造,因此不能改变运算符原有的语义。

通过下面程序段对运算符重载函数和普通函数的比较来体会运算符重载函数的优点:

```
class Tdate
{
  public:
    …
 };
 Tdate add(Tdate,Tdate);                          //不使用运算符重载
 Tdate mul(Tdate,Tdate);                          //不使用运算符重载
 Tdate fun(Tdate a,Tdate b,Tdate c)
 {
   return add(add(mul(a,b),mul(b,c)),mul(c,a));
 }

 Tdate operator + (Tdate,Tdate);                  //使用运算符重载
 Tdate operator * (Tdate,Tdate);                  //使用运算符重载
 Tdate fun(Tdate a,Tdate b,Tdate c)
 {
   return a * b + b * c + c * a;
 }
```

从上面程序段中两种形式的 fun()函数可以明显比较出,没有使用运算符重载形式的函数的可读性非常低,而使用运算符重载形式的函数一目了然。

运算符重载函数主要针对用户自定义类型,其形式既可以是类的成员函数,也可以是类的非成员函数。在实际使用中,运算符重载函数主要作为类的成员函数和类的友元函数。

11.2.2 运算符作为成员函数

运算符函数被重载为类的成员函数时,运算符函数就可以访问类中的所有成员。运算符重载函数作为成员函数在定义形式上也与作为普通函数不同,在定义时,作为操作数的函数参数个数比原来的操作数个数少 1 个。因为成员函数是通过类的对象调用的,而在运算符重载函数的调用中,对象本身充当了运算符函数的第 1 个操作数,因此运算符重载函数的参数列表中就省略了第 1 个参数。即作为成员函数时,双目运算符重载函数的参数列表中的操作数只有 1 个,单目运算符重载函数的参数列表中没有操作数。

运算符重载函数作为类成员函数的语法格式为:

```
函数返回类型 类名::operator 运算符(形参列表)
{
  函数体;
}
```

例 11-1 重载双目运算符作为类的成员函数,实现对象的相加操作。

【例 11-1】 定义一个 Time 类来保存时间(时、分、秒),通过重载运算符"+"实现两个时间对象相加。

```
/*************************************************
              程序文件名:Ex11_1.cpp
              双目运算符重载应用举例
*************************************************/
1    #include <iostream>
2    using namespace std;
3    class Time
4    {
5      public:
6       Time()
7       {
8          hours = 0;minutes = 0;seconds = 0;
9       }
10      Time(int h, int m,int s)
11      {
12         hours = h; minutes = m; seconds = s;
13      }
14     Time operator + (Time);
15     void gettime();
16    private:
17     int hours,minutes,seconds;
18   };
19   Time Time::operator + (Time time)
20   {
21       int h,m,s;
22       s = time.seconds + seconds;
23       m = time.minutes + minutes + s/60;
24       h = time.hours + hours + m/60;
25       Time result(h,m % 60,s % 60);
26       return result;
27   }
28   void Time::gettime()
29   {
30       cout <<"相加结果为:"<< hours <<":"<< minutes <<":"<< seconds << endl;
31   }
32   main( )
33   {
34       int h1,m1,s1,h2,m2,s2;
35       cout <<"请输入第一个时间对象的时、分、秒: ";
36       cin >> h1 >> m1 >> s1;
37       cout <<"请输入第二个时间对象的时、分、秒: ";
38       cin >> h2 >> m2 >> s2;
39       Time t1(h1,m1,s1),t2(h2,m2,s2),t3;
40       t3 = t1 + t2;
41       t3.gettime();
42   }
```

```
请输入第一个时间对象的时、分、秒:  4 25 30
请输入第二个时间对象的时、分、秒:  8 30 45
相加结果为: 12:56:15
```

图 11-2　例 11-1 运行结果

程序运行结果如图 11-2 所示。

【程序解释】

（1）本例中创建了3个Time类的对象t1、t2和t3。其中对象t1和对象t2已经被初始化，因此创建时需调用第10行的带3个参数的构造函数；而创建对象t3时调用第6行的默认构造函数。

（2）在第40行中对象t1和对象t2进行了“+”操作，如果没有对“+”进行重定义，系统无法实现2个自定义类型对象的相加。

（3）在第19行定义了运算符“+”的重载函数，函数首部的参数列表中只有1个形参。

（4）当系统执行第40行t1+t2时，因为运算符重载函数是类的成员函数，所以t1既是调用函数operator+的对象，同时又是函数的第1个操作数。t1+t2解释为普通函数调用形式为：operator+(t1,t2)。

（5）系统将实参对象t2的值传给第19行的形参time，函数operator+内的数据成员默认属于调用函数的对象，即属于对象t1。

（6）函数执行结束后，将临时对象result的值返回函数调用点后赋给对象t3。

单目运算符重载函数有前置和后置两种形式，前置单目运算符重载为类成员函数时，参数列表中的操作数不需要显式声明；而为了与前置形式相区别，后置单目运算符重载为类成员函数时，在参数列表中需要添加一个没有实际作用的int型参数。例如，前置自增和后置自增的语法格式分别为：

```
函数返回类型 operator ++();                    //前置自增
函数返回类型 operator ++(int);                 //后置自增
```

例11-2以自增运算符为例，说明单目运算符重载函数作为类成员函数的使用。

【例11-2】 重载单目运算符应用举例。

```
/*************************************************
              程序文件名:Ex11_2.cpp
              重载单目运算符"++"作为类的成员函数
*************************************************/

1   #include <iostream>
2   using namespace std;
3   class Increase{
4     public:
5       Increase(int x):value(x){}
6       Increase & operator++();                 //前置自增
7       Increase operator++(int);                //后置自增
8       void display(){ cout <<"the value is " << value << endl; }
9     private:
10      int value;
11  };
12  Increase & Increase::operator++()
13  {
14    value++;                                   //先增量
15    return * this;                             //再返回原对象
16  }
17  Increase Increase::operator++(int)
```

```
18  {
19    Increase temp( * this);            //临时对象存放原对象值
20    value++;                           //增加原对象值
21    return temp;                       //返回临时对象值
22  }
23  main()
24  {
25    Increase n(20);
26    n.display();
27    (n++).display();                   //显示临时对象值
28    n.display();                       //显示原对象值
29    ++n;
30    n.display();
31    ++(++n);
32    n.display();
33    (n++)++;                           //第二次增加临时对象值
34    n.display();
35  }
```

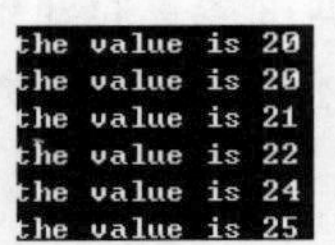

图 11-3　例 11-2 运行结果

程序运行结果如图 11-3 所示。

【程序解释】

(1) 第 6 行声明了前置自增运算符重载函数,参数列表为空,返回值是引用；第 7 行声明了后置自增运算符重载函数,参数列表有整型 int。

(2) 第 26 行对象 n 的成员 value＝20。

(3) 第 27 行对象 n 调用后置自增运算符"＋＋",n 既作为调用函数 operator＋＋(int)的对象,又作为函数的操作数。在第 19 行函数定义体中,* this 表示当前对象(即 n),然后将值赋给临时对象 temp；第 20 行使 n.value 自增 1 变为 21,而临时对象 temp.value 的值没变,仍为 20。函数返回的是临时对象 temp,因此第 27 行结果为 20；如果第 21 行变为 return * this,则第 27 行输出的是当前对象 n 的 value 值:21。

(4) 第 28 行输出对象 n 的 value 值:21。

(5) 第 29 行调用了第 12 行定义的前置自增运算符重载函数 operator＋＋(),使 value 增加 1,因此第 30 行的输出结果为 22。

(6) 第 31 行调用 2 次前置自增运算符,因此第 32 行的输出结果为 24。

(7) 第 33 行(n＋＋)＋＋调用了的 2 次后置自增运算符是不同的,第 1 次调用对象是 n,n 是当前操作对象,其值赋给临时变量 temp 后,n.value 自增 1；因为函数返回的是临时对象的值,所以第 2 次运算符的调用对象是临时对象,而不是对象 n,因此在语句"(n＋＋)＋＋;"中,n 的 value 值仅增加了一次,第 34 行的输出结果为 25。

11.2.3　运算符作为类的友元函数

运算符既可以被重载为类的成员函数也可以被重载为类的友元函数,重载为友元函数的运算符可以自由访问该类的任何数据成员。运算符在类中被重载为友元函数的语法格式为:

```
friend 函数返回类型 operator 运算符 (形参列表)
{
  函数体;
}
```

友元函数也可以在类中声明,在类外定义。当运算符重载为类的友元函数时,因为友元函数不是类的成员函数,所以其参数个数不变。如果双目运算符的一个操作数是类 T 的对象,那么该运算符就可以被重载为类 T 的友元函数。

例 11-3 以复数运算为例说明运算符重载为类的友元函数的使用。

【例 11-3】 重载运算符进行复数类数据运算应用举例。

```
/**************************************************
            程序文件名:Ex11_3.cpp
            重载运算符"+、-、*、/"为类的友元函数
 **************************************************/

1    #include <iostream>
2   using std::cout;
3   using std::endl;
4   class Complex  {
5   public:
6       Complex()
7       {
8         real = imag = 0;
9       }
10      Complex(double r, double i)
11      {
12        real  =  r,  imag  =  i;
13      }
14      friend Complex operator  + (Complex b,Complex c);
15      friend Complex operator  - (Complex b,Complex c);
16      friend Complex operator  * (Complex b,Complex c);
17      friend Complex operator /(Complex b,Complex c);
18      friend void print(const Complex &c);
19   private:
20      double real, imag;
21  };
22  Complex operator  + ( Complex b,Complex c)
23  {
24    return Complex(b.real  +  c.real,  b.imag  +  c.imag);
25  }
26  Complex operator  - (Complex b,Complex c)
27  {
28    return Complex(b.real  -  c.real,  b.imag  -  c.imag);
29  }
30  Complex operator  * (Complex b,Complex c)
31  {
32    return Complex(b.real  *  c.real  -  b.imag  *  c.imag,  b.real  *  c.imag 35 +
```

```
33    b.imag * c.real);
34  }
35  Complex operator /(Complex b,Complex c)
36  {
37  returnComplex((b.real * c.real + b.imag + c.imag)/(c.real * c.real + c.imag * c.
38  imag),(b.imag * c.real - b.real * c.imag)/(c.real * c.real + c.imag *  c.imag));
39  }
40  void print(const Complex &c)
41  {
42    if(c.imag < 0)
43      cout << c.real << c.imag <<'i';
44    else
45      cout << c.real <<' + '<< c.imag <<'i';
46  }
47  main()
48  {
49    Complex c1(2.0, 3.0), c2(4.0, -2.0), c3;
50    cout <<"c1(2.0, 3.0), c2(4.0, -2.0)";
51    c3 = c1 + c2;
52    cout <<"\nc1 + c2 = ";
53    print(c3);
54    c3 = c1 - c2;
55    cout <<"\nc1 - c2 = ";
56    print(c3);
57    c3 = c1 * c2;
58    cout <<"\nc1 * c2 = ";
59    print(c3);
60    c3 = c1 / c2;
61    cout <<"\nc1/c2 = ";
62    print(c3);
63    c3 = (c1 + c2) * (c1 - c2) * c2/c1;
64    cout <<"\n(c1 + c2) * (c1 - c2) * c2/c1 = ";
65    print(c3);
66     cout << endl;
67  }
```

```
c1(2.0, 3.0), c2(4.0, -2.0)
c1+c2=6+1i
c1-c2=-2+5i
c1*c2=14+8i
c1/c2=0.45+0.8i
(c1+c2)*(c1-c2)*c2/c1=9.61538+25.2308i
```

图 11-4　例 11-3 运行结果

程序运行结果如图 11-4 所示。

【程序解释】

(1) 本例中第 14～17 行分别声明了“+、-、*、/”4 个运算符重载为类 Complex 的友元函数，对应的函数体在类外定义。

(2) 当运算符重载为类的友元函数时，VC++6.0 不允许在声明重载运算符前使用“using namespace std;”而在编译时报错：fatal error C1001：INTERNAL COMPILER ERROR。解决这个问题有下列几种方法：

① 升级编译器。

② 像本例中第 2、3 行中使用“using std::out”和“using std::endl”代替“using namespace std;”。

③ 如果仍然使用 using namespace std,则需要将本例的第 2、3 行替换为如下语句:

```
class Complex;
Complex operator + (const Complex ,const Complex);
Complex operator - (const Complex ,const Complex);
```

(3) 各运算式中的运算符被编译成运算符函数形式,操作数充当了函数参数,以第 51 行 C1＋C2 为例,编译器将其编译为 operator＋(C1,C2),其他运算符的方式与此相同,不再赘述。

(4)第 63 行使用多种运算符重载函数进行了混合运算。

(5)当双目运算符重载函数的两个操作数来自两个不同类或者一个是类对象,另一个是基本数据类型(int、double 等)时,由于运算符重载为类成员函数被隐含了一个参数,编译的过程中就可能出现二义性的错误,所以双目运算符多被重载为类的友元函数,而单目运算符多被重载为类的成员函数。

(6)双目运算符:＝、()、[]和->不能被重载为类的友元函数。

运算符既可以被重载为类的成员函数,也可以被重载为普通函数和类的友元函数,更多的情况下是被重载为类的成员函数和友元函数。运算符重载函数有如下特点:

(1) 在实际使用中,单目运算符多被重载为类的成员函数;双目运算符多被重载为类的友元函数。

(2) 双目运算符中的＝、()、[]和->不能被重载为类的友元函数。

(3) 类型转换函数只能定义为类的成员函数而不能定义为类的友元函数。

(4) 当某运算符的操作需要修改对象的状态时,应该被重载为类的成员函数。

(5) 当运算符具有可交换性时,应该被重载为友元函数。

(6) 当运算符是一个类的成员函数时,最左边的操作数必须是运算符返回类的一个类对象(或该对象的引用)。如果左边的操作数是其他类的对象或者是基本数据类型的数据时,该运算符必须被重载为类的友元函数,这也正是第一条特点的原因。

(7) 当运算符的操作数需要进行隐式类型转换时,只能重载为友元函数。

11.3　虚函数

视频

前面章节介绍过的重载函数和运算符重载都是编译器在编译时根据调用时参数的类型和个数实现静态联编。而很多程序在编译阶段不能确定将要调用的所有函数,只有在程序运行时才能确定将要调用的函数,这属于动态联编。虚函数(virtual function)允许函数调用与函数体间的联系在运行时建立,这是实现动态联编的基础。虚函数经过派生后,可以在类中实现运行时的多态。

11.3.1　派生类指针

指向具有继承关系的基类和派生类的指针是相关的。

例如,有基类 A、派生类 B 和基类 A 的指针 p:

```
A * p;                  // 类 A 的指针 p
A A_obj;                // 类 A 的对象 A_obj
```

```
B B_obj;            // 类 B 的对象 B_obj
p= & A_obj;         // p 指向类 A 的对象
p = & B_obj;        // p 指向类 B 的对象,B 是 A 的派生类
```

利用基类指针 p 可以访问派生类对象 B_obj 中所有从基类继承的成员，但不能访问 B_obj 自身特定的成员（除非使用显式类型转换）。

可以用一个指向基类的指针指向其公有派生类的对象，但不能用指向派生类的指针指向其基类对象。如果希望用基类指针访问其公有派生类的特定成员，则必须将基类指针显式类型转换为派生类指针。

假设类 B 是类 A 的公有派生类，p 是指向基类的指针，函数 show()是类 B 特定的成员，可以用如下方式实现指针 p 访问函数 show()：

```
((B *)p) -> show();
```

指向基类的指针可以指向从基类公有派生的任何对象，这一特点是 C++实现运行时多态的关键途径。

【例 11-4】 派生类指针应用举例。

```
/************************************************
        程序文件名:Ex11_4.cpp
        派生类指针应用举例
************************************************/
1   #include < iostream >
2   using namespace std;
3   #include < string.h >
4   class A_class {
5     char name[80];
6    public:
7     void put_name(char * s)
8     {
9       strcpy(name,s);
10    }
11    void show_name( )
12    {
13      cout << name <<"\n";
14    }
15  };
16  class B_class:public A_class
17  {
18    char phone_num[80];
19   public:
20    void put_phone(char * num)
21    {
22       strcpy (phone_num,num);
23    }
24    void show_phone( )
25    {
26       cout << phone_num <<"\n";
27    }
```

```
28 };
29 main ( )
30 {
31   A_class * p;
32   A_class A_obj;
33   B_class * bp;
34   B_class B_obj;
35   p = &A_obj;                        //基类指针 p 指向基类对象
36   p -> put_name("Zhang San");
37   p = & B_obj;                       //基类指针 p 指向派生类对象
38   p -> put_name("Li Si");
39   A_obj.show_name( );
40   B_obj.show_name( );
41   bp = &B_obj;
42   bp -> put_phone("0731_12345678");
43   bp -> show_phone( );
44   ((B_class * )p) -> show_phone( );
45 }
```

【程序解释】

(1) 本例中第 31 行定义了基类 A_class 的指针 p；第 33 行创建了类 A_class 的公有派生类 B_class 的指针 bp。

(2) 在类 A_class 中定义了成员函数 put_name(char)和 show_name()，在类 B_class 中定义了成员函数 put_phone(char)和 show_phone()。

(3) 第 35 行 p 指向基类对象 A_obj 地址时，可以调用基类的成员函数。

(4) 第 37 行当 p 指向派生类对象 B_obj 地址时，在第 38 行由 p 调用派生类中从基类继承的成员函数 put_name(char)。

(5) 如果必须由 p 调用派生类特定的成员函数 show_phone()，则在第 44 行使用显式类型转换((B_class *)p)-> show_phone( )，即在当前行使 p 的类型为 B_class 型。

11.3.2　虚函数的定义与限制

虚函数是在基类中使用关键字 virtual 修饰的成员函数，它在程序运行时才能被确定调用，这是动态联编的基础。虚函数必须是非 static 的成员函数，提供了一个可以在一个或多个派生类中被重定义的接口。虚函数定义的语法格式为：

```
virtual 函数返回类型 函数名(形参列表)
{
  函数体;
}
```

因为虚函数是从属于对象的，所以虚函数既不能是静态成员函数，也不能是友元函数。虚函数仅适用于有继承关系的类对象，普通函数不能说明为虚函数。在类中，构造函数不能是虚函数，析构函数可以是虚函数。

在实际使用中，虚函数在基类中定义，在派生类中被重定义，为所有派生类提供了通用的接口，这也是 C++ 实现代码重用的重要方面。虚函数的具体实现是在派生类中定义的。虚函数一般是通过指向基类的指针或引用来调用的。

【例 11-5】 虚函数应用举例。

```
/*****************************************************
        程序文件名:Ex11_5.cpp
        虚函数应用举例
*****************************************************/
1   #include <iostream>
2   using namespace std;
3   class Base
4   {
5     public:
6      virtual void who( )
7      {
8        cout <<"Base\n";
9      }
10  };
11  class First_d:public Base
12  {
13    public:
14     virtualvoid who( )
15     {
16       cout <<"First derivation\n";}
17     };
18  class Second_d:public Base
19  {
20   public:
21    virtual void who( )
22    {
23      cout <<"Second derivation\n"; }
24    };
25  main( )
26  {
27     Base base_obj;
28     Base * p;
29     First_d first_obj;
30     Second_d second_obj;
31     p = & base_obj;
32     p -> who( );
33     p = & first_obj;
34     p -> who( );
35     p = & second_obj;
36     p -> who( );
37     first_obj.who( );
38     second_obj.who( );
39  }
```

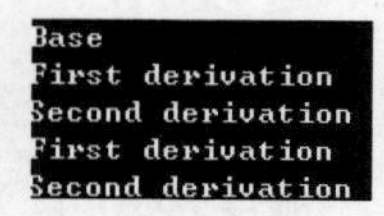

图 11-5　例 11-5 运行结果

程序运行结果如图 11-5 所示。

【程序解释】

(1) 本例中有 3 处定义了虚函数 virtual void who()，分别定义在第 6 行基类 Base 中，第 14 行公有派生类 First_d 中和第 21

行公有派生类 Second_d 中。

(2) 在有继承关系的类中定义的虚函数的说明部分都一样,即函数返回类型、函数名以及参数列表都完全相同。

(3) 第 28 行定义了基类 Base 的指针 p,第 31 行使 p 指向基类对象 base_obj 的地址,第 32 行调用 p-> who(),系统根据对象的类型执行第 6 行基类中的虚函数;第 33 行使 p 指向派生类对象 first_obj 的地址,第 34 行调用 p-> who(),系统根据对象的类型执行第 14 行的派生类 First_d 中虚函数;第 35 行使 p 指向派生类对象 second_obj 的地址,第 36 行调用 p-> who(),系统根据对象的类型执行第 21 行的派生类 Second_d 中虚函数。

(4) 如果函数 who()的前面没有 virtual 关键字,则第 32、34、36 行由基类 p 调用的都是从基类继承的相同函数 who(),即程序前 3 行输出结果都是 Base。

(5) 在虚函数的使用中要注意,派生类必须是对基类的公有继承,这也是虚函数实现动态联编的前提。

(6) 虚函数的优点还在于使用指向基类对象的指针来调用该函数时,编译器能保证调用的是实际类对象的成员函数。

在虚函数的使用中应注意:

(1) 一旦某函数在基类中第一次声明时使用了 virtual 关键字,那么当其公有派生类重定义该成员函数时,无论是否使用了 virtual 关键字,该成员函数都被看作虚函数。

(2) 虚函数必须是类的成员函数,而不能为全局函数和静态函数。

(3) 当在派生类中定义了虚函数的重载函数而没有重定义虚函数时,虚函数的重载函数将覆盖类中的虚函数,即派生类对象、指针或引用无法调用派生类的虚函数。类中虚函数与重载函数的区别如下:

① 重载函数要求函数有相同的名称,并有不同的参数序列;而虚函数则要求这 3 项(函数名、返回值类型和参数序列)完全相同。

② 重载函数可以是成员函数或友元函数,而虚函数只能是成员函数。

③ 重载函数是以参数的差别作为调用不同函数的依据;虚函数是根据对象的不同调用不同类的虚函数。

(4) 虚函数可以派生,如果在派生类中没有重定义虚函数,基类的虚函数就成为派生类的虚函数。访问虚函数时,应使用指向基类的指针或基类类型的引用,以满足运行时多态性的要求。

11.3.3 纯虚函数与抽象类

在许多情况下,不需要在基类中给出具体的虚函数定义,只需描述所有派生类抽象的共性,这些在基类中仅描述共性的虚函数说明成纯虚函数。

纯虚函数在基类中没有具体实现(即没有函数体),要求在公有派生类中根据实际需要定义它的实现,纯虚函数为派生类提供了一个通用接口。由于纯虚函数所在的类中没有它的定义,因此在该类的构造函数和析构函数中不允许调用纯虚函数,否则会导致程序运行错误,但该类其他成员函数可以调用纯虚函数。

定义纯虚函数的语法格式为:

```
virtual 函数返回类型  函数名(形参列表) = 0;
```

纯虚函数也可以有函数体，它与一般的虚函数形式上的不同在于后面有“=0”。

如果一个类中至少有一个纯虚函数，那么这个类被称为抽象类(abstract class)。抽象类是一种特殊的为了多态地使用其中成员函数的类，为一个类族(包含有传递继承关系的多层派生类)提供统一的操作界面。抽象类自身无法实例化，即无法创建抽象类的对象；抽象类不能作为参数类型、函数返回值或强制类型转换，但可以定义抽象类的指针和引用以访问派生类成员。

抽象类的派生类中必须重定义基类中的纯虚函数，否则它仍将被看作是抽象类。

【例 11-6】 抽象类应用举例。

```
/ *************************************************
         程序文件名:Ex11_6.cpp
         抽象类应用举例
  ************************************************* /
1   #include <iostream>
2   using namespace std;
3   class Creature
4   {
5     public:
6       virtual char * KindOf() = 0;
7   };
8   class Animal : public Creature
9   {
10    public:
11      virtual char * KindOf()
12      {
13        return "Animal";}
14  };
15  class Fish : public Animal
16  {
17    public:
18      virtual char * KindOf()
19      {
20        return "Fish";
21      }
22  };
23  main()
24  {
25    Fish fish;
26    Creature * pCreature;
27    pCreature = &fish;
28    cout <<"pCreature -> kindOf(): "<< pCreature -> KindOf()<< endl;;
29    Animal animal;
30    Creature &rCreature = animal;
31    cout <<" rCreature.kindOf(): "<< rCreature.KindOf()<< endl;
32  }
```

```
pCreature->kindOf(): Fish
rCreature.kindOf(): Animal
```

图 11-6 例 11-6 运行结果

程序运行结果如图 11-6 所示。

【程序解释】

(1) 在第 6 行基类 Creature 中声明了一个纯虚函数 * KindOf()，因此类 Creature 是抽象类。

(2) 第 26 行创建了基类 Creature 的指针 pCreature，第 27 行将公有派生类 Fish 的对象 fish 的地址赋给基类指针。

(3) 第 28 行用基类指针调用 * KindOf()，结果显示调用的是派生类 Fish 中重定义的函数。

(4) 第 30 行声明了基类 Creature 的引用 rCreature，并用直接公有派生类 Animal 的对象 animal 进行初始化。

(5) 第 31 行用基类引用调用 * KindOf()，结果显示调用的是派生类 Animal 中重定义的函数。

小结

(1) 多态性是面向对象的重要特征之一，多态是指同样的消息被不同类型的对象接收时产生不同的动作。

(2) C++语言有两种联编方式：静态联编和动态联编。函数重载和运算符重载属于静态联编，虚函数属于动态联编。

(3) 运算符重载的实质是重载运算符函数，主要作为类的成员函数和类的友元函数。为了减少程序的二义性，单目运算符重载为类的成员函数，双目运算符重载为类的友元函数。

(4) 运算符重载为类的成员函数时，函数定义中隐含最左边的操作数，因为调用函数的对象充当了函数的第一个操作数。

(5) 虚函数是在基类中定义的以 virtual 开头的成员函数，需要在其公有派生类中进行重定义。重定义的虚函数有相同的函数说明部分，包括函数名、函数返回类型和参数列表。

(6) 可以通过指向基类的指针或引用来调用派生类中定义的虚函数，这实现了动态联编机制。

(7) 纯虚函数是在基类中声明的特殊虚函数，纯虚函数是在虚函数的后面添加了"＝0"，通常情况下，纯虚函数没有函数定义体。至少包含一个纯虚函数的类称为抽象类。

(8) 抽象类位于类族的上层，自身无法直接实例化，只能通过生成抽象类的具体派生类来间接实例化。通过抽象类类型的指针和引用可以访问其不同层次派生类的成员。

习题 11

1. 选择题

(1) 下列运算符在 C++中不能重载的是(　　)。

A. ＋＋　　B. []　　C. ::　　D. delete

(2) 下列关于运算符重载的描述中，不正确的是(　　)。

A. 运算符重载不能改变结合性

B. 运算符重载可以改变语法结构

C. 运算符重载不能改变操作数的个数

D. 运算符重载不能改变优先级

(3) 如果表达式－－a＋b中的“－－”和“＋”都是作为友元函数的运算符重载，则其运算符函数调用格式为(　　)。

A. operator＋(a.operator－－().b)

B. operator＋(operator－－(a),b)

C. a.operator－－().operator＋(b)

D. b.operator＋(operator－－(a))

(4) 下列分组表达式中，运算符“－”的意义不相同的是(　　)。

A. 23.0－7.0和23.0－7

B. 23.0－7.0和23－7.0

C. 23.0－7.0和23－7

D. 23－7.0和23.0－7

(5) 下列关于运算符重载的叙述中，正确的是(　　)。

A. 通过运算符重载，能定义不存在的运算符

B. 有的运算符只能重载为成员函数

C. 若重载运算符*，则相应的运算符函数名为*

D. 重载双目运算符时，必须显式声明两个形参

(6) 关于运算符重载叙述中，错误的是(　　)。

A. 双目运算符更适合被重载为类的友元函数

B. 运算符可以重载为类的成员函数

C. 双目运算符更适合被重载为类的成员函数

D. 运算符可以重载为普通函数

(7) 下面是重载为非成员函数的运算符函数原型，其中错误的是(　　)。

A. Tdate operator＋(tdate,tdate);

B. Tdate operator－(tdate);

C. Tdate&operator＝(tdate&,tdate);

D. Tdate&operator＋＝(tdate&,tdate);

(8) 当一个类的某个函数被说明为virtual时，该函数在类的所有派生类中(　　)。

A. 都是虚函数

C. 只有被重新说明为virtual

B. 只有在基类中是虚函数

D. 都不是虚函数

(9) 一个在基类中说明的虚函数，它在该基类中没有定义，但要求任何派生类都必须定义自己的版本，这个函数是(　　)。

A. 虚析构函数

B. 虚构造函数

C. 纯虚函数

D. 静态成员函数

(10) 以下基类中的成员函数中，表示纯虚函数的是(　　)。

A. virtual void fun(int);

B. void fun(int)＝0;

C. virtual viod fun()＝0

D. virtual void fun(int){}

(11) 如果一个类至少有一个纯虚函数，那么该类为(　　)。

A. 抽象类　　B. 虚基类　　C. 虚拟类　　D. 纯虚类

(12) 下列关于纯虚函数和抽象类的描述中，正确的是(　　)。

A. 纯虚函数是一种特殊的虚函数，它一般没有具体的定义

B. 抽象类是指包含两个以上纯虚函数的类

C. 一个基类中说明有纯虚函数,其派生类一定不是抽象类

D. 抽象类中对纯虚函数进行具体定义,其派生类中无须定义

(13) 下列描述中是抽象类特性的是(　　)。

A. 可以说明虚函数　　B. 可以定义友元函数

C. 可以定义构造函数的重载　　D. 不能被直接实例化

(14) 抽象类应含有(　　)。

A. 至多一个虚函数　　B. 至少一个虚函数

C. 至多一个纯虚函数　　D. 至少一个纯虚函数

(15) 已知类 Derived 是类 Base 的公有派生类,类 Base 和类 Derived 中都定义了虚函数 func(),p 是一个指向类 Base 对象的指针,则 p-> Base::func()将(　　)。

A. 仅调用类 Base 中的函数 func()

B. 仅调用类 Derived 中的函数 func()

C. 根据 p 所指的对象类型而确定调用类 Base 中或类 Derived 中的函数 func()

D. 既调用类 Base 中函数,又调用类 Derived 中的函数

(16) 在 C++中,用于实现运行时多态性的是(　　)。

A. 内联函数　　B. 虚函数　　C. 模板函数　　D. 重载函数

(17) 对于类定义:

```
class A{
   public:
     virtual void func1()
     {}
     void func2()
     { }
};
class B:public A{
  public:
    void func1( )
    { cout <<"class B func1"<< endl;}
    virtual void func2( )
    {cout <<"class B func2"<< endl;}
};
```

下面的描述正确的是(　　)。

A. A::func2( )和 B::func1( )都是虚函数

B. A::func2( )和 B::func1( )都不是虚函数

C. B::func1( )是虚函数,而 A::func2( )不是虚函数

D. B::func1( )不是虚函数,而 A::func2( )是虚函数

2. 读程序写结果

(1)
```
#include < iostream >
using namespace std;
class A{
  protected:
    int x;
```

```
    public:
      A(){x = 1000;}
      virtual void print(){
        cout <<"x = "<< x << endl;
      }
  };
  class B:public A{
    private:
      int y;
    public:
      B(){y = 2000;}
      void print();
  };
  void B::print(){cout <<"y = "<< y << endl;}
  class C:public A{
  private:
      int z;
  public:
      C(){z = 3000;}
      void print();
  };
  void C::print(){cout <<"z = "<< z << endl;}
  main(){
    A a, * pa;
    B b;
    C c;
    a.print();
    b.print();
    c.print();
    pa = &a;pa -> print();
    pa = &b;pa -> print();
    pa = &c;pa -> print();
  }
```

（2）
```
#include< iostream >
using namespace std;
class A {
  public:
    virtual void func( ) { cout <<"func in class A "<< endl;}
};
class B {
  public:
    virtual void func( ) { cout <<"func in class B "<< endl;}
};
class C: public A, public B{
  public:
    void func( ) { cout <<"func in class C"<< endl;}
};
main ( ) {
  C c;
  A& pa = c;
```

```
    B& pb = c;
    C& pc = c;
    pa.func( ) ;
    pb.func( ) ;
    pc.func( ) ;
}
```

(3)
```
#include< iostream >
using namespace std;
class Sum{
 unsigned value;
 public:
   Sum( ) {value = 0;};
   Sum(unsigned int a ) { value = a;};
   Sum&operator++( );
   void display ( );
};
Sum &Sum::operator++( ) {
  value++;
  return *this;
}
void Sum::display ( ) {
  cout <<"Total is "<< value << endl;
}
main ( )
{
   Sum i(0),n(10); i = ++n;
   i.display ();
   n.display () ;
   i = ++n;
   i.display ();
   n.display ();
}
```

(4)
```
class First{
  public:
    virtual void f(){ cout <<"1"; }
};
class Second : public First{
  public:
   Second(){ cout <<"2"; }
};
class Third: public Second{
  public:
   Third()
   { cout <<"3"; }
   virtual void f(){ Second::f(); cout <<"3"; }
};
main()
{
  First aa, * p;
  Second bb;
  Third cc;
  p = &cc;
  p->f();
}
```

第 12 章 模板

CHAPTER 12

模板(template)是C++语言实现代码重用机制的重要工具,是泛型程序设计(即与数据类型无关的通用程序设计)的基础。通过使用模板,可以实现算法与其所操作数据的类型分离,从而设计出适用于任意数据类型的程序。要掌握这一功能,就必须理解模板的概念和用法,掌握函数模板和类模板的定义及使用。

学习目标

- 理解模板的概念;
- 掌握函数模板的定义及使用;
- 理解函数模板与模板函数的概念;
- 理解类模板的定义及使用;
- 理解类模板与模板类的概念。

12.1 模板的概念

模板是指制造重复产物的工具(也称模子)。在工业生产中,模板指的是用压制或浇灌的方法使材料成为一定形状的工具。在计算机应用中,使用最多的模板就是 Microsoft Office 办公软件中的 Word 模板,它能够生成具有一定内容、样式和页面布局等元素的文档。同样,C++中的模板也是用来制造重复产物的工具,只不过在 C++中的重复产物是程序。例如,有这样一个题目:计算两个数的最大值。对于这个题目可以编写出以下一段代码:

```
int max(int x,int y)
{
    return x > y?x:y;
}
```

但是,上述代码并没有很好地完成题目的要求,因为这个题目并没有说清这两个数是什么样的数,即是两个整数呢?还是两个字符呢?还是两个实数呢?如果是整数最好,不是整数是字符也行,虽然浪费了一些内存空间,至少还能用这段代码。如果要是实数还能不能用这段代码呢?这就不好说了,至少我们知道一点:实数所能表达的数的范围要大于整数。既然存在出错的可能,可以再编写一段处理实数的代码:

```
double max(double x,double y)
```

```
{
    return x > y?x:y;
}
```

比较这两段代码不难发现：它们功能相似、程序实现相似，只是所处理的数据类型不同（函数参数类型和返回类型不同）。然而，仅仅是因为这小小的不同，却要把整个程序代码再重复一遍，这是没有必要的。因为这完全可以通过把数据类型进行参数化（也就是用形式化的符号代表所有需要存放的数据类型）来生成处理不同数据类型数据的程序，这种"数据类型的参数化"思想正是模板的一种体现。

在C++中，模板可分为两类：函数模板和类模板。具体讲，C++中的模板就是创建类和函数的图纸，依据同一图纸"建造"的具体事物可能会很多，但它们都具有图纸所规定的共同的东西。

12.2　函数模板

函数模板可以认为是对一组功能相关函数的抽象描述，这种抽象描述暂时忽略了每个函数所需要处理的数据类型，而是仅仅抓住了这组函数所要描述的操作序列，从而使一段具有一定功能的代码具备了操作任意数据类型数据的能力。

12.2.1　函数模板的定义

定义函数模板的一般格式如下：

```
template <类型形式参数表> 返回类型 函数名(形式参数表)
{
//函数定义体
}
```

由函数模板的定义格式可以看出，定义函数模板与定义函数的格式类似，都需要有个函数名，函数名后是用一对小括号括起来的形式参数表，函数名前是返回类型以及函数体。差别只是在函数模板的定义格式中需要将函数所要处理数据的类型（部分或全部）说明为参数，声明这些类型参数要用到一个新的关键字 template，要求关键字 template 后紧跟一对尖括号，尖括号括起来的部分就是声明类型参数的地方，其中每个类型参数的前面要加个前缀 class。例如，可以把前面的题目（计算两个数的最大值）用模板来完成，即

```
template < class T> T max(T x,T y)
{
    return x > y?x:y;
}
```

说明：

(1) template 是定义模板的关键字，其后要紧跟一对尖括号。

(2) 写在尖括号里面的部分是类型参数，这里只声明了一个类型参数 T，当然类型参数也可以有多个。无论是一个还是多个类型参数，要求每个类型参数的前面必须用关键字 class 限定，并且要求类型参数名符合标识符命名规则。例如：

```
template < class U,class V,class W > U Fun(V x,W y)
{
    //函数定义体
}
```

(3) 这里的 class 与类的声明关键字 class 虽然字母组成相同，但含义不同。这里的 class 表示 T 是一个类型参数，这个类型参数 T 可以是任何一种数据类型，比如整型、实型、类类型等。

(4) 模板类型参数声明关键字 class 可以用 typename 代替，它们在定义模板时完全等价。例如：

```
template < typename U, typename V, typename W > U Fun(V x,W y)
{
    //函数定义体
}
```

(5) 模板定义格式中的类型形式参数表可以包含非类型形式参数。类型形式参数就是用 class 或 typename 限制的参数。非类型形式参数是指某种具体的数据类型，比如 int、char 等，在模板调用时需要用相应类型的常值。例如：

```
template < class T, int W > T Fun(T x,T y)
{
    //函数定义体
}
```

(6) template 语句与函数定义之间不能有任何其他语句。

(7) 函数的返回类型可以是普通类型，也可以是模板类型参数表中指定的数据类型。

(8) 函数的形式参数表中的数据类型可以是普通类型，也可以是模板类型参数表中指定的数据类型，当然也可以是两者的组合(既有普通类型，又有模板类型参数表中指定的数据类型)。

(9) 函数定义体中出现的参数，可以是普通类型，也可以是模板类型参数表中指定的数据类型。

12.2.2 函数模板的实例化

在用 template 语句定义了函数模板之后，就可以在程序中使用这个函数模板来生成函数，这个过程称为函数模板的实例化。函数模板的实例化有两种形式，分别是显式实例化和隐式实例化。

隐式实例化的形式如下：

函数名(实际参数列表)；

显式实例化的形式如下：

函数名<数据类型名 1，数据类型名 2，……，数据类型名 n >(实际参数列表)；

【例 12-1】 函数模板的隐式实例化举例。

```
1    /*****************************************************
2                 程序文件名:Ex12_1.cpp
3                 函数模板的隐式实例化举例
```

```
4   ************************************************* /
5   #include <iostream>
6   using namespace std;
7   template <class T>
8   T max(T x,T y)
9   {
10      return x>y?x:y;
11  }
12  void main()
13  {
14      int a=3,b=5;
15      char c='r',d='k';
16      double e=3.14,f=5.23;
17      cout<<"a,b的最大值是:"<<max(a,b)<<endl;
18      cout<<"c,d的最大值是:"<<max(c,d)<<endl;
19      cout<<"e,f的最大值是:"<<max(e,f)<<endl;
20  }
```

程序运行结果如图 12-1 所示。

图 12-1 例 12-1 运行结果

【程序解释】

(1) 第 7 行用 template 关键字定义了一个模板,并且在尖括号里面用 class 关键字声明了一个名为 T 的类型参数。关于类型参数名可以是任何合法的标识符,不必一定要使用标识符 T。

(2) 第 8 行是使用类型参数 T 进行类型声明的函数定义,因此这里定义了一个函数模板。

(3) 第 9~11 行是函数模板的函数定义体,其中只有一条 return 语句,该语句把条件表达式所计算的形式参数 x 和 y 的最大者通过函数返回。

(4) 程序从入口第 12 行 main()函数开始,第 14~16 行分别声明了整型变量 a 和 b、字符变量 c 和 d、双精度变量 e 和 f,并进行了初始化。

(5) 第 17 行使用插入运算符向输出流中插入了一个字符串"a,b 的最大值是:",然后又向输出流中插入了 max(a,b)的值。这里的 max(a,b)是函数模板隐式实例化的形式。从运行结果可以看出,函数模板隐式实例化的结果正确完成了整型变量 a 和 b 最大值的计算。

(6) 第 18 行也是使用插入运算符向输出流中插入了一个字符串"c,d 的最大值是:",然后又向输出流中插入了 max(c,d)的值。这里的 max(c,d)也是函数模板隐式实例化的形式。从运行结果看出,函数模板隐式实例化的结果正确完成了字符变量 c 和 d 最大值的计算。

(7) 第 19 行也是使用插入运算符向输出流中插入了一个字符串"e,f 的最大值是:",然后又向输出流中插入了 max(e,f)的值。这里的 max(e,f)也是函数模板隐式实例化的形式。从运行结果看出,函数模板隐式实例化的结果正确完成了双精度变量 e 和 f 最大值的计算。

从函数模板的隐式实例化举例可以看出,在使用函数模板时,只是在需要的地方简单地写出函数模板的名字,并用一对小括号把实际参数括起来,这样就能完成相应的功能。然而，函数模板的实例化并不是看起来那么简单，这个过程需要进行如下两个步骤：

第一步，推断模板类型参数。对于函数模板的隐式实例化，模板类型参数的推断是通过函数实际参数进行的。也就是说，函数实际参数的数据类型就是函数模板中对应函数形式参数的数据类型。具体讲就是，如果函数的第一个实际参数是整型，那么函数模板中对应函数的第一个形式参数的数据类型也必须是整型。如果函数的第二个实际参数是字符型，那么函数模板中对应函数的第二个形式参数的数据类型也必须是字符型，以此类推。

例如，从例 12-1 中第 17 行的 max(a,b)可知，函数 max 的第一个实际参数 a 的数据类型是整型，因此根据模板类型参数推断原则，第 8 行的函数模板中对应函数的第一个形式参数 x 的数据类型也必须是整型，即此时的类型参数 T 的值为 int。同理，第 17 行的函数 max()的第二个实际参数 b 的数据类型也是整型，因此，第 8 行的函数模板中对应函数的第二个形式参数 y 的数据类型 T 也必须是 int。这次模板类型参数就进行两次推断，而且第一次推断的结果和第二次推断的结果是相同的，因此，这次推断是正确的。

第二步，实例化函数模板。根据第一步模板类型参数的推断结果，编译器把函数模板中所有模板类型参数替换为相应的数据类型，并生成以具体数据类型(由模板类型参数推断后的数据类型)作为类型说明的函数，这个函数称为模板函数。

例如，在例 12-1 中，编译器根据模板类型参数推断的结果，把函数模板中的类型参数 T 都替换成 int，并生成如下的模板函数：

```
int max(int x, int y)
{
    return x > y?x:y;
}
```

在编译器将模板类型参数替换成实际参数类型的过程中，并不会对实际参数的数据类型进行任何转换，这一点与普通函数在参数传递时会进行隐式类型转换是不同的。

这里提到了两个相似的名词：函数模板和模板函数。但它们却有本质的不同。函数模板是对一组功能相关函数的抽象描述，这种抽象描述写在程序里是以关键字 template 开头的函数定义。当编译器遇到这样的函数定义时，它不会为此产生任何的代码，因为此时编译器并不清楚该函数模板的模板类型参数具体是什么数据类型，当然也就无法为其分配内存空间了。模板函数是函数模板实例化的结果。当编译器遇到一个函数调用却无法找到相应的代码时，它就会结合曾经遇到的函数模板进行模板类型参数的推断，并根据推断的结果对函数模板进行类型参数替换，这时就会生成处理该数据类型的函数代码，即模板函数。也就是说，函数模板是一个“虚”的、不存在的函数的描述，而模板函数是一个真实存在的、可以执行的函数代码。

需要指出的是，在模板类型参数推断的过程中，编译器并不会对实际参数的数据类型进行任何转换，这一点与普通函数在参数传递时会进行隐式类型转换是不同的。因此，这就意味着模板类型参数并不一定每次都会推断成功。如果模板类型参数推断失败，就不会生成相应的模板函数。例如，在例 12-1 程序的主函数 main()中存在如下函数模板隐式实例化形式：

```
max(a,c);
```

按照模板类型参数的推断原则，由于 max(a,c)第一个实际参数 a 的数据类型是整型，因此要求函数模板中对应函数的第一个形式参数 x 的数据类型也必须是整型，即此时的类型参数 T 应为 int。max(a,c)的第二个实际参数 c 的数据类型是字符型，因此要求函数模板中对应函数的第二个形式参数 y 的数据类型也必须是字符型，即类型参数 T 应为 char。通过根据第一个实际参数推断的结果和根据第二个实际参数推断的结果可知，对于同一个类型参数 T，根据两个实际参数推断的结果不同，编译器并不会为了让它们相同而把实际参数 c 的数据类型转换成整型，或者是把实际参数 a 的数据类型转换成字符型。因此，这次推断是失败的。当然也就不会生成第一个形式参数是整型，第二个形式参数是字符型的模板函数。

【例 12-2】 函数模板的显式实例化举例。

```
1   /**************************************************
2                          程序文件名:Ex12_2.cpp
3                          函数模板的显式实例化举例
4   **************************************************/
5   #include <iostream>
6   using namespace std;
7   template <class T>
8   T max(T x,T y)
9   {
10      return x>y?x:y;
11  }
12  void main()
13  {
14      int a=3,b=5;
15      char c='r',d='k';
16      double e=3.14,f=5.23;
17      cout<<"a,b 的最大值是:"<<max<int>(a,b)<<endl;
18      cout<<"c,d 的最大值是:"<<max<int>(c,d)<<endl;
19      cout<<"e,f 的最大值是:"<<max<int>(e,f)<<endl;
20  }
```

```
a,b的最大值是: 5
c,d的最大值是: 114
e,f的最大值是: 5
```

图 12-2　例 12-2 运行结果

程序运行结果如图 12-2 所示。

【程序解释】

(1) 第 7 行用 template 关键字定义了一个模板，并且在尖括号里面用 class 关键字声明了一个名为 T 的类型参数。

(2) 第 8 行是使用类型参数 T 进行类型声明的函数定义，因此这里定义了一个函数模板。

(3) 第 9～11 行是函数模板的函数定义体，其中只有一条 return 语句，该语句把条件表达式所计算的形式参数 x 和 y 的最大者通过函数返回。

(4) 程序从入口第 12 行 main()函数开始，第 14～16 行分别声明了整型变量 a 和 b、字符变量 c 和 d、双精度变量 e 和 f，并进行了初始化。

(5) 第 17 行使用插入运算符向输出流中插入了一个字符串“a,b 的最大值是：”，然后又向输出流中插入了 max<int>(a,b)的值。这里的 max<int<(a,b)是函数模板显式实例化的形式。

(6) 第 18 行也是使用插入运算符向输出流中插入了一个字符串“c,d 的最大值是：”，然后又向输出流中插入了 max< int >(c,d)的值。

(7) 第 19 行也是使用插入运算符向输出流中插入了一个字符串“e,f 的最大值是：”，然后又向输出流中插入了 max< int >(e,f)的值。

从运行结果可以看出，函数模板显式实例化的结果与函数模板隐式实例化的结果是有差别的。这是因为函数模板在隐式实例化时，需要经过模板类型参数的推断和函数模板的实例化两个步骤。而函数模板在显式实例化时，模板类型参数是用户通过在函数名之后、实际参数表之前，以尖括号所括起来的部分指明的，不需要进行模板类型参数的推断。因此，在例 12-2 中，编译器根据函数模板显式实例化时所指明的类型，把函数模板中的类型参数 T 都替换成 int，并生成如下的模板函数：

```
int max(int x,int y)
{
    return x > y?x:y;
}
```

需要注意的是，函数模板在实例化时，编译器并不一定每次都会为函数模板实例化一个模板函数，这是因为函数模板实例化的发生是有条件的：

(1) 在程序中存在函数模板的定义。

(2) 使用函数模板定义中的函数名进行函数调用。

(3) 能够成功地推断出模板类型参数。

(4) 不存在与该函数调用完全匹配的函数定义。

对于例 12-2 的程序中存在函数模板的定义(第 7～11 行)，在第 17 行使用函数模板显式实例化的形式 max< int >(a,b)进行函数调用，而且不存在与 max< int >(a,b)函数调用完全匹配的函数定义(本例题只有函数模板的定义)，满足函数模板实例化发生的条件。因此，编译器会根据函数模板显式实例化形式所指明的类型，生成一个模板函数，即

```
int max(int x,int y)
{
return x > y?x:y;
}
```

在对第 17 行 max< int >(a,b)进行实例化之后，编译器又遇到了第 18 行的函数调用 max< int >(c,d)，这时，函数模板实例化的发生条件已不再满足。因为已经存在了一个模板函数，而这个模板函数与函数调用 max< int >(c,d)完全匹配(该函数模板显式实例化形式所指明的类型是整型，这与模板函数的参数类型都是整型吻合)。因此，max< int >(c,d)会调用该模板函数。同理，第 19 行的函数调用 max< int >(e,f)也会调用该模板函数。在确定了调用关系之后，后面的事情就与普通函数调用类似了。因此，才会出现输出都是整型数据的结果。

12.2.3 函数模板的重载

提到函数模板就必然要涉及函数重载，因为函数模板实例化后所生成的一组模板函数都是同名的，当然这组模板函数也可被称作重载函数。

除了模板函数是重载函数之外，函数模板也可以重载。也就是说，允许在同一作用域范围内定义多个同名的函数模板，只要重载的每个函数模板在参数的个数、参数的类型或参数的顺序上不完全相同就行。函数模板的类型形式参数表以及返回类型不能作为区分函数模板重载的标识。

当然，函数模板也可以与普通函数重载(这个普通函数也可以是重载函数)。当函数模板与普通函数重载时，编译器对重载函数的选择规则是将实际参数的数据类型按照先后顺序与所有被调用的重载函数的形式参数的数据类型进行一一比较。这种先后顺序是：

(1) 在所有被调用的重载函数中寻找实际参数的类型与形式参数的类型完全匹配的。如果找到了，编译器就选择这个重载函数；如果没有找到，就进行下一步。

(2) 在所有重载的函数模板中寻找实例化成模板函数后能够匹配的。如果找到了，编译器就选择这个模板函数；如果没有找到，就进行下一步。

(3) 再在所有被调用的重载函数中寻找实际参数的类型，通过类型转换可以与形式参数的类型匹配。如果找到了，编译器就选择这个重载函数；如果没有找到，就给出编译错误信息。

【例 12-3】 函数模板的重载举例。

```
1   /**************************************************
2                程序文件名:Ex12_3.cpp
3                函数模板的重载举例
4   **************************************************/
5   #include <iostream>
6   using namespace std;
7   template <class T>
8   T max(T x,T y)
9   {
10      cout <<"这是一个模板函数,最大值是:";
11      return x > y?x:y;
12  }
13  int max(int x,int y)
14  {
15      cout <<"这是一个重载函数 max(int,int),最大值是:";
16      return x > y?x:y;
17  }
18  int max(int x,char y)
19  {
20      cout <<"这是一个重载函数 max(int,char),最大值是:";
21      return x > y?x:y;
22  }
23  void main()
24  {
25      int a = 3,b = 5;
26      char c = 'r',d = 'k';
27      double e = 3.14,f = 5.23;
28      cout << max(a,b)<< endl;
29      cout << max(c,d)<< endl;
30      cout << max(c,a)<< endl;
31      cout << max(e,c)<< endl;
32  }
```

图 12-3　例 12-3 运行结果

程序运行结果如图 12-3 所示。

【程序解释】

(1) 第 7～12 行用 template 关键字定义了一个函数模板,该函数模板的函数定义体中除了有一条输出字符串“这是一个模板函数,最大值是：”的语句之外,还有一条 return 语句,该语句把条件表达式所计算的形式参数 x 和 y 的最大者通过函数返回。

(2) 第 13～17 行是普通函数 max 的定义,该函数的两个形式参数和返回类型都是整型,函数的定义体中除了有一条输出字符串“这是一个重载函数 max(int,int),最大值是：”的语句之外,还有一条 return 语句,该语句把条件表达式所计算的形式参数 x 和 y 的最大者通过函数返回。

(3) 第 18～22 行是重载函数 max 的定义,该函数的两个形式参数一个是整型,另一个是字符型,返回类型是整型,函数的定义体中除了有一条输出字符串“这是一个重载函数 max(int,char),最大值是：”的语句之外,还有一条 return 语句,该语句把条件表达式所计算的形式参数 x 和 y 的最大者通过函数返回。

(4) 程序从入口第 23 行 main()函数开始,第 25～27 行分别声明了整型变量 a 和 b、字符变量 c 和 d、双精度变量 e 和 f,并进行了初始化。

(5) 第 28 行使用插入运算符向输出流中插入了 max(a,b)的值。按照函数模板与普通函数重载时,编译器对重载函数的选择规则,实际参数 a 和 b 的数据类型都是整型,在本例的重载函数中存在形式参数也都是整型的,即第 13～17 行的函数 max(int x,int y)。

(6) 第 29 行使用插入运算符向输出流中插入了 max(c,d)的值。由于实际参数 c 和 d 的数据类型都是字符型,在本例的重载函数中不存在形式参数都是字符型的,因此,需要在所有重载的函数模板中寻找,即第 7～12 行的函数模板。按照函数模板实例化的发生条件,max(c,d)能够实例化一个模板函数 max(char x,char y)。

(7) 第 30 行使用插入运算符向输出流中插入了 max(c,a)的值。由于实际参数 c 是字符型,a 是整型,在本例的重载函数中不存在与形式参数完全匹配的,而且也不能通过第 7～12 行的函数模板正确实例化,但 max(c,a)的实际参数 c 和 a 可以通过类型转换与第 18～22 行的函数 max(int x,char y)匹配。

(8) 第 31 行的 max(e,c)分析过程同上,也是可以通过类型转换与第 18～22 行的函数 max(int x,char y)匹配。

12.3　类模板

类模板可以被认为对一组结构相同、功能相同的类的抽象描述。这种抽象描述更能刻画这一组类类型在结构和操作上的共同点,从而可以设计出结构和成员函数完全相同,但所处理的数据类型不同的通用类。

12.3.1　类模板的定义

定义类模板的一般格式如下：

```
template <类型形式参数表> class 类模板名
```

```
{
    // 类成员的声明与定义
};
```

由类模板的定义格式可以看出，定义类模板与定义函数模板的格式类似，都必须以关键字 template 开头，其后紧跟一对尖括号，尖括号括起来的部分就是声明类型参数的地方，其中每个类型参数的前面要加个前缀 class 或 typename。函数模板在一对尖括号的后面出现的是函数的定义，而类模板在一对尖括号的后面出现的是类的定义。例如，用类型模板实现一个可以存放任意数据类型的通用数组：

```
template<class T,int Size>
class Array
{
private:
    T a[Size];                          //Size 代表数组容量
public:
    Array();
    T &operator[](int i);               //重载下标运算符
};
```

说明：

(1) template 是定义模板的关键字，紧跟其后的一对尖括号里面是类型参数，当然也可以出现非类型参数。这里 T 是类型参数，Size 是非类型参数。

(2) 尖括号后面的 class 是声明类的关键字，尖括号里面的 class 表示 T 是代表任何一种数据类型的类型参数。

(3) 类的定义体中，数据成员的类型或函数成员的形式参数、返回类型以及函数体中的局部数据的类型都可以是普通类型，也可以是模板类型参数表中指定的类型。

(4) 如果成员函数在类模板内定义，其定义方法与普通类的成员函数定义方法相同。如果成员函数在类模板外定义，必须将模板声明加到成员函数返回类型的前面，而且还要用类模板的完整类型限定符去限定函数名。类模板的完整类型限定符形式如下：

```
类模板名<模板类型参数名表>::
```

例如，构造函数 Array()的类外定义如下：

```
template<class T,int Size>
Array<T,Size>::Array()                  //将数组元素初始化为 0
{
    for(int i=0;i<Size;i++)
        a[i]=0;
}
```

也就是说，类模板的成员函数都是函数模板。

12.3.2　类模板的实例化

在类模板定义之后，就可以在程序中使用这个类模板进行实例化。类模板实例化的一般形式如下：

```
类模板名<类型名1,类型名2,……,类型名n>
```

在实例化类模板时,需要根据类模板定义时的类型参数的声明对其用具体的数据类型进行指定。如果类型参数表中存在非类型参数,则必须为这个非类型参数在实例化时指定一个常值。例如,对前面通用数组类模板进行实例化可写成如下语句:

```
Array< int,10 >;
```

从上述类模板的实例化形式可以看出,类模板的实例化形式与函数模板的显式实例化类似,即模板类型参数是用户在类模板名之后,通过一对尖括号所括起来的部分指明。不同的是,类模板的实例化只有这一种形式,而函数模板的实例化有隐式和显式两种形式。

Array < int,10 >是类模板 Array 实例化的形式,那它代表什么意思呢?类似于函数模板实例化的结果是模板函数,类模板实例化的结果就是模板类。这个模板类 Array < int,10 >是通过编译器将类模板定义中的所有类型参数 T 都替换成 int,将所有非类型参数 Size 都替换成 10 所生成的。它的定义类似如下代码:

```
class Array
{
private:
    int a[10];
public:
    Array();
    int &operator[](int i);
};
```

类模板和模板类的共同点是它们都是"虚"的、不存在的抽象描述。只不过类模板是对一组结构相同、功能相同的类的抽象描述。而模板类是对一组具有相同类型的对象的抽象描述,是类模板实例化的结果。

【例 12-4】 类模板的实例化举例。

```
1   /*************************************************
2               程序文件名:Ex12_4.cpp
3               类模板的实例化举例
4   *************************************************/
5   # include < iostream >
6   using namespace std;
7   template < class T, int Size >
8   class Array
9   {
10  private:
11      T a[Size];                          //Size 代表数组容量
12  public:
13      Array();
14      T &operator[](int i);               //重载下标运算符
15  };
16  template < class T, int Size >
17  Array < T, Size >::Array()              //将数组元素初始化为 0
18  {
19      for(int i = 0;i < Size;i++)
```

```
20              a[i] = 0;
21  }
22  template < class T, int Size >
23  T& Array < T, Size >::operator[](int i)
24  {
25      if(i < 0||i > Size - 1)
26      {
27          cout <<"\n 数组下标越界!\n";
28          exit(1);
29      }
30      return a[i];
31  }
32  void main(){
33      Array < int, 5 > iarray;
34      Array < char * , 5 > carray;
35      iarray[0] = 1;
36      iarray[1] = 2;
37      iarray[2] = 3;
38      iarray[3] = 4;
39      iarray[4] = 5;
40      for(int i = 0; i < 5; i++)
41          cout << iarray[i]<<"\t";
42      cout << endl;
43      carray[0] = "cache";
44      carray[1] = "text";
45      carray[2] = "script";
46      carray[3] = "window";
47      carray[4] = "navigator";
48      for(i = 0; i < 5; i++)
49          cout << carray[i]<<"\t";
50      cout << endl;
51  }
```

程序运行结果如图 12-4 所示。

图 12-4　例 12-4 运行结果

【程序解释】

(1) 第 7 行用 template 关键字定义了一个模板,并且在尖括号里面用 class 关键字声明了一个名为 T 的类型参数和用 int 声明了一个名为 Size 的非类型参数。

(2) 第 8 行是类的定义,由于其写在 template 关键字后面,这意味着此处定义了一个类模板。

(3) 第 9～15 行是类模板的定义体,其中第 11 行声明了一个容量是用非类型参数 Size 指定的 T 类型的数组; 第 13 行是类模板的构造函数原型声明,第 14 行是重载了下标运算符的成员函数原型声明,该成员函数的返回类型是 T 类型。

(4) 第 16～21 行是类模板的构造函数的类外定义,功能是将数组元素初始化为 0。

(5) 第22～31行是重载了下标运算符的成员函数的类外定义，功能是该类模板实例化结果的对象可以使用下标运算符，并具有数组下标越界判断功能。

(6) 程序从入口第32行main()函数开始，第33行用类模板实例化一个模板类Array<int,5>，并用它定义了一个对象iarray；第34行用类模板实例化一个模板类Array<char *,5>，并用它定义了一个对象carray。这两个模板类是完全不同的类。

(7) 第35～39行对象iarray通过使用下标运算符进行赋值。第40行和第41行用for循环把对象iarray数据成员的值输出。第42行输出一个换行符。

(8) 第43～49行同上，对对象carray使用下标运算符进行赋值，并用for循环把对象carray数据成员的值输出。第50行输出一个换行符。

需要说明的是，类模板在实例化的过程中，并不会实例化类模板的成员函数。只有在类模板的成员函数被调用时才会发生类模板成员函数的实例化，也就是说，只有那些被调用的类模板的成员函数才会生成相应的函数代码。

12.3.3 类模板与友元

类模板与普通类一样，同样可以有友元。不同的是，建立类模板的友元关系，使用的符号可能很烦琐。使用如下的类模板的定义来说明友元关系：

```
template < class T >
class MyTemplate
{
…                                               // 类成员的声明与定义
};
```

1. 友元函数

```
template < class T >

class MyTemplate
{
…                                               // 类成员的声明与定义
friend void Gfun();                             //普通函数声明为类模板的友元
friend void Tfun(MyTemplate < T > &a);          //函数模板声明为类模板的友元
…                                               // 类成员的声明与定义
};
```

普通函数Gfun声明为类模板MyTemplate的友元，则该普通函数Gfun是该类模板MyTemplate实例化的所有模板类的友元函数。函数模板Tfun声明为类模板MyTemplate的友元，则该类模板MyTemplate实例化的每一个对特定类型T的模板类都对应着Tfun(MyTemplate<T> &a)的友元函数。

2. 友元类

```
template < class T >
class MyTemplate
{
…                                               // 类成员的声明与定义
friend class GC;                                //普通类声明为类模板的友元
friend class TC < T >;                          //类模板声明为另一类模板的友元
```

```
...                                               // 类成员的声明与定义
};
```

普通类 GC 声明为类模板 MyTemplate 的友元，则该普通类 GC 是该类模板 MyTemplate 实例化的所有模板类的友元类。类模板 TC 声明为类模板 MyTemplate 的友元，则该类模板 MyTemplate 实例化的每一个对特定类型 T 的模板类都对应着 TC < T >的友元类。

3. 友元成员函数

```
template < class T >

class MyTemplate
{
...                                               // 类成员的声明与定义
friend void GC::GMfun();                          //普通类 GC 的成员函数 GMfun 声明为类模板
                                                    的友元
friend void TC < T >::TMfun(MyTemplate < T > &a); //类模板 TC 的成员函数 TMfun 声明为另一类
                                                    模板的友元
...                                               // 类成员的声明与定义
};
```

普通类 GC 的成员函数 GMfun 声明为类模板 MyTemplate 的友元，则该普通类 GC 的成员函数 GMfun 是该类模板 MyTemplate 实例化的所有模板类的友元函数。类模板 TC 的成员函数 TMfun 声明为类模板 MyTemplate 的友元，则该类模板 MyTemplate 实例化的每一个对特定类型 T 的模板类都对应着 TC < T >::TMfun(MyTemplate < T > &a)的友元。

12.3.4 类模板与静态成员

在类模板中声明静态成员与在普通类中声明静态成员类似，而且同样要在文件范围内进行初始化。例如：

```
template < class T >
class MyTemplate
{
    static T mstatic;                             //在类模板中声明静态成员
    //...                                         // 类成员的声明与定义
};
template < class T >
T MyTemplate < T > ::mstatic = 0;                 //在文件范围内初始化静态成员
```

静态成员对于普通类而言是该类的所有对象共享的成员，对于在类模板的作用也是一样的，只不过从类模板可以实例化多个模板类，而每一个模板类都有自己相应的静态成员，这个静态成员依然被它所对应的模板类的所有对象共享。

12.3.5 类模板的继承与派生

类模板像普通类一样，同样也有继承与派生。也就是说，类模板既可以作为基类出现，也可以作为派生类出现。只不过对于类模板而言，存在模板类型参数的问题。下面对类模板的继承与派生的几种情况予以简单介绍。

1. 普通类从类模板的一个实例派生

```
template<class T>
class MyTemplate                        //类模板
{
    //…                                 // 类成员的声明与定义
};
class GC:public MyTemplate<int>         //普通类从类模板的一个实例派生
{
    //…                                 // 类成员的声明与定义
};
```

2. 类模板从普通类派生

```
class GC                                //普通类
{
    //…                                 // 类成员的声明与定义
};
template<class T>
class MyTemplate:public GC              //类模板从普通类派生
{
    //…                                 // 类成员的声明与定义
};
```

3. 类模板从类模板派生

```
template<class T>
class MyTemplate                        //类模板
{
   //…                                  // 类成员的声明与定义
};
template<class T>
class GC1:public MyTemplate<T>          //类模板从类模板派生
{
   T x;                                 //派生类使用基类的模板参数
   //…                                  // 类成员的声明与定义
};
template<class W,class T>
class GC2:public MyTemplate<T>          //类模板从类模板派生
{
   W x;                                 //派生类增加自己必需的模板参数
   //…                                  // 类成员的声明与定义
};
```

12.4 标准模板库

标准模板库(Standard Template Library,STL)是由惠普公司的 Alexander Stepanov 和 Meng Lee 共同开发的一套通用模板类(数据结构)和函数(算法),这些库可作为一种存储和处理数据的标准方案进行泛型编程(Generic Programming),1994 年被纳入 C++ 标准,成为 C++标准库的一部分。

STL 的核心内容包括容器、算法和迭代器三部分。其中容器(container)用于存储其他对象的对象,并定义能够操作这个对象的接口。常见的 STL 容器包括向量(vector)、链表(list)、双端队列(deque)、集合(set)、多重集合(multiset)、映射(map)、多重映射(multimap)、堆栈(stack)和队列(queue)等,它们分属顺序容器、关联容器和容器适配器三类之中。每个 STL 算法(algorithm)都是独立于容器的一个或者一组模板函数,可以应用在容器中的对象上。STL 提供了大约 70 个算法,覆盖了在容器上实施的各种常见操作,如遍历、排序、检索、插入及删除元素等操作。迭代器(iterator)是面向对象的指针,它指向容器中的元素。算法通过使用迭代器来遍历和访问容器中的元素,迭代器是容器和算法之间联系的桥梁。STL 体系复杂庞大,这里只是简单提及一些相关内容,有关 STL 的详细内容,请参考其他相关资料。

【例 12-5】 标准模板库应用举例。

```
1   /**************************************************
2                   程序文件名:Ex12_5.cpp
3                   标准模板库应用举例
4   **************************************************/
5   #include <iostream>
6   #include <vector>                           //使用容器需要包含相应的头文件
7   #include <algorithm>                        //使用算法需要包含的头文件
8   using namespace std;
9   const int N = 5;
10  void Print(int m)
11  {
12      cout << m <<"\t";
13  }
14  void main( )
15  {
16      vector <int> a(N);                      //定义一个大小为 N 的向量容器
17      cout <<"请输入"<< N <<"个整型数据:";
18      for(int i = 0;i < N;i++)                //从标准输入读入向量的内容
19          cin >> a[i];
20      sort(a.begin(),a.end());                //对容器中的所有元素进行排序
21      for_each(a.begin(),a.end(),Print);      //输出排序结果
22      cout << endl;
23  }
```

程序运行结果如图 12-5 所示。

```
请输入5个整型数据: 73 84 56 32 41
32      41      56      73      84
```

图 12-5 例 12-5 运行结果

【程序解释】

(1) 第 9 行定义了一个整型常量 N。

(2) 第 10~13 行定义了一个函数 Print,该函数的功能是向输出流插入形式参数的内容和一个水平制表符。

(3) 程序从入口第 14 行 main()函数开始。第 16 行 vector 是一个支持随机存取的容器类模板,并用其定义一个大小为 N 的向量容器。第 19 行利用下标运算符[]直接访问向量容器的元素。

（4）第20行 sort 是 STL 的通用算法，实现对容器中的所有元素进行排序。a. begin()和 a. end()是向量容器 a 的两个迭代器，a. begin()指向向量容器 a 第一个元素的位置，a. end()指向向量容器 a 的末尾（最后一个元素的下一个位置）。

（5）第21行 for_each 也是 STL 的通用算法，其功能是用来遍历一个(a. begin(),a. end())区间，然后调用 Print 来处理每个对象。

小结

（1）模板是对具有相同特性的函数或类的再抽象，是一种参数化的多态性工具。模板的出现为各种逻辑功能相同而数据类型不同的程序提供了一种代码共享机制。

（2）函数模板是形式参数类型、返回类型或函数体中使用了通用类型的函数。它是对一组功能相关函数的抽象描述，函数模板使用时需要实例化为模板函数。

（3）函数模板和函数模板可以重载，函数模板和普通函数也可以重载。

（4）类模板是数据成员类型、成员函数的形式参数类型、返回类型或函数体中使用了通用类型的类，它是对一组结构相同、功能相同的类的抽象描述。类模板使用时需要实例化为模板类。

（5）类模板与普通类一样，同样可以有友元、静态成员以及继承。

（6）标准模板库是用模板机制来表达泛型的库，是 C++标准库的一部分，可以分为算法、容器和迭代器三大类。

习题 12

1. 找出下列程序的错误

（1）有如下类模板的定义，请指出其中的错误。

```
template < class T >
class MyClass
{
public:
T num;
}
```

（2）有如下程序，请指出错误的语句。

```
template < class T >
class Array
{
protected:
    int num;
    T *p;
public:
    Array(int);
    ~Array();
};
```

```
Array::Array(int x)                              //L1
{
    num = x;                                     //L2
    p = new T[num];                              //L3
}
Array::~Array()                                  //L4
{
    delete []p;                                  //L5
}
void main()
{
    Array a(10);                                 //L6
}
```

2. 选择题

(1) 下列关于类模板的模板参数说法正确的是(　　)。

A. 只可作为成员函数的参数类型

B. 只可作为数据成员的类型

C. 只可作为成员函数的返回值类型

D. 以上三者都可以

(2) 关于关键字 class 和 typename,下列表述中正确的是(　　)。

A. 程序中的 typename 都可以替换为 class

B. 程序中的 class 都可以替换为 typename

C. 在模板形参表中只能用 typename 来声明参数的类型

D. 在模板形参表中只能用 class 或 typename 来声明参数的类型

(3) 设有函数模板

```
template <class T>
T max(T a,T b)
{
  return (a>b)?a:b;
}
```

则下列语句中对该函数模板的错误使用是(　　)。

A. max(1,2)　　　　B. max(1.2,3.4)

C. max(1,2.3)　　　D. max('a','b')

(4) 下列关于函数模板和模板函数的描述中,错误的是(　　)。

A. 模板函数在编译时不产生可执行代码

B. 函数模板是定义重载函数的一种工具

C. 模板函数是函数模板的一个实例

D. 函数模板是一组函数的样板

(5) 下列程序的运行结果为(　　)。

```
#include <iostream>
using namespace std;
template <class T>
```

```
T sum(T * s,int size = 0)
{
    T x = 0;
    for(int i = 0;i < size;i++)
        x += s[i];
    return x;
}
void main()
{
    int a[] = {1,2,3,4};
    int b = sum(a,4);
    cout << b << endl;
}
```

A. 10　　　　B. 9　　　　C. 6　　　　D. 3

3. 读程序写结果

```
#include < iostream >
#include < cstring >
using namespace std;
template < class U,class W >
U add(U a, W b)
{
    return(a + b);
}
char* add(char * a,char * b )
{
    return strcat(a,b);
}
void main()
{
    int a = 1,b = 2;
    double c = 1.1,d = 2.2;
    char e[10] = "Hello";
    cout << add(a,b)<< endl;
    cout << add(c,b)<< endl;
    cout << add(a,d)<< endl;
    cout << add(e," World! ")<< endl;
}
```

第 13 章 I/O 流

CHAPTER 13

数据的输入/输出(Input/Output)操作对于程序设计是必不可少的,也是计算机语言必须提供的重要功能。C++除了完全支持C语言中的输入/输出系统之外,还提供了一套面向对象的输入/输出系统,即输入/输出流类库。通过使用I/O流,C++程序中的数据输入/输出会更容易、更灵活且可扩展。本章将对C++中I/O流的相关概念及流类库的结构及使用做基本的介绍,对于流类库中类及成员的详细说明,请查阅相关C++标准库的参考手册。

学习目标

- 理解流的概念及流类库的层次结构;
- 理解C++语言面向对象I/O流的使用;
- 掌握格式化输入和输出;
- 掌握插入运算符与析取运算符的重载;
- 掌握文件的输入/输出。

13.1 流的概念

在C语言中,数据的输入/输出(I/O)操作都是通过系统提供的标准库函数来完成的,比如printf函数和scanf函数。但是,这两个函数却存在着类型不安全的隐患,因为printf函数和scanf函数所期望的参数个数与类型取决于包含在第一个参数中的信息,而这一信息对编译器的类型检查是没有用的。因此,编译器无法检查对printf函数和scanf函数调用的正确性。同时,printf函数和scanf函数只知道如何输入/输出已知的基本数据数据类型的值,对于C++程序中大量的类对象却无能为力。而C++中提供的数据输入/输出系统避免了C语言中输入/输出系统的不足,是一个类型安全、可扩展的输入/输出系统,它通过输入/输出流类库来实现输入/输出功能。

C++使用"流"(stream)来描述输入/输出,它是指数据的流动,即数据从一个位置流向另一个位置。一个流即为一个字节序列。它既可以是获取输入数据的源,也可以是输出数据的目的地。因此,流可以分为两类:输入流和输出流。输入流是指向程序提供数据源的流,可以认为是从外设流向内存的数据流,比如从键盘输入数据,从磁盘读入数据等。输出流是指程序所提供数据源的流,可以认为是从内存流向外设的数据流,比如数据显示、数据存盘等。

在C++中流实际上就是对象,它在使用前被建立,使用后被删除。数据的输入/输出操作就是从流中获取数据或者向流中添加数据。通常把从流中获取数据的操作称为提取（或析取），即读操作或者输入操作；向流中添加数据的操作称为插入操作，即写操作或者输出操作。

13.2 C++流库概述

C++建立了一个十分庞大的流类库来实现数据的输入/输出功能，其中的每个流类实现不同的操作，这些类通过继承组合在一起。I/O 流类派生体系如图 13-1 所示。

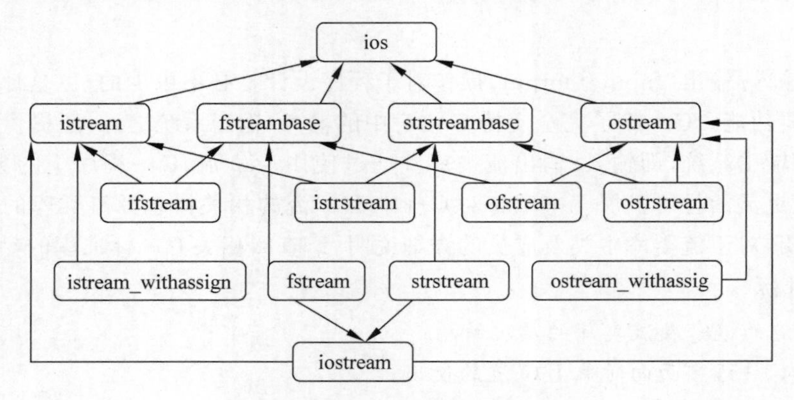

图 13-1　I/O 流类派生体系

类 ios 是所有流类的虚基类，而且它还是个抽象类。它的析构函数是虚函数，其功能主要是提供对流状态进行设置，如文件数据的格式码设置与取消、关联文件缓冲区借以实现数据读写等。ios 类有一个指向类 streambuf 的指针，streambuf 类不是类 ios 的派生类，而是一个独立类。streambuf 类主要是作为其他类的支持，负责缓冲区的处理，如设置流缓冲区、从流缓冲区中读取数据，或向流缓冲区写入数据等操作。所谓缓冲区是由一个字符序列和两个指针组成，这两个指针分别指向字符将被插入或是将被取出的位置。streambuf 类有三个主要的派生类：filebuf、strstreambuf 和 stdiobuf。filebuf 类使用文件来保存缓冲区中的字符序列，它定义了文件读、写、打开、关闭等常用操作；strstreambuf 是字符串的流缓冲区类；stdiobuf 是标准 I/O 文件的流缓冲区类。

istream 类是输入流类，它针对系统全部的预定义类型重载了输入运算符“≫”，该类实现了流的大部分数据输入的功能。ostream 类是输出流类，它针对系统全部的预定义类型重载了输出运算符“≪”，该类实现了流的大部分数据输出的功能。iostream 类是 istream 类和 ostream 类的派生类，它继承了 istream 类和 ostream 类的行为，支持数据输入/输出的双向操作，在程序中常通过它来实现数据的输入与输出功能。

fstreambase 类从类 ios 派生，提供了文件操作的许多功能，作为其他文件操作类的公共基类。ifstream 类用来实现文件读取操作，ofstream 类用来实现文件写入操作。fstream 继承了 fstreambase 和 iostream 类的功能，实现了文件读/写的双向操作。

strstreambase 类从类 ios 派生，提供了处理串流的公共操作，作为其他串流类的公共基类。istrstream 是输入串流类，ostrstream 是输出串流类。strstream 继承了 strstreambase 和 iostream 类的功能，实现了串读/写的双向操作。

在 istream 类、ostream 类和 iostream 类的基础上分别重载赋值运算符"="，就得到了 istream_withassign、ostream_withassign 和 iostream_withassign 三个类。

13.2.1 标准流类

为了方便数据的输入/输出，C++预定义了几个标准输入/输出流对象：cin、cout、cerr 和 clog。所谓标准是标准设备的简称，而标准输入设备是指键盘，标准输出设备是指显示器。cin 是 istream 类的对象，称为标准输入流(对象)，是以键盘为其对应的标准设备。cout、cerr 和 clog 是 ostream 类的对象，cout 称标准输出流(对象)，是以显示器为其对应的标准设备。cerr 和 clog 称为标准错误输出流(对象)，而标准错误输出设备也是显示器。其中 cin、cout 和 clog 是带缓冲区的，即流先被送到缓冲区内，当缓冲区满时才从缓冲区中将其送到输出设备。缓冲区由 streambuf 类对象来管理。而 cerr 是非缓冲区流，一旦错误发生立即显示，不通过缓冲区再送到输出设备，因此其输出速度要比缓冲方式快。在程序中可以直接引用这些标准输入/输出流对象来输入/输出数据，但需要包含< iostream >或者< iostream.h >头文件。

13.2.2 文件流类

ofstream、ifstream 和 fstream 是文件流类，在< fstream >或者< fstream.h >中定义。其中 fstream 是 ofstream 和 ifstream 多重继承的子类。文件流类不是标准设备，所以没有 cout 那样预先定义的全局对象。文件流类定义的操作应用于外部设备，最典型的设备是磁盘中的文件。要定义一个文件流类对象，须指定文件名和打开方式。

13.2.3 串流类

ostrstream、istrstream 和 strstream 是串流类，在< strstrea >或者< strstrea.h >中定义。其中 strstream 是 ostrstream 和 istrstream 多重继承的子类。同样，串流类也不是标准设备，所以也没有像 cout 那样预先定义的全局对象。要定义一个串流类对象，须提供字符数组和数组大小。

13.3 使用 I/O 成员函数

大多数 C++程序使用 cin、cout 来进行输入/输出操作就可以完成。但有些时候需要对输入/输出操作进行更加精细的控制，这时可以使用 I/O 流成员函数。

13.3.1 istream 流中的常用成员函数

istream 类中定义了许多用于从流中提取数据的成员函数，并对流的提取运算符"≫"进行了重载，其中几个常用的成员函数在 istream 类中的函数原型如下所示：

```
class istream : virtual public ios
{
public:
    istream& operator >>(double &);
```

```
                    //对系统中的基本数据类型给出了">>"运算符的重载定义
    …
    int get();
    istream& get(char * ,int,char = '\n');
    istream& get(char &);
    istream& getline( char * ,int,char = '\n');
    istream& read(char * ,int);
    istream& ignore(int = 1,int = EOF);
    …
};
```

1. get 函数

istream 类中的 get 成员函数原型较多，这里只给出了其中三种常用的形式。

（1）原型为 int get()的函数从输入流中提取一个字符（包括空白字符），并返回该字符作为函数调用的返回值。当遇到文件结束符时，返回文件结束常量 EOF。

（2）原型为 istream& get(char *,int,char ='\n')的函数从输入流中提取 n－1 个字符（包括空白字符）存放在第一个参数中，n 由第二个参数指定，并在字符的最后添加'\0'。第三个参数用于指定字符结束的分隔符，默认值是'\n'。也就是说，当遇到指定字符结束的分隔符时本次读取字符操作结束。同时，在读取了 n－1 个字符或者是遇到了文件结束符也会结束读取字符的操作。

（3）原型为 istream& get(char &)的函数从输入流中提取一个字符（包括空白字符），并把这个字符存放在第一个参数的引用中。当遇到文件结束符时返回 0，否则返回对 istream 类对象的引用。

2. getline 函数

getline 成员函数一次读取一行字符。其与原型为 istream& get(char *,int,char = '\n')的函数用法类似，都是从输入流中提取 n－1 个字符（包括空白字符），n 由第二个参数指定，并把这些字符存放在第一个参数中。第三个参数用于指定字符结束的分隔符，默认值是'\n'。get 函数会把字符结束分隔符保留在输入流中，而 getline 函数会从输入流中提取一系列字符时也包括分隔符，因此使用 getline 函数更安全。

3. read 函数

read 函数是一个无格式输入的成员函数，它是从输入流中读取由第二个参数指定数目的字符并存放在由第一个参数所指定的数组中。

4. ignore 函数

ignore 函数从流中读取数据但不保存，因此，它是把输入流中指定数量（默认值是 1）的字符删除，或者是在遇到指定字符结束的分隔符（默认值是 EOF）时终止输入。

13.3.2 ostream 流中的常用成员函数

ostream 类中定义了许多用于向流中插入数据的成员函数，并对流的插入运算符“≪”进行了重载，其中几个常用的成员函数在 ostream 类中的函数原型如下所示：

```
class ostream : virtual public ios
{
public:
```

```
    ostream& operator<<(long);
                                    //对系统中的基本数据类型给出了"<<"运算符的重载定义
    ...
    ostream& put(char);             //向流对象中输出一个字符
    ostream& flush();               //将输出流刷新
    ostream& write(const char *,int);
    ...
};
```

1. put 函数

ostream 类中的 put 成员函数用于实现单个字符的输出,该函数将唯一的一个参数插入到输出流中,并返回对 ostream 类对象的引用。

2. flush 函数

flush 成员函数用于刷新输出流,使输出流缓冲区无论满与不满都会立即把缓冲区中的数据送到输出设备。

3. write 函数

write 函数实现无格式输出,适用于二进制流的输出。该函数把第一个参数中的 n 个字符插入到输出流中,n 由第二个参数所指定,并返回对 ostream 类对象的引用。

【例 13-1】 I/O 流成员函数应用举例。

```
1   /**************************************************
2                   程序文件名:Ex13_1.cpp
3                   I/O 流成员函数应用举例
4   **************************************************/
5   #include<iostream>
6   using namespace std;
7   void main()
8   {
9       char c;
10      char a[50] = "use write output a string";
11      cout.put('u').put('s').put('e')<<" get() input char: ";
12      while((c = cin.get())!= '\n')  //用 get 读取字符,遇回车键结束
13          cout.put(c);               //将 c 中的字符输出
14      cout.put('\n');                //输出一个回车换行符
15      cout.write(a,sizeof(a) - 1).put('\n');      //write 一次输出多个字符
16  }
```

程序运行结果如图 13-2 所示。

```
use get() input char: this is ...
this is ...
use write output a string
```

图 13-2 例 13-1 运行结果

【程序解释】

(1) 程序从第 7 行 main()函数开始执行,第 9 行和第 10 行分别定义了一个字符变量 c 和一个字符数组 a。

(2) 第 11 行标准输出流对象 cout 调用其公有成员函数 put 向输出流中插入了一个字

符“u”。由于成员函数 put 返回的是输出流对象的引用,因此使用连续书写形式是合法的。

（3）第 12 行标准输入流对象 cin 调用其公有成员函数 get 从输入流中每次提取一个字符作为其返回值,直到 get 函数遇到“\n”则停止从输入流中提取字符的操作。

（4）第 13 行标准输出流对象 cout 调用其公有成员函数 put 向输出流中插入字符变量 c 的内容,即把由 get 函数输入的字符通过 put 函数输出。

（5）第 14 行向输出流中插入了一个回车换行符。

（6）第 15 行标准输出流对象 cout 调用其公有成员函数 write 向输出流中插入 n 个字符,n 由 write 函数的第二个参数指定。同样,由于成员函数 write 返回的也是输出流对象的引用,因此使用连续书写形式也是合法的。

13.4 格式控制

为了更好地实现输入/输出功能,C++提供了两种输入/输出格式控制的方法：一种是使用 ios 类中有关格式控制的成员函数；另一种是使用控制符。

13.4.1 用流对象的成员函数

ios 类中定义了一个 long 型的数据成员用来存储当前格式化的各种状态,同时也定义了设置、清除、取得这些状态的成员函数,如下所示：

```
setf(flag)              设置指定的格式化状态标志 flag
unsetf(flag)            取消指定的格式化状态标志 flag
setf(flag,filed)        先清除,然后设置状态标志
flags()                 取得状态标志
```

格式化状态标志 flag 由 long 型数据成员的每一位(bit)的值(1 或 0)来确定,这个数据成员称为状态标志字。在 ios 类中采用枚举的形式定义。各格式控制状态标志位如下所示：

```
ios::skipws             跳过输入流中的空白字符
ios::left               按左对齐输出数据,如[12        ]
ios::right              按右对齐输出数据,如[        34]
ios::internal           在符号位和基数后填入字符
ios::dec                按十进制输出数据
ios::oct                按八进制输出数据
ios::hex                按十六进制输出数据
ios::showbase           在输出数据前面显示基数(八进制是 0,十六进制是 0x)
ios::showpoint          浮点数输出时显示小数点
ios::uppercase          用大写字母输出十六进制数(即 ABCDEF,默认是小写)
ios::showpos            对正整数显示正号,即前加"+"
ios::scientific         用科学计数法输出浮点数,如[1.234E5]
ios::fixed              用定点数形式输出浮点数,如[123.4]
ios::unitbuf            在输出操作后立即刷新缓冲区
ios::stdio              在输出操作后刷新 stdout 和 stderr
```

格式化状态标志 flag 的值只能是上述枚举量,如果设定某个状态标志,则相应的位为 1,否则为 0。这些状态标志之间是“或”的关系,可以几个标志共存。

ios类除了提供能操作状态标志字的成员函数外，还提供了能设置域宽、填充字符和设置浮点精度等功能的成员函数。

```
ch = fill()           返回当前的填充字符(默认为空格),ch是一个字符变量
fill(ch)              重新设置填充字符,ch是要设置为填充的字符
p = precision()       返回当前浮点数的显示精度,p是一个整型变量
precision(p)          重新设置显示精度,p是要设置的数字位数
w = width()           返回当前域宽值(即字符个数),w是整型变量
width(w)              重新设置域宽,w是设置输出宽度的整数
```

【例 13-2】 流对象成员函数格式控制应用举例。

```
1   /*************************************************
2                 程序文件名:Ex13_2.cpp
3                 流对象成员函数格式控制应用举例
4    *************************************************/
5   #include <iostream>
6   using namespace std;
7   void main()
8   {
9       double d = 3141.5926;
10      cout.width(20);
11      cout.fill('#');
12      cout.setf(ios::left);
13      cout << d << endl;
14      cout.width(20);
15      cout.setf(ios::right);
16      cout << d << endl;
17      cout.setf(ios::dec|ios::showbase|ios::showpoint);
18      cout.width(20);
19      cout << d <<"\n";
20      cout.setf(ios::showpoint);
21      cout.precision(10);
22      cout.width(20);
23      cout << d <<"\n";
24      cout.width(20);
25      cout.setf(ios::oct,ios::basefield);
26      cout << 0xef <<"\n";
27  }
```

```
3141.59#############
#############3141.59
#############3141.59
#########3141.592600
################0357
```

图 13-3 例 13-2 运行结果

程序运行结果如图 13-3 所示。

【程序解释】

(1) 程序从第7行main()函数开始执行，第9行定义了一个双精度型变量d。

(2) 第10～12行标准输出流对象cout分别调用格式控制成员函数width函数、fill函数和setf函数，width函数把当前字段宽度设置成20个字符。fill函数设置填充字符为“#”。setf函数设置状态标志字相应输出数据按左对齐的控制位的值为1，即输出数据按左对齐。然后，在第13行按照上述设置好的状态标志字格式化输出流中的双精度型变量d的内容并插入换行符。

(3) 第14～16行与第10～12行类似，即用width函数设置当前字段宽度为20个字符。用setf函数设置输出数据按右对齐。然后，按照上述设置好的状态标志字格式化输出流中的双精度型变量d的内容并插入换行符。

(4) 第17～19行与第10～12行类似，即用setf函数设置输出数据按十进制数据输出，在输出数据前面显示基数(十进制数基数不显示)和浮点数输出带小数点。用width函数设置当前字段宽度为20个字符。然后，按照上述设置好的状态标志字格式化输出流中的双精度型变量d的内容并插入换行符。

(5) 第20～23行与第10～12行类似，即用setf函数设置输出浮点数据时带小数点。用precision函数设置精度是10位有效数字。用width函数设置当前字段宽度为20个字符。然后，按照上述设置好的状态标志字格式化输出流中的双精度型变量d的内容并插入换行符。

(6) 第24～26行与第10～12行类似，即用width函数设置当前字段宽度为20个字符。用setf函数设置输出数据按八进制数据输出。然后，按照上述设置好的状态标志字格式化输出流中的十六进制数0xef并插入换行符。

说明：

(1) 成员函数width将参数值作为输出数据占用的列数(即域宽，也就是占用的字符个数)。其只对后面的一个输出数据有效。如果输出数据的位数比参数值小，则左边用空格填充。如果输出数据的位数比参数值大，则输出数据将自动扩展到所需占用的列数。

(2) 状态标志之间可以进行按位或运算，即可以同时设定多个状态标志。

(3) 成员函数precision将参数值作为输出数据精度的有效数字位数，其作用一直到再次改变输出精度为止。默认有效数字位数是6位。

(4) 带有两个参数的setf函数，使用参数filed的目的是避免相互冲突而做的双重规定，其作用是先清除原有状态标志字中有关的标志位，然后再用新的一位去代替。

13.4.2 用控制符

使用ios类提供的格式化成员函数控制输入/输出格式时，必须通过流对象来调用，而且不能把这些格式化成员函数直接嵌入到输入/输出操作的语句中，让人感到不够方便、简洁。能够使输入/输出格式控制方便、简洁的方法是使用C++提供的可以对数据进行格式化的预定义控制符(也称操纵算子)。控制符用一个流的引用作为参数，并返回同一个流的引用，因此可以把它嵌入到输入/输出操作的语句中。C++提供的预定义控制符如下所示：

showbase(noshowbase)	显示(不显示)数值的基数前缀
showpoint(noshowpoint)	显示小数点(存在小数部分时才显示小数点)
showpos(noshowpos)	在非负数中显示(不显示)“+”
skipws(noskips)	输入数据时，跳过(不跳过)空白字符
uppercase(nouppercase)	十六进制显示为0X(0x)，科学计数法显示E(e)
dec /oct / hex	设置十进制/八进制/十六进制转换基格式标志
left/right	设置数据输出对齐方式为:左/右 对齐
fixed	以小数形式显示浮点数
scientitific	用科学计数法显示浮点数
flush	刷新输出缓冲区
ends	在串后插入终止空字符，然后刷新ostream缓冲区

```
endl                          插入换行字符,然后刷新 ostream 缓冲区
ws                            提取空白符,即跳过开始的空白
```

这些控制符是在头文件< iostream >或< iostream. h >中定义的。它们在使用上与数据一样,都是需要嵌入到输入/输出操作的语句中,只不过控制符不会引起输出数据的操作,而是改变流对象的内部状态,修改数据的输入/输出格式。

除了控制符之外,C++还提供了几个控制函数,它们也可以直接嵌入到输入/输出操作的语句中。这些控制函数定义在头文件< iomanip >或< iomanip. h >中。

```
setfill(int ch)               设置 ch 为填充字符
setprecision(int n)           设置精度为 n 位有效数字
setw(int w)                   设置域宽为 w 个字符
setiosflags(long f)           用参数 f 设置格式位
resetiosflags(long f)         清除由参数 f 指定的格式位
setbase(int b)                设置转换基数为 b(b = 0,8,10,16)进制,默认时默认为 0,表示采
                              用十进制
```

【例 13-3】 流类格式控制符应用举例。

```
1   /*************************************************
2                      程序文件名:Ex13_3.cpp
3                      流类格式控制符应用举例
4    ************************************************/
5   # include < iostream >
6   # include < iomanip >
7   using namespace std;
8   void main()
9   {
10      double d = 3141.5926;
11      cout << setw(20)<< left << setfill('#')<< d << endl;
12      cout << setw(20)<< right << setfill('#')<< d << endl;
13      cout << setw(20)<< dec << showbase << showpoint << d << endl;
14      cout << setw(20)<< showpoint << setprecision(10)<< d << endl;
15      cout << setw(20)<< setbase(8)<< 0xef << endl;
16  }
```

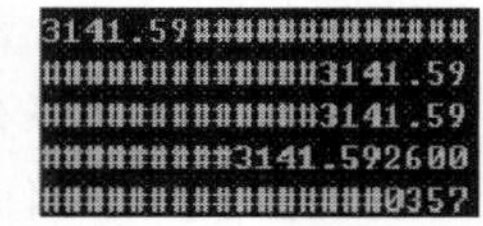
3141.59#############
#############3141.59
#############3141.59
#########3141.592600
#################0357

图 13-4　例 13-3 运行结果

程序运行结果如图 13-4 所示。

【程序解释】

(1) 程序从第 8 行 main()函数开始执行,第 10 行定义了一个双精度型变量 d。

(2) 第 11 行用格式控制函数 setw 设置域宽为 20 个字符,用格式控制符 left 设置数据输出对齐方式为左对齐,用格式控制函数 setfill 设置填充字符为"#"。然后,格式化输出流中的双精度型变量 d 的内容并插入换行符。

(3) 第 12 行与第 11 行类似,即用格式控制函数 setw 设置域宽为 20 个字符,用格式控制符 right 设置数据输出对齐方式为右对齐,用格式控制函数 setfill 设置填充字符为"#"。然后,格式化输出流中的双精度型变量 d 的内容并插入换行符。

(4) 第 13 行与第 11 行类似,即用格式控制函数 setw 设置域宽为 20 个字符,用格式控制符 dec 设置输出数据按十进制数据输出,用格式控制符 showbase 设置在输出数据前面显示基数(十进制数基数不显示),用格式控制符 showpoint 设置浮点数输出带小数点。然后,

格式化输出流中的双精度型变量 d 的内容并插入换行符。

(5) 第 14 行与第 11 行类似，即用格式控制函数 setw 设置域宽为 20 个字符，用格式控制符 showpoint 设置输出浮点数据时带小数点。用格式控制函数 setprecision 设置精度是 10 位有效数字。然后，格式化输出流中的双精度型变量 d 的内容并插入换行符。

(6) 第 15 行与第 11 行类似，即用格式控制函数 setw 设置域宽为 20 个字符，用 setbase 函数设置输出数据按八进制数据输出。然后，格式化输出流中的十六进制数 0xef 并插入换行符。

说明：

(1) 格式控制函数 setw 将参数值作为输出数据占用的域宽。该函数只对紧跟其后的一个输出数据有效。如果输出数据的位数比参数值小，则左边用空格填充。如果输出数据的位数比参数值大，则输出数据将自动扩展到所需占用的列数。

(2) 在默认情况下，输出数据按右对齐输出。如果通过格式控制符重新设置数据输出的对齐方式，则该设置一直作用到再次改变输出对齐方式为止。

(3) 格式控制函数 setprecision 将参数值作为输出数据精度的有效数字位数，包括整数位数和小数位数。其作用一直到再次改变输出精度为止。

(4) 格式控制函数 setbase 设置转换基数，其作用一直到再次改变输出转换基数为止。

13.5 文件操作

文件是存储在存储介质上（如磁盘、磁带、光盘）相关数据的集合。按照存储方式的不同，可以将文件分为文本文件和二进制文件。文本文件由字符序列组成，存取的最小信息单位是字符，在磁盘上存放相关字符的 ASCII 码，所以又称为 ASCII 文件。二进制文件存取的最小信息单位是字节，在磁盘上存储相关数据的二进制编码，它是把内存中的数据，按其在内存中的存储形式原样写到磁盘上而形成的文件。

在 C++ 中，文件被看作是一个有序的字节流，它的输入/输出操作可以由 I/O 系统中相关的流类所定义的一系列函数完成。因此，当需要进行文件操作时，只需创建相应流类的对象，并与对应的物理文件关联，就可以进行文件的输入/输出操作。

与文件相关的流类有 ifstream 类、ofstream 类和 fstream 类。这些流类都是 ios 类的派生类，所以可以实现 ios 类中所定义的各种操作。ifstream 类是输入文件流类，用于实现从文件中提取数据，即读文件。ofstream 类是输出文件流类，用于实现向文件中写入数据，即写文件。fstream 类既可以实现从文件中提取数据，又可以实现向文件中写入数据，即可对文件进行读与写的双向操作。

用流操作文件的过程，大致经过以下 3 个步骤：

1. 建立流对象与文件的关联（打开文件）

文件流类没有预先定义的流对象，所以需要在程序中自己定义文件流的对象。建立文件流对象的目的是将文件流对象与相应磁盘文件进行关联，这样对该流对象所做的任何操作就是对相应文件所做的操作。如果创建文件流对象时使用具有三个参数的构造函数进行初始化，则该对象可以通过参数指定需要关联的文件。如果创建文件流对象时使用默认构造函数进行初始化，即用下述方式创建文件流对象：

```
ifstream ifile;
ofstream ofile;
fstream iofile;
```

则该对象需要通过 open 成员函数才能与指定文件关联。open 函数是每一个文件流类都有的成员函数，其函数原型如下所示：

```
void open(const char * filename, int mode, int access);
```

其中第一个参数 filename 用于指定所要关联的磁盘文件名，它可以包含完整的磁盘路径。第二个参数 mode 用于指定文件的打开模式，常用的打开模式如表 13-1 所示。文件的打开模式可以通过位运算符“|”进行组合使用，它们是在 ios 类中定义的枚举量。

表 13-1　文件的打开模式表

文件打开方式	作　　用
ios::in	打开一个输入文件。用这个标志作为 ifstream 的打开方式，可避免删除一个已有的文件中的内容
ios::out	打开一个输出文件，对于 ofstream 对象，该方式是隐含的
ios::app	以追加的方式打开一个输出文件
ios::ate	打开一个已有文件(用于输入或输出)并查找到结尾
ios::nocreate	如果一个文件已存在，则打开它，否则失败
ios::noreplace	如果一个文件不存在，则创建它，否则失败
ios::trunc	打开一个文件。如果文件存在，删除旧的文件。如果指定 ios::out，但没有指定 ios::ate、ios::app 和 ios::in，隐含为该方式
ios::binary	打开一个二进制文件，默认为文本文件

第三个参数 access 用于指定打开文件时的保护方式，该参数的取值来源于文件缓冲区类 filebuf，可以是下面的值之一：

```
filebuf::openport        共享方式
filebuf::sh_none         独占方式，不允许共享
filebuf::sh_read         允许读共享
filebuf::sh_write        允许写共享
```

ifstream 类、ofstream 类和 fstream 类中的 open 成员函数都包含默认打开文件的方式，但默认方式各不相同。

ifstream 类中的 open 成员函数参数 mode 的默认值是 ios::in。

ofstream 类中的 open 成员函数参数 mode 的默认值是 ios::out。

fstream 类中的 open 成员函数参数 mode 的默认值是 ios::in|ios::out。

2. 读写文件

在定义了文件流对象，并通过它打开相应的磁盘文件之后，就可以对文件进行读写操作。通常可以用文件流类的输出运算符“≪”以及成员函数 put、write 等向文件中写入数据，用文件流类的输入运算符“≫”以及成员函数 get、read 等从文件中读取数据。

3. 关闭文件

当一个文件使用完后，应该显式地关闭该文件，即执行 close 操作关闭文件，保证文件的完整，收回与该文件相关的内存空间，同时把磁盘文件与文件流对象之间的关联断开，防止误操

作修改磁盘文件。close 函数同样是每一个文件流类都有的成员函数，其函数原型如下所示：

```
void close( );
```

【例 13-4】 文件操作应用举例。

```
1   /*************************************************
2                   程序文件名:Ex13_4.cpp
3                   文件操作应用举例
4   *************************************************/
5   #include <iostream.h>
6   #include <iomanip.h>
7   #include <string.h>
8   #include <fstream.h>
9   class Stu
10  {
11  private:
12      char id[10],name[10];
13      int math,english,computer;
14  public:
15      Stu(char * ID = " ",char * NA = " ",int MA = 0,int EN = 0,int CO = 0);
16      friendostream &operator <<(ostream &os,Stu &s);              //重载输出运算符
17      friendistream &operator >>(istream &is,Stu &s);              //重载输入运算符
18      void display();
19  };
20  Stu::Stu(char * ID,char * NA,int MA,int EN,int CO)
21  {
22      strcpy(id,ID);
23      strcpy(name,NA);
24      math = MA;
25      english = EN;
26      computer = CO;
27  }
28  void Stu::display()
29  {
30      cout << id <<'|'
31             << name << setw(5)<<'|'
32             << math << setw(7)<<'|'
33             << english << setw(7)<<'|'
34             << computer << setw(9)<<'|'<< endl;
35  }
36  ostream &operator <<(ostream &os,Stu &s)
37  {
38      os << setw(10)<< s.id
39             << setw(10)<< s.name
40             << setw(5)<< s.math
41             << setw(5)<< s.english
42             << setw(5)<< s.computer << endl;
43      return os;
```

```
44  }
45  istream &operator>>(istream &is,Stu &s)
46  {
47      is>>s.id>>s.name>>s.math>>s.english>>s.computer;
48      return is;
49  }
50  int main()
51  {
52      Stu zhangsan("20010301","张三",75,58,95),
53          lisi("20010302","李四",63,79,85),
54          wangwu("20010303","王五",84,88,69),
55          zhaoliu("20010304","赵六",50,87,78),
56          liuqi("20010305","刘七",96,68,88),
57          s[5];
58      ofstream outfile("E:\\student.dat");
59      if(outfile.fail())//fail()= =1 表示失败
60      {
61          cout<<"打开文件失败!"<<endl;
62          return 0;
63      }
64      outfile<<zhangsan<<lisi<<wangwu<<zhaoliu<<liuqi;
65      outfile.close();
66      cout<<"学 号"<<'|'
67          <<"姓 名"<<'|'
68          <<"数学成绩"<<'|'
69          <<"英语成绩"<<'|'
70          <<"计算机成绩"<<'|'<<endl
71          <<"--------|--------|--------|--------|----------|"<<endl;
72      ifstream infile("E:\\student.dat",ios::nocreate);
73      if(infile.fail())//fail()==1 表示失败
74      {
75          cout<<"打开文件失败!"<<endl;
76          return 0;
77      }
78      for(int i=0;i<5;i++)
79      {
80          infile>>s[i];
81          s[i].display();
82      }
83      infile.close();
84      return 0;
85  }
```

程序运行结果如图 13-5 所示。用记事本打开例 13-4 程序建立的文件如图 13-6 所示。

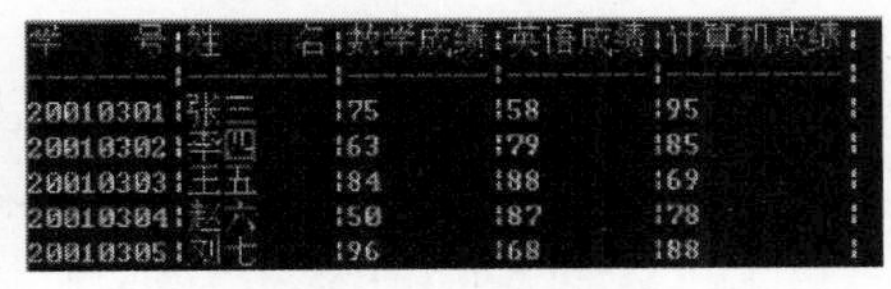

图 13-5　例 13-4 运行结果

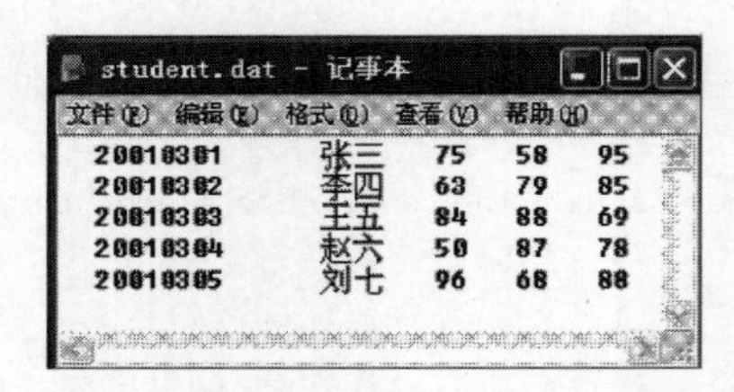

图 13-6　用记事本打开例 13-4 程序建立的文件

【程序解释】

(1) 第 9～19 行声明了一个 Stu 类，在该类中声明了 5 个私有数据成员，分别是 id、name、math、english 和 computer。其中 id 和 name 是字符数据类型，math、english 和 computer 是整型数据类型。两个在类内声明类外定义的公有成员函数 Stu 和 display，Stu 函数是一个全部参数都带默认值的构造函数，display 函数是一个可以格式化输出数据的显示函数。同时在此类中声明了两个友元函数，分别重载输出和输入运算符。

(2) 第 20～27 行是 Stu 类构造函数的类外定义，具体作用是把形式参数的值赋给相应对象的数据成员。第 28～35 行是 display 函数的类外定义，具体作用是按照一定格式把相应对象的所有数据成员插入到输出流中。

(3) 第 36～44 行是输出运算符“≪”重载的定义，其实现了对 Stu 类类型数据的直接输出功能。同样，第 45～49 行是输入运算符“≫”重载的定义，其实现了对 Stu 类类型数据的直接输入功能。

(4) 程序从第 50 行 main()函数开始执行，第 52～57 行声明了 Stu 类类型 5 个对象和 1 个对象数组。

(5) 第 58 行通过文件流类 ofstream 定义了一个输出流对象 outfile，并把该对象与 E 盘根目录下的 student.dat 文件进行了关联。

(6) 第 59～63 行对指定文件是否已被成功打开进行检测，如果成功打开则继续程序，否则将退出程序。

(7) 第 64 行通过使用文件流类的输出运算符“≪”向文件中写入数据。并在操作完文件之后通过调用 close 函数关闭了该文件。第 66～71 行输出一行辅助信息。

(8) 第 72 行通过文件流类 ifstream 定义了一个输入流对象 infile，同时把该对象与 E 盘根目录下的 student.dat 文件进行了关联，并指定了文件打开方式为 ios::nocreate，即如果该文件已存在，则打开它，否则失败。第 73～77 行对指定文件是否已被成功打开进行检测，如果成功打开则继续程序，否则将退出程序。

(9) 第 78～82 行在 for 循环中通过使用文件流类的输入运算符“≫”从文件中读取数据保存到对象数组中。同时，把对象数组中的数据通过调用 display 成员函数进行显示输出。在操作完文件之后通过调用 close 函数关闭了该文件。

说明：

(1) ofstream 类在创建对象时只使用了一个参数，其他参数默认。打开方式默认为 ios::out| ios::trunc，即该文件用于接收程序的输出，如果此文件已存在，则其内容必须先清除，否则就新建。

(2) ofstream 类创建对象所使用的参数是指向要打开的文件名字串。在文件名字串中可以包含完整的磁盘路径,但斜杠要双写,因为编译器理解下的斜杠是字符转换符。这与包含头文件时的路径不一样,因为包含头文件是由编译预处理器处理的。

(3) 在实际应用时,执行文件打开操作之后不能立即进行文件读写或者关闭操作,这是因为不能确定文件是否已被成功打开,所以需要检测文件是否已被成功打开。可以通过判断 fail 成员函数来确定打开文件是否有错。

小结

(1) 流是指数据的流动,即数据从一个位置流向另一个位置。流可以分为输入流和输出流两类。

(2) C++流类库是 C++语言为了实现数据输入/输出操作而预定义的类的层次结构系统。

(3) istream 类和 ostream 类提供了流类库的主要输入/输出接口,是使用流类库的关键。对于 istream 类中的成员函数,应重点掌握 get 函数和 read 函数的功能与用法。对于 ostream 类中的成员函数,应重点掌握 put 函数和 write 函数的功能与用法。

(4) C++语言提供两种输入/输出格式控制的方法:一种是使用 ios 类中有关格式控制的成员函数;另一种是使用控制符。

(5) 与文件相关的流类有 ifstream、ofstream 和 fstream。在使用这些文件流类创建对象时,可以创建未打开的文件流对象,也可以创建已打开的文件流对象。在创建未打开的文件流对象之后,还需要使用成员函数 open 来打开它。

(6) 在进行文件输入/输出操作时,通常只需要使用输入运算符或者输出运算符。当一个文件使用完后,应显式地使用成员函数 close 关闭文件。

习题 13

1. 选择题

(1) 若已知有如下语句:

```
char str[20];
cin >> str;
```

当输入:welcome to C++world!

str 存储的内容是(　　)。

A. welcome to C++world!

B. welcome to C++

C. welcome to

D. welcome

(2) 与 C 语言 printf("welcome to C++ world! \n");语句功能相同的 C++语句是(　　)。

A. cout≪ welcome to C++world!;

B. cout≪ " welcome to C++world!";

C. cin≫ welcome to C++world!;

D. cin≫ " welcome to C++world!";

(3) 在文件操作中，代表以输入方式打开文件的模式是（　　）。

A. ios::app

B. ios::in

C. ios::out

D. ios::binary

(4) 当使用 ofstream 流类定义一个流对象并打开一个磁盘文件时，文件的隐含打开方式是（　　）。

A. ios:: in| ios::out

B. ios::in

C. ios::out

D. 没有

(5) 要打开 D 盘上的文件 student. data 用于输入/输出操作，则定义文件流对象的语句为（　）。

A. ofstream ofile("D:\\student. data",ios::out);

B. ifstream ofile("D:\\student. data",ios:: in);

C. fstream iofile("D:\\student. data",ios:: in|| ios::out);

D. fstream iofile("D:\\student. data",ios:: in| ios::out);

2. 读程序写结果

(1)

```
#include <iostream>
using namespace std;
void main()
{
    cout << 123 <<" "<< 1234.56789 << endl;
    cout.width(10);
    cout.fill('*');
    cout.precision(8);
    cout << 123 <<" "<< 1234.56789 << endl;
    cout.setf(ios::left);
    cout << 123 <<" "<< 1234.56789 << endl;
    cout.width(15);
    cout << 123 <<" "<< 1234.56789 << endl;
}
```

(2)

```
#include <iostream>
#include <iomanip>
using namespace std;
void main()
{
```

```
    double d = 3141.5926;
    char * str = "this is a string!";
    cout << setiosflags(ios::fixed)<< d << endl;
    cout << setiosflags(ios::scientific)<< d << endl;
    cout << setprecision(3)<< d << endl;
    cout << setw(5)<< str << endl;
    cout << setw(20)<< str << endl;
    cout << setfill('*')<< setw(20)<< str << endl;
}
```

3. 编写程序

(1) 输出九九乘法表。

(2) 先建立一个输出文件 test.data,然后向该文件中写入一个字符串"this is a test !",关闭该文件,再按照输入模式打开它,并读取文件中的信息。

第14章 异常处理

CHAPTER 14

C++语言中的异常处理是对所能预料的运行错误进行处理的机制。通过使用异常处理机制,能使C++程序更好地从异常中恢复,增强程序的健壮性。要对C++的异常处理有全面的了解,则须掌握异常处理的基本思想和异常处理的实现方法。

学习目标

- 理解异常及异常处理的概念;
- 理解C++中异常处理的机制;
- 掌握C++中异常处理的实现方法;
- 掌握异常处理的编程特点,能够自定义异常类;
- 能够使用C++标准库的异常类。

14.1 异常的概念

对于每一位程序设计者和使用者来说,在设计或是使用程序的过程中难免会遇到各种各样的错误,而且程序越大,有错误的可能性就越大。最常见的两类错误是语法错误和逻辑错误。

语法错误也称编译错误,是指在程序的源代码中存在不符合编程语言语法规范的代码,比如关键字拼写错误、括号不匹配、未定义的标识符等,致使程序无法正确通过编译生成可运行的代码。对于这类错误,在程序的编译阶段,编译器就会提示程序设计者错误发生的位置,以及是什么样的错误。只要程序设计者能很好地掌握编程语言的语法规则,在书写代码时细心一些,即便是出现错误,也能够在编译器的帮助和提示下发现并改正错误。

然而,一段通过编译并顺利生成可以运行程序的代码,并不意味着这段代码就能真实表达程序设计者的意图。换句话说,没有语法错误的程序,并不一定是正确的程序。比如在计算一组数的最大值时,得到的却是最小值;在计算圆的面积时,得到的却是体积等。这种由于程序设计不当而造成程序不能完成所预期功能的错误称作逻辑错误。逻辑错误是允许在程序中存在的,只不过得到的结果不是预期的。存在逻辑错误的程序由于得不到编译器的提示和帮助,往往很难发现并改正,除了需要借助编程人员丰富的编程经验之外,还要通过完善的系统测试来发现这类错误并逐一解决。

除了上述这两类错误,还有一类错误也会经常遇到,比如除零错误、数组下标越界、打印机未打开导致程序运行中挂接设备失败等。这类错误既不像语法错误发生在程序运行之前，也不像逻辑错误发生在程序运行之后（从未完成设计者的预期功能角度看），而是在程序的运行过程中由于得不到所需运行环境的支持而发生了不正常情况，称作异常（Exception）。异常可以预料，但不能避免。如果不能对程序运行过程中发生的异常进行适当处理，将会使程序变得非常脆弱，甚至不可使用。因此，需要在设计程序前就充分考虑程序在运行时可能出现的各种意外情况，分别制定出相应的处理措施，称之为异常处理（Exception Handling）。

14.2 异常处理概述

传统的处理异常方法是不断对程序继续运行的必要条件进行测试，并根据测试结果进行相应处理。例如，对指定文件打不开时的处理：

```
#include <fstream>
#include <iostream>
using namespace std;
…
void fun(char * str)
{
    ofstream outfile(str);                    //打开 str 串中的文件
    if(outfile.fail())                        //打不开文件
    {
        cout <<"error opening the file "<< str << endl;
        exit(1);
    }
    …
    outfile.close();
}
…
```

上述代码的功能是打开指定文件并进行相关操作，如果文件由于一些意外原因打不开，后面的操作就无法继续，因此，必须对这类错误予以处理。在上述代码中采用遇到错误就地解决的传统异常处理策略，这样可以使编程人员很直接地看到程序可能存在哪些异常以及对异常的处理情况。但是，随着程序复杂性的增加，过多的异常处理代码会使程序变得晦涩难懂、维护困难。

同时，上述代码用 exit 函数退出程序（其中 exit(0)表示正常退出，exit(1)表示异常退出）。这种处理方法对小型程序来说是可以接受的，即当异常发生时，立即中断程序释放资源。但对于大中型程序而言，这种处理方法过于简单，因为在大中型程序中，函数之间有着明确的分工和复杂的调用关系。如果简单地在发现函数处理异常，就没有机会对已完成的工作做妥善的处理。因此，希望应用这些代码的程序按照自己的意思处理异常，可是这些程序却无法检测异常。相反，能检测异常的代码却无法确定应用它的程序如何处理这些异常。

C++的异常处理机制较好地解决了传统异常处理存在的问题。其基本思想就是捕获异常之后再处理异常。其目的就是在异常发生时，尽可能地减小破坏，周密地善后，而不去影响其他部分程序的运行。这对大中型程序是非常必要的。

14.3 异常处理的实现

C++的异常处理机制是通过 try、catch 和 throw 三个关键字实现的，称作 try-catch-throw 结构。try-catch-throw 结构的一般使用形式如下：

```
…
try
{
    …
    throw exception;                              //能够检测并抛出异常部分
    …
}
catch(type arg)                                   //捕获到异常
{
    …                                             //异常处理部分
}
…
```

说明：

1. try 语句块

关键字 try 标识程序中异常语句块的开始，是异常检测部分，将可能产生错误的语句包含在 try 语句块中。关键字 try 后必须紧跟一对大括号。

2. catch 语句块

关键字 catch 标识程序中捕获异常语句块的开始，是异常捕获和处理部分。其形式如下：

```
catch(type arg)                                   //捕获到异常
{
    …                                             //异常处理部分
}
```

catch 语句块要紧跟 try 语句块之后，可以有一个 catch 语句块，也可以有多个 catch 语句块。每个 catch 语句块后的一对小括号里面是异常类型声明部分，其指明了 catch 语句块所处理的异常类型，它与函数的形式参数类似，只不过只能声明一个形式参数，因此，每个 catch 语句块只能捕获并处理一种异常。当类型参数的数据类型与抛出异常的数据类型匹配时，称 catch 语句块捕获了一个异常。一对小括号后面紧跟的一对大括号是异常处理部分。

3. throw 语句

关键字 throw 用于抛出异常，其后跟表达式，与 return 语句类似。形式如下：

```
throw (表达式);
throw 表达式;
throw;                                            //用以重新抛出异常
```

表达式可以是任何类型，包括常量。表达式的类型称为异常类型，throw 语句抛出的异常信息就是通过异常类型进行区别的。如果需要处理多处异常，就应该使用不同类型的表达式,可以是系统提供的基本类型,也可以是用户自定义的类型。

例如,使用 try-catch-throw 结构对指定文件打不开时进行异常处理:

```
#include <fstream>
#include <iostream>
using namespace std;
…
void fun(char * str)
{
    ofstream outfile(str);                    //打开 str 串中的文件
    try{
        if(outfile.fail())                    //打不开文件
            throw str;
    }
    catch(char * s)
    {
        cout <<"error opening the file "<< s << endl;
        exit(1);
    }
    …
    outfile.close();
}
…
```

在使用 try-catch-throw 结构时,需要把可能发生异常的部分放在 try 语句块的大括号中。由于打不开文件就抛出一个字符串类型的异常,因此,需要把这部分代码放在 try 语句块的大括号中。为了能够捕获并处理由于打不开文件所产生的字符串类型异常,需要在 try 语句块后面跟有类型参数是字符串类型的 catch 语句块。也就是说,catch 语句块只能捕获和 catch 语句块的类型参数匹配的异常,并且,当异常被捕获时,catch 语句块内的代码将被运行,也就是处理该异常。此处,处理异常的方式也是简单地退出程序。

有些时候,并不能预料所有可能异常类型,因此也就无法为每一种异常类型都设计相应的 catch 语句块。这时,可以使用如下的 catch 语句块来强迫捕获所有异常,而不只是捕获一种类型的异常。

```
catch(…)                                      //捕获所有异常
{
    …                                         //处理所有异常
}
```

也可以将抛出异常与处理异常放在不同的函数中,这种方式能使异常处理具有灵活性和实用性,从而编出容错性更强的程序:

```
#include <fstream>
#include <iostream>
using namespace std;
…
void fun(char * str)
{
    ofstream outfile(str);                    //打开 str 串中的文件
```

```
    if(outfile.fail())                    //打不开文件
        throw str;
    …
    outfile.close();
}
…
void main(){
    try{
        fun("data.txt");
    }
    catch(char * s)
    {
        cout <<"error opening the file "<< s << endl;
        exit(1);
    }
}
```

【例 14-1】 异常处理应用举例。

```
1   /***************************************************
2                     程序文件名:Ex14_1.cpp
3                     异常处理应用举例
4   ***************************************************/
5   #include <iostream>
6   using namespace std;
7   void fun(int n)
8   {
9      try
10     {
11         if(n == 0)
12             throw n + 5;
13         else if(n == 1)
14             throw 'n';
15         else if(n == 2)
16             throw 3.14;
17     }
18     catch(int i)
19     {
20         cout <<"catch an integer "<< i << endl;
21     }
22     catch(char c)
23     {
24         cout <<"catch an char "<< c << endl;
25     }
26     catch(double d)
27     {
28         cout <<"catch an double "<< d << endl;
29     }
30  }
31  void main()
32  {
```

```
33      fun(0);
34      fun(1);
35      fun(2);
36  }
```

```
catch an integer 5
catch an char n
catch an double 3.14
```

图 14-1 例 14-1 运行结果

程序运行结果如图 14-1 所示。

【程序解释】

(1) 第 7～30 行声明了一个函数 fun,该函数的主要作用是对其内部可能发生的三种类型异常进行捕获并做相应处理。

(2) 第 9～17 行是 try 语句块,其后必须紧跟一对大括号,不能省略。大括号里面是有可能产生错误的语句。本例存在三种类型的错误,分别是当传给函数形式参数的值是 0 时,产生 int 型异常;当传给函数形式参数的值是 1 时,产生 char 型异常;当传给函数形式参数的值是 2 时,产生 double 型异常。

(3) 第 18～21 行是对 int 型异常进行捕获并进行处理的 catch 语句块,因为该 catch 语句块的小括号括起来的类型参数是 int 型。小括号后必须紧跟一对大括号,不能省略。大括号里面是对异常处理的语句。此处只是简单地输出了一个 catch an integer 字符串和 catch 语句块所捕获异常的内容。

(4) 第 22～25 行、第 26～29 行和上述类似,分别是对 char 型和 double 型异常进行捕获并进行处理的 catch 语句块,并分别输出了一个字符串和 catch 语句块所捕获异常的内容。

(5) 程序从第 31 行 main()函数开始执行,第 33～35 行分 3 次调用了函数 fun,其实际参数分别是 0、1、2。

14.4 异常处理的规则

C++的异常处理机制是通过 try-catch-throw 结构完成异常的引发、异常的检测、异常的捕获并处理,对应的异常处理规则如下:

如果在程序的运行过程中没有发生任何异常,则整个 try-catch-throw 结构可以认为在程序中“完全不存在”。也就是说,try 语句块中的所有代码都会被顺序执行,所有 catch 语句块都不会被执行。

如果在整个 try-catch-throw 结构之外的代码发生异常,这种情况就相当于整个程序并“没有使用” try-catch-throw 结构,因此异常也就不能被程序所捕获并处理。但它将被传递给系统的异常处理模块(通常是调用 abort 系统函数),程序将被系统异常处理模块终止。

如果异常发生在某个 try 语句块执行期间或是在 try 语句块调用的任何函数中(直接或是间接调用),则程序的执行将从异常发生处跳转。如果不能被 try-catch-throw 结构捕获,则该情况与异常发生在整个 try-catch-throw 结构之外类似,都是将它传递给系统的异常处理模块,程序将被系统异常处理模块终止。如果能被 try-catch-throw 结构捕获,则程序的执行将转移到相关的 catch 语句块。这就要求 catch 的类型参数表中异常声明的数据类型与发生异常的数据类型相同,因为 catch 是根据异常的数据类型捕获异常。但需要特别注意的是:catch 在进行异常数据类型匹配时,不会进行数据类型的自动隐式转换,只有与异常的数据类型完全匹配的 catch 语句块才会被执行。

如果发生异常的数据类型与所在的 try-catch-throw 结构中的所有 catch 的类型参数表中异常声明的数据类型都不相同，则该异常将逐级传递，直到有能力可以捕获并处理异常的那一级为止。

异常被某一级的 try-catch-throw 结构捕获后，如果没有或是不能处理该异常，可以通过 throw 语句将其再次抛出。

【例 14-2】 异常处理规则应用举例。

```
1   /*************************************************
2                   程序文件名:Ex14_2.cpp
3                   异常处理规则应用举例
4   *************************************************/
5   #include<iostream>
6   using namespace std;
7   void main()
8   {
9       cout<<"befroe try block"<<endl;
10      try
11      {
12          cout<<"Inside try block"<<endl;
13          throw 20.11;
14          cout<<"After throw"<<endl;
15      }
16      catch(char c)
17      {
18      cout<<"In catch block1 ...catch an char type exception..."<<c<<endl;
19      }
20      catch(double d)
21      {
22  cout<<"In catch block2 ...catch an double type exception..."<<d<<endl;
23      }
24      catch(char * s)
25      {
26  cout<<"In catch block3 ...catch an char * type exception..."<<s<<endl;
27      }
28      cout<<"After Catch"<<endl;
29  }
```

程序运行结果如图 14-2 所示。

```
befroe try block
Inside try block
In catch block2 ...catch an double type exception...20.11
After Catch
```

图 14-2　例 14-2 运行结果

【程序解释】

(1) 程序从第 7 行 main()函数开始执行，第 9 行使用插入运算符向输出流中插入了一个字符串“before try block”。目的在于说明在 try 语句块外的语句是正常执行的。

(2) 第 10～15 行是 try 语句块，第 12 行使用插入运算符向输出流中插入了一个字符串

"Inside try block"。目的在于说明在 try 语句块内,发生异常以前的语句是正常执行的。

(3) 第 13 行的 throw 语句会抛出一个 double 类型的异常,因为 throw 语句后所跟的表达式是一个 double 类型的常值 20.11。由于异常的发生,程序的执行顺序在此处将发生改变。第 14 行使用插入运算符向输出流中插入了一个字符串"After throw",目的在于说明在 try 语句块内,异常发生之后(即 throw 语句后)的语句是会被跳过的。从程序运行结果可知,该语句没有被执行。

(4) 第 16～19 行是对 char 型异常进行捕获并进行处理的 catch 语句块。此处只是简单地向输出流中插入了一个字符串"In catch block1...catch an char type exception..."和 catch 语句块所捕获异常的内容。从程序运行结果可知,该 catch 语句块没有被执行。

(5) 第 20～23 行是对 double 型异常进行捕获并进行处理的 catch 语句块。根据异常处理规则,该 catch 语句块捕获了第 13 行 throw 语句所抛出的 double 类型的异常。从程序运行结果可知,该 catch 语句块被正常执行。此处只是简单地向输出流中插入了一个字符串"In catch block2 ...catch an double type exception..."和 catch 语句块所捕获异常的内容。

(6) 第 24～27 行和第 16 行的 catch 语句块类似,是对 char * 型异常进行捕获并进行处理的 catch 语句块。此处向输出流中插入了一个字符串"In catch block3 ...catch an char * type exception ..."和 catch 语句块所捕获异常的内容。从程序运行结果可知,该 catch 语句块没有被执行。

(7) 第 28 行使用插入运算符向输出流中插入了一个字符串"After Catch",目的在于说明在 try-catch-throw 结构外的语句是正常执行的。

14.5 异常规范

异常规范(Exception Specification)可以对一个函数在函数外能抛出哪些异常、不能抛出哪些异常进行指定。这么做的原因在于函数的使用者一般无法看到函数的实现(比如库函数),因此只能通过浏览函数原型才能获知该函数可能会抛出哪些类型的异常,以便指导函数的使用者编写正确的异常处理程序,同时通过异常规范的使用也可以约束函数的实现者抛出异常类型说明列表中没有说明的异常。使用异常规范进行异常指定的一般形式如下:

```
返回类型 函数名(形式参数表)throw(异常类型说明列表){
//函数定义体
}
```

或

```
返回类型 函数名(形式参数表)throw(异常类型说明列表);
```

前者是函数定义,后者是函数原型。要求函数原型中的异常类型说明要与其实现中的异常类型说明一致。其中,异常类型说明列表指定了该函数可能抛出的异常类型。例如,可以这样定义一个只能抛出 char 类型和 double 类型异常的函数:

```
void fun(int x) throw (char,double)
{
```

```
    x > 0?throw 'a':throw 2.1;
}
```

通过上述函数定义，函数的使用者可以清楚地知道该函数可能会抛出 char 类型和 double 类型的异常，这样就可以为 char 类型或 double 类型的异常编写合适的异常处理程序。如果该 fun 函数抛出其他类型的异常（不是 char 类型或 double 类型，比如 int 类型），程序将被异常终止。

【例 14-3】 异常规范应用举例。

```
1   /**************************************************
2                程序文件名:Ex14_3.cpp
3                异常规范应用举例
4   **************************************************/
5   #include< iostream>
6   using namespace std;
7   void fun1(int n) throw(int,char)
8   {
9       cout <<"只能抛出 int,char 类型异常"<< endl;
10      try{
11          if(n == 0)
12              throw n + 5;
13          else if(n == 1)
14              throw 'n';
15          else if(n == 2)
16              throw 3.14;
17      }
18      catch(int i)
19      {
20          cout <<"catch an integer "<< i << endl;
21      }
22      catch(char c)
23      {
24          cout <<"catch an char "<< c << endl;
25      }
26      catch(double d)
27      {
28          cout <<"catch an double "<< d << endl;
29      }
30  }
31  void fun2(int n)
32  {
33      cout <<"可能抛出任何类型异常,也可能不抛出任何异常"<< endl;
34  }
35  void fun3(int n) throw()
36  {
37      cout <<"不抛出任何异常"<< endl;
38  }
39  void main()
40  {
41      fun1(5);
```

```
42      fun2(1);
43      fun3(2);
44  }
```

只能抛出int,char类型异常
可能抛出任何类型异常，也可能不抛出任何异常
不抛出任何异常

图 14-3　例 14-3 运行结果

程序运行结果如图 14-3 所示。

【程序解释】

(1) 第 7～30 行声明了一个函数 fun1,通过异常规范说明该函数只能在函数外抛出 char 类型和 double 类型的异常,而不是指在函数内部。因此,该函数可以对其内部可能发生的三种类型异常进行捕获并做相应处理。

(2) 第 31～34 行声明了一个函数 fun2,该函数没有异常规范说明,则这样的函数可能抛出任何类型异常,也可能不抛出任何异常。

(3) 第 35～38 行声明了一个函数 fun3,该函数的异常规范说明列表是空,则这样的函数不能抛出任何类型异常。

(4) 程序从第 39 行 main()函数开始执行,依次调用了函数 fun1、函数 fun2、函数 fun3,其实际参数分别是 5、1、2。

需要说明的是,虽然 C++标准提供了异常规范,但一些 C++编译器并未严格遵守,其中 VC++6.0 就不支持异常规范。

14.6　异常处理与构造函数和析构函数

C++异常处理的真正能力不仅仅在于它能处理各种不同类型的异常,还在于它具有能在异常抛出之前为所有局部构造的对象自动调用析构函数的能力。具体体现在,当异常抛出时,所有在 try 到 throw 语句之间构造的局部对象的析构函数将被自动调用。如果正在构造的对象包括对象成员,且在发生异常之前已经被构造,则 C++的异常处理机制将调用这些对象成员的析构函数。如果正在构造的对象是派生类的对象,且在发生异常之前该对象中的基类子对象已经被构造,则 C++的异常处理机制将调用基类子对象的析构函数。

但是,如果在构造函数中发生了错误,由于构造函数没有返回值,外部环境也就无法知道该对象是否被正确地创建。通常可以采用通过外部程序检测保存该对象状态信息的变量(可以是该对象本身,也可以是另一个变量),以确定该对象是否被正确创建的方法处理在构造函数中发生的错误。

在 C++中,可以通过 C++的异常处理机制很好地处理在构造函数中发生错误的情况,当在构造函数中发生错误时就抛出异常,外部程序可以在构造函数之外捕获并处理该异常。由于在构造函数执行过程中异常的产生将导致对象构造的终止,在这种情况下会产生一个没有被完整构造的对象。C++认为该对象是一个没有完成创建过程的对象,因此,其析构函数不会被调用执行。

【例 14-4】 异常处理对象释放应用举例。

```
1   /**************************************************
2                    程序文件名:Ex14_4.cpp
3                    异常处理对象释放应用举例
4   ************************************************** /
5   #include < iostream >
```

```
6   using namespace std;
7   class Object
8   {
9   public:
10      Object()
11      {
12          cout <<"Construct Object"<< endl;
13      }
14      ~Object()
15      {
16          cout <<"Destruct Object"<< endl;
17      }
18  };
19  class Base
20  {
21  public:
22      Base()
23      {
24          cout <<"Construct Base"<< endl;
25      }
26      ~Base()
27      {
28          cout <<"Destruct Base"<< endl;
29      }
30  };
31  class Derived:public Base
32  {
33      Object m_obj;
34  public:
35      Derived()
36      {
37          throw true;
38          cout <<"Construct Derived"<< endl;
39      }
40      ~Derived()
41      {
42          cout <<"Destruct Derived"<< endl;
43      }
44  };
45  void main()
46  {
47      try
48      {
49          Object local_obj;
50          throw 1;
51      }
52      catch(int)
53      {
54  cout <<"在 try 到 throw 语句之间构造的局部对象自动调用析构函数"<< endl;
55      }
56      try
```

```
57        {
58            Derived d;
59        }
60        catch(bool)
61        {
62            cout <<"构造的对象成员和基类子对象自动调用析构函数"<< endl;
63        }
64    }
```

程序运行结果如图 14-4 所示。

```
Construct Object
Destruct Object
在try到throw语句之间构造的局部对象自动调用析构函数
Construct Base
Construct Object
Destruct Object
Destruct Base
构造的对象成员和基类子对象自动调用析构函数
```

图 14-4 例 14-4 运行结果

【程序解释】

(1) 第 7～18 行定义了一个 Object 类,在该类中定义了一个无参构造函数和一个析构函数,无参构造函数的功能是向输出流中插入一个字符串“Construct Object”。析构函数的功能是向输出流中插入一个字符串“Destruct Object”。

(2) 第 19～30 行与第 7～18 行类似,也是定义了一个类且该 Base 类中包含一个无参构造函数和一个析构函数。无参构造函数的功能是向输出流中插入一个字符串“Construct Base”。析构函数的功能是向输出流中插入一个字符串“Destruct Base”。

(3) 第 31～44 行定义了一个 Derived 派生类,该派生类公有继承 Base 类且包含一个 Object 类型的对象成员,还有一个无参构造函数和一个析构函数。无参构造函数的功能是向输出流中插入一个字符串“Construct Derived”。析构函数的功能是向输出流中插入一个字符串“Destruct Derived”。

(4) 程序从第 45 行 main()函数开始执行,第 47～55 行是一个 try-catch-throw 结构,在这个 try-catch-throw 结构的 try 语句块中声明了一个 Object 类型的对象 local_obj,之后用 throw 语句抛出一个 int 类型的异常。该异常被 catch 语句块捕获,在开始执行异常处理之前,在 try 到 throw 语句之间构造的局部对象 local_obj 析构,然后再向输出流中插入一个字符串“在 try 到 throw 语句之间构造的局部对象自动调用析构函数”。

(5) 第 56～63 行也是一个 try-catch-throw 结构,在这个 try-catch-throw 结构的 try 语句块中声明的是一个 Derived 类型的对象 d,由于该对象在其构造函数执行的过程中用 throw 语句抛出一个 bool 类型的异常,该异常被 catch 语句块捕获,在开始执行异常处理之前,已经构造的对象成员 m_obj 和基类子对象析构。然后再向输出流中插入一个字符串“构造的对象成员和基类子对象自动调用析构函数”。

C++在对象离开它的作用域或执行 delete 时将调用析构函数来完成一些清理工作,如果在析构函数执行过程中抛出异常是危险的,尽量不要在析构函数中抛出异常。如果必须要在析构函数中抛出异常,则应该在异常抛出前用“std::uncaught_ exception()”事先判断当前是否存在已被抛出但尚未捕获的异常,或直接在析构函数内部处理异常,而不是让异常扩散到外部。

14.7 异常处理类

14.7.1 异常处理与类

在实际的程序设计中，许多异常都不是系统提供的数据类型，而是自定义的类。这种用于异常处理的类就称为异常处理类或异常类。异常处理类可以设计得非常简单，甚至没有任何成员；也可以很复杂，像普通类一样有自己的数据成员、函数成员、构造函数、析构函数、虚函数等，还可以通过继承构成异常处理类的层次结构。使用异常处理类可以创建用于传递错误信息的异常处理对象，程序可以利用这些对象获取异常的有关信息，以便进行有针对性的异常处理。

例如，为堆栈设计一个异常处理类，当压入堆栈元素超出堆栈容量时，就抛出一个堆栈已满的异常；如果堆栈已空还要从堆栈中弹出元素，就抛出一个堆栈已空的异常。根据题目可以设计如下两个类：

```
class stackFullExcp { … };                              //堆栈满时抛出的异常处理类
class stackEmptyExcp { … };                             //堆栈空时抛出的异常处理类
```

可以为这两个异常处理类设计一个处理堆栈异常的基类：

```
class stackExcp { … };                                  //堆栈异常处理类的基类
```

还可以为处理堆栈异常类再设计一个基类，该基类也可以作为其他异常处理类的基类，其主要功能是显示出错信息：

```
class Excp{
public:
 virtual void display()                                 //显示出错信息
 {
   cout <<"发生异常"<< endl;
 }
};                                                      //所有异常处理类的基类
```

具体代码如下所示。

【例 14-5】 异常处理类应用举例。

```
1   /*****************************************************
2                    程序文件名:Ex14_5.cpp
3                    异常处理类应用举例
4   ***************************************************** /
5   # include < iostream >
6   using namespace std;
7   const int MAX = 3;
8   class Excp
9   {
10  public:
11      virtual void display()
12      {
13          cout <<"发生异常"<< endl;
```

```
14        }
15  };
16  class stackExcp:public Excp
17  {
18  public:
19        virtual void display()
20        {
21            cout <<"堆栈发生异常"<< endl;
22        }
23  };
24  class stackFullExcp:public stackExcp                    //堆栈满时抛出的异常类
25  {
26  public:
27        virtual void display()
28        {
29            cout <<"堆栈已满,不能压栈!"<< endl;
30        }
31  };
32  class stackEmptyExcp:public stackExcp                   //堆栈空时抛出的异常类
33  {
34  public:
35        virtual void display()
36        {
37            cout <<"堆栈已空,不能出栈!"<< endl;
38        }
39  };
40  class Stack
41  {
42        int m_stack[MAX];
43        int top;
44  public:
45        void push(int a)
46        {
47          if(top >= MAX - 1)
48              throw stackFullExcp();
49          m_stack[++top] = a;
50        }
51        int pop()
52        {
53          if(top < 0)
54              throw stackEmptyExcp();
55          return m_stack[top--];
56        }
57        Stack()
58        {
59          top = -1;
60        }
61  };
62  void main()
63  {
64        Stack stck;
```

```
65        try
66        {
67          stck.push(12);
68          stck.push(34);
69          stck.push(56);
70          stck.push(78);                                   //将产生栈满异常
71        }
72        catch(stackFullExcp & eobj)
73        {
74          eobj.display();
75        }
76        try{
77          cout <<"stack(0) = "<< stck.pop()<< endl;
78          cout <<"stack(1) = "<< stck.pop()<< endl;
79          cout <<"stack(2) = "<< stck.pop()<< endl;
80          cout <<"stack(3) = "<< stck.pop()<< endl;   //将产生栈空异常
81        }
82        catch(stackEmptyExcp & eobj)
83        {
84          eobj.display();
85        }
86    }
```

```
堆栈已满，不能压栈!
stack(0)= 56
stack(1)= 34
stack(2)= 12
堆栈已空，不能出栈!
```

图 14-5　例 14-5 运行结果

程序运行结果如图 14-5 所示。

【程序解释】

(1) 第 8～15 行定义了一个 Excp 类，该类的作用是作为其他异常处理类的基类。在 Excp 类中只定义了一个虚函数 display()，该虚函数的功能是向输出流中插入一个字符串“发生异常”。

(2) 第 16～23 行定义了一个 stackExcp 派生类，该派生类公有继承 Excp 类。该派生类的作用是作为堆栈异常处理类的基类。在 stackExcp 派生类中重定义了 Excp 基类中的 display()函数，该函数的功能是向输出流中插入一个字符串“堆栈发生异常”。

(3) 第 24～31 行、第 32～39 行都与第 16～23 行类似，分别定义了 stackFullExcp 派生类和 stackEmptyExcp 派生类，它们都是公有继承 stackExcp 类。stackFullExcp 派生类的作用是当堆栈满时抛出异常类。在 stackFullExcp 派生类中重定义了 stackExcp 基类中的 display()函数，该函数的功能是向输出流中插入一个字符串“堆栈已满，不能压栈!”。同样，stackEmptyExcp 派生类的作用是当堆栈空时抛出异常类。在 stackEmptyExcp 派生类中也重定义了 stackExcp 基类中的 display()函数，该函数的功能是向输出流中插入一个字符串“堆栈已空，不能出栈!”。

(4) 第 40～61 行定义了一个 Stack 类，该类的作用是作为堆栈异常处理类的测试类。为了完成测试，在 Stack 类中定义了用于压入堆栈元素的 push 函数和用于弹出堆栈元素的 pop 函数。还定义了一个无参构造函数来完成堆栈栈顶的初始化。

(5) 程序从第 62 行 main()函数开始执行；第 64 行定义了一个 Stack 类的对象 stck；第 65～75 行是一个 try-catch-throw 结构，在这个 try-catch-throw 结构的 try 语句块中对象 stck 通过调用成员函数 push 压入了四个元素。由于该测试类的对象只能容纳三个元素，因此，在用成员函数 push 压入第四个元素时将抛出 stackFullExcp 类型的异常。该异常类型正好与 catch 语句块的异常类型说明匹配，因此 catch 语句块被执行，即 catch 语句块所捕获的 stackFullExcp 类型对象调用其成员函数 display()，向输出流中插入了一个字符串“堆栈已满，不能压栈！”。

(6) 第 76～85 行和第 65～75 行类似，也是一个 try-catch-throw 结构，在这个 try-catch-throw 结构的 try 语句块中对象 stck 通过调用成员函数 pop 弹出了四个元素。由于该测试类的对象只能容纳三个元素，因此，在用成员函数 pop 弹出第四个元素时将抛出 stackEmptyExcp 类型的异常。该异常类型正好与 catch 语句块的异常类型说明匹配，因此 catch 语句块被执行，即 catch 语句块所捕获的 stackEmptyExcp 类型对象调用其成员函数 display()，向输出流中插入了一个字符串“堆栈已空，不能出栈！”。

需要说明的是，当异常类型是 C++ 中的公有继承派生类时，该异常是可以被类型参数是该类类型或是该类类型的引用的 catch 语句块捕获，也可以被类型参数是该类类型的基类或是该类类型基类的引用的 catch 语句块捕获。当异常类型是派生类的指针时，则该异常是可以被类型参数是该类类型的指针、或是该类类型基类的指针、或是 void * 的 catch 语句块捕获。当然，任何类型的异常(包括类类型)都是可以被 catch(…)捕获。

【例 14-6】 派生异常处理类应用举例。

```
1   /*************************************************
2                  程序文件名:Ex14_6.cpp
3                  派生异常处理类应用举例
4   *************************************************/
5   #include <iostream>
6   using namespace std;
7   const int MAX = 3;
8   class Excp
9   {
10  public:
11      void display()
12      {
13          cout <<"发生异常"<< endl;
14      }
15  };
16  class stackExcp:public Excp
17  {
18  public:
19      void display()
20      {
21          cout <<"堆栈发生异常"<< endl;
22      }
23  };
24  class stackFullExcp:public stackExcp            //堆栈满时抛出的异常类
25  {
26  public:
27      void display()
28      {
29          cout <<"堆栈已满,不能压栈!"<< endl;
```

```
30       }
31   };
32   class stackEmptyExcp:public stackExcp              //堆栈空时抛出的异常类
33   {
34   public:
35       void display()
36       {
37           cout <<"堆栈已空,不能出栈!"<< endl;
38       }
39   };
40   void main()
41   {
42       try
43       {
44           try
45           {
46               throw stackEmptyExcp();
47           }
48           catch(stackFullExcp & eobj)
49           {
50               eobj.display();
51           }
52           catch(stackExcp & eobj)
53           {
54               eobj.display();
55               throw &stackFullExcp();
56           }
57           catch(Excp & eobj)
58           {
59               eobj.display();
60           }
61       }
62       catch(Excp * eobj)
63       {
64           eobj->display();
65       }
66   }
```

堆栈发生异常
发生异常

图 14-6　例 14-6 运行结果

程序运行结果如图 14-6 所示。

【程序解释】

(1) 第 8～39 行的解释与例 14-5 类似,分别定义了 Excp 类、Excp 类的公有派生类 stackExcp。stackExcp 类的公有派生类 stackFullExcp 和派生类 stackEmptyExcp,共同构成了具有三个层次结构的异常处理类继承体系。

(2) 程序从第 40 行 main()函数开始执行,第 42～65 行是一个 try-catch-throw 结构,在这个 try-catch-throw 结构里面又嵌套了另一个 try-catch-throw 结构,即第 44～60 行。

(3) 第 44～60 行内层 try-catch-throw 结构的 try 语句块中通过 throw 语句抛出了一个异常处理类 stackEmptyExcp 的临时对象。该异常类型可以被异常类型参数说明是

stackExcp 类型或是 Excp 类型的 catch 语句块捕获。从程序运行结果可知，异常类型参数说明是 stackExcp 类型的 catch 语句块被执行，即向输出流中插入了一个字符串后又通过 throw 语句抛出了一个异常处理类 stackFullExcp 临时对象的地址。该异常类型被异常类型参数说明是 Excp * 类型的外层 catch 语句块捕获，执行 catch 语句块的结果是向输出流中插入了一个字符串。

从上述例题可以看出，由于类类型的异常可以被类型参数说明是该类类型的公有基类或是公有基类的引用的 catch 语句块捕获。因此在处理类类型的异常时，catch 语句块的排列顺序是需要认真考虑的。为了保证类类型的异常能被最合适的 catch 语句块捕获并处理，需要将派生类类型的 catch 语句块放在其基类类型 catch 语句块的前面。这样处理的另一个重要的原因是，在为异常寻找匹配的 catch 语句块时，catch 语句块不必是与异常最匹配的那个 catch 语句块，而是最先匹配的 catch 语句块，也就是说，遇到的第一个可以处理该异常的 catch 语句块。

14.7.2　C++标准库的异常处理类

C++标准库提供了一个异常类的层次结构，用来报告 C++标准库中的函数执行期间遇到的不正常情况。这些异常类也可以被用在用户编写的程序中，或被进一步派生来描述程序中的异常。

C++标准库中的异常层次的根基类称为 exception，定义在头文件＜exception＞中，它是 C++标准库函数抛出的所有异常类的基类。例如：

```
class exception
{
public:
    exception() throw();
    exception(const char * const&) throw();
    exception(const exception &) throw();
    virtual ~exception() throw();
    exception &operator = (const exception &) throw();
    virtual const char * what() const throw();
};
```

其中，虚函数 what()返回一个 C 风格的字符串，目的是为所抛出的异常提供文本描述。前 5 个函数都包含异常规范说明，目的是保证在创建、复制以及撤销 exception 对象时不会抛出异常。

C++标准库异常类定义在四个头文件中：

(1) < exception >头文件中定义了异常类 exception 和异常类 bad_exception。

(2) < new >头文件中定义了异常类 bad_alloc。当 new 无法分配内存时将抛出该异常类对象。

(3) < type_info >头文件中定义了异常类 bad_cast 和异常类 bad_typeid。当 dynamic_cast 失败时将抛出 bad_cast 异常类对象，当错误地使用 typeid 运算时抛出 bad_typeid 异常类对象。

(4) < stdexcept >头文件中定义了一些常见的异常类，这些重要的异常类都继承于

exception 类。其主要分为两大类：逻辑异常类（logic_error）和运行时异常类（runtime_error）。

逻辑异常是那些由于程序内部逻辑而导致的错误或者违反了类的不变性的错误，可以通过编写正确的代码来防止。C++标准库中提供的逻辑异常类包括：

① invalid_argument 类表示向函数传入无效参数（可以通过编写正确的代码来防止）。

② length_error 类表示长度大于所操作对象允许的最大长度。

③ out_of_range 类表示数组和 string 下标之类的值超界。

④ domain_error 类表示域错误。

运行时异常是由于程序外部的事件而导致的错误引起。这种类型异常是程序员不能控制的，而且只有在程序运行时才能检测到。C++标准库中提供的运行时异常类包括：

① range_error 类表示内部计算中的范围错误。

② overflow_error 类表示发生运算上溢错误。

③ underflow_error 类表示发生运算下溢错误。

④ bad_alloc 类表示 new 操作失败时的错误。

【例 14-7】 标准异常应用举例。

```
1   /**************************************************
2                    程序文件名:Ex14_7.cpp
3                    标准异常应用举例
4   **************************************************/
5   #include <iostream>
6   #include <exception>
7   using namespace std;
8   void main()
9   {
10      try
11      {
12          exception the_exception;
13          throw the_exception;
14      }
15      catch(const exception & ex_obj)
16      {
17          cout << ex_obj.what() << endl;
18      }
19      try
20      {
21          bad_exception the_bad_exception;
22          throw the_bad_exception;
23      }
24      catch(const exception & ex_obj)
25      {
26          cout << ex_obj.what() << endl;
27      }
28      try
29      {
30          logic_error the_logic_exception("logic exception");
31          throw the_logic_exception;
```

```
32        }
33        catch(const exception & ex_obj)
34        {
35            cout << ex_obj.what()<< endl;
36        }
37    }
```

```
Unknown exception
bad exception
logic exception
```

图 14-7 例 14-7 运行结果

程序运行结果如图 14-7 所示。

【程序解释】

(1) 程序从第 8 行 main()函数开始执行,第 10～18 行是一个 try-catch-throw 结构,在这个 try-catch-throw 结构的 try 语句块中声明了一个 exception 类型的对象 the_exception,并用 throw 语句把对象 the_exception 抛出。由于该对象是 exception 类型,正好与 catch 语句块的异常类型说明匹配,因此该异常被 catch 语句块捕获并进行了简单的处理,只是向输出流中插入了成员函数 what()的返回内容。

(2) 第 19～27 行与第 10～18 行类似,也是一个 try-catch-throw 结构,只不过在这个 try-catch-throw 结构的 try 语句块中声明的是一个 bad_ exception 类型的对象 the_bad_exception,catch 语句块捕获并处理了 bad_exception 类型异常,也是向输出流中插入了成员函数 what()的返回内容。

(3) 第 28～36 行也与第 10～18 行类似,只不过在这个 try-catch-throw 结构的 try 语句块中声明的 logic_error 类型的对象 the_logic_exception 要指定一个字符串作为实际参数,catch 语句块捕获并处理了 logic_error 类型异常,并向输出流中插入了成员函数 what()的返回内容,该内容就是创建 he_logic_exception 对象时作为实际参数的那个字符串。

小结

数据的输入/输出(Input/Output,I/O)操作对于程序设计必不可少,也是计算机语言必须提供的重要功能。C++语言除了完全支持 C 语言中的输入/输出系统之外,还提供了一套面向对象的输入/输出系统,即输入/输出流类库。通过使用 I/O 流,C++程序中的数据输入/输出会更容易、更灵活且可扩展。本章已介绍 C++语言中 I/O 流的相关概念及流类库的结构与使用,对于流类库中类与成员的详细说明,请查阅相关 C++标准库参考手册。

习题 14

1. 选择题

(1) 以下叙述正确的是(　　)。

A. 异常发生后程序可以继续运行

B. 当异常被一个 catch 语句块处理后,控制器进入下一个 catch 语句块

C. 当一个异常被抛出时,第一个 catch 语句块执行

D. 如果对于异常没有处理,程序终止

(2) 在 C++中,异常处理可对(　　)进行处理。

A. 编译错误

B. 语法错误

C. 所有逻辑错误

D. 能预料到的运行错误

（3）下列程序的运行结果为（　　）。

```
#include < iostream >
using namespace std;
void fun(int t)
{
    try
    {
        if(t > 60) throw "biger than 60";
        else if(t < 0) throw t;
        else cout <<"t in right range..."<< endl;
    }
    catch(int i){ cout << i << endl;}
    catch(char * str){cout << str << endl;}
    catch(double d) {cout << d << endl;}
}
void main(){
    fun(80);
}
```

A. 80　　B. 80.5

C. t in right range...　　D. biger than 60

（4）关于异常捕获，下列说法正确的有（　　）。

A. try 检测异常，throw 改变程序执行的方向到 catch 块处理异常

B. try 检测异常，throw 不改变程序执行的方向到 catch 块处理异常

C. catch 捕获异常，throw 改变程序执行的方向到 try 块处理异常

D. try 检测异常，发现异常后 throw 改变程序执行的方向到 try 块处理异常

（5）下面关于编写异常处理代码规则中不正确的是（　　）。

A. 可以有数量不限的 catch 处理程序出现在 try 块之后，在 try 块出现之前不能出现 catch 块

B. try 块中必须包含 throw 语句

C. 在关键字 catch 之后的圆括号内的数据声明必须包括其类型声明

D. 如果 catch 中处理程序执行完毕，而无返回或终止指令将跳过后面的 catch 块继续执行

2. 读程序写结果

```
#include < iostream >
using namespace std;
void main()
{
    int a[] = {8,5,5,0,6,0,8,5,5,0,7,8};
    for(int i = 0;i < 5;i++)
        try
```

```
        {
            cout <<"in for loop...."<< i <<"\t";
            if(a[i + 1] == 0) throw 1;
            cout << a[i]<<"/"<< a[i + 1]<<" = "<< a[i]/a[i + 1]<< endl;
        }
        catch (int){cout <<"end"<< endl;}
}
```

第 15 章 问题建模强化

CHAPTER 15

15.1 数组思维拓展

(1) 一诺在键盘中输入了一串字母,希望统计指定字母出现的次数(输入输出结果见图 15-1)。

• 参考代码如下:

图 15-1 输入输出结果

```
#include <iostream>
#include <cstring>
using namespace std;
main()
{
 char s[100],d;
 cout <<"请输入任意一行字符串:"<< endl;
 cin>> s;
 cout <<"请输入带统计出现次数的字母: ";
 cin>> d;
 int f = strlen(s),c = 0;                    //变量 f 存储字符数组的长度
 for(int i = 0;i < f;i++)
 {
    if(s[i] == d)
    {
      c++;
    }
  }
  cout <<"字母"<< d <<"出现了"<< c <<"次"<< endl;
}
```

(2) 八年级三班全体学生做一个游戏,有 n 张纸牌,每张纸牌上分别标注 1、2、3、4、…、n 个数字,初始时纸牌数字面朝上。全班同学先将 1 的倍数纸牌翻过来,然后再将 2 的倍数的纸牌再翻过来,一直翻到 n 的倍数纸牌。统计翻到最后数字面向下的纸牌分别是哪些?

(例如,有 1、2、3 张纸牌,开始时纸牌数字面朝上,第一次翻转 1 的倍数,将所有序号为 1 的倍数纸牌翻转;第二次翻转 2 的倍数,将所有序号是 2 的倍数纸牌再翻转;第三次翻转 3 的倍数,将所有序号是 3 的倍数纸牌再翻转,翻牌到此结束。最后数字面向下的纸牌是序号为 1 的那张。)

• 参考代码如下：

```
#include <iostream>
#include <cstring>
using namespace std;
main()
{
  bool a[10001] = {0};
  int n,i,j;
  cin>>n;
  for(i=1;i<=n;i++)
  {
    for(j=1;j<=n;j++)
    {
      if(j%i==0)
      {
        a[j]=!a[j];
      }
    }
  }
  for(i=1;i<=n;i++)
  {
    if(a[i])
    {
      cout<<i<<" ";
    }
  }
  cout<<endl;
}
```

(3) 数字签名是对文本进行加密的一种方式，本题拟运用学到的字符串的插入和查找函数，对一串文本进行加密，加密规则如下：如果遗传文本中出现数字71，则在第一个71之前插入签名“觉醒时代”；否则，将这串文本原样输出（输入输出结果见图15-2）。

• 参考代码如下：

```
Tadayis71878820210725
Tadayis觉醒时代71878820210725
```

图 15-2 输入输出结果

```
#include <iostream>
#include <string>
using namespace std;
main()
{
  string text;
  cin >> text;
  if(text.find("71") != string::npos)      //表示存在71
  {
    cout << text.insert(text.find("71"),"觉醒时代")<< endl;
  }
  else
  {
    cout << text << endl;
  }
}
```

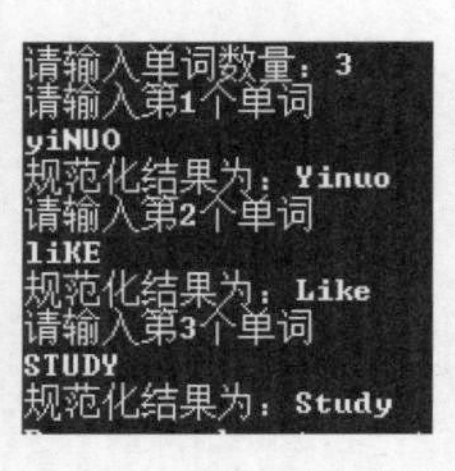

图 15-3　输入输出结果

（4）一个销售名单中有大型机械的很多零部件名称，但是由于制作名单的员工的疏忽，导致零部件名称的大小写发生混乱。有的是大写字母开头，有些是小写字母开头，零部件名称中间的字符存在大小写混乱的情况。

请设计程序，将名单上零部件的名称都变为开头字母大写，后面字母全小写的形式(输入输出结果见图 15-3)。

- 参考代码如下：

```
#include <iostream>
#include <string>
using namespace std;
main()
{
  int n;
   cout <<"请输入单词数量:";
  cin >> n;
  for(int i = 0;i < n;i++)
   {
     cout <<"请输入第"<< i + 1 <<"个单词"<< endl;
    string a;
    cin >> a;
    for(int j = 1;j < a.size();j++)
      {
       if(a[j]>= 'A'&&a[j]<= 'Z')
       {
        a[j] -= 'A' - 'a';
       }
      }
    if(a[0]>= 'a'&&a[0]<= 'z')
      {
       a[0] -= 'a' - 'A';
      }
    cout <<"规范化结果为:"<< a << endl;
  }
}
```

15.2　排序问题思维拓展

（1）民族小学举办了一场校内的信息学竞赛选拔赛。现在同学们的成绩都出来了，负责信息学竞赛的老师需要确定最终选拔赛的获奖名单。为了鼓励同学，老师希望获奖人数不少于参赛总人数的一半。因此，需要确定获奖分数线，所有得分在分数线及以上的同学可以获奖。在满足上面条件的情况下，老师希望获奖分数线越高越好。请设计程序确定获奖分数线和总获奖人数(输入输出结果见图 15-4)。

（输入两行：第 1 行输入一个整数 n 表示参赛总人数，第 2 行输入 n 个整数，分别表示 n 个参赛同学的分数。）

• 参考代码如下：

图 15-4 输入输出结果

```
#include <iostream>
#include <algorithm>
using namespace std;
main()
{
  int n,i;
    cout <<"请输入参赛总人数:";
  cin >> n;
  int a[100000];
   cout <<"请输入"<< n <<"名同学的成绩:"<< endl;
  for(i = 0;i < n;i++)
   {
    cin >> a[i];
   }
  sort(a,a + n);
  cout <<"分数线为:"<< a[n/2]<< endl;
  int c = 0;
  for(i = 0;i < n;i++)
   {
      if(a[i]> = a[n/2])
         {
          c++;
    }
   }
  cout <<"获奖人数为"<< c <<"人"<< endl;
}
```

(2) 一诺有一个罐子，里面装着红、绿、蓝色玻璃球若干，分别用 R、G、B 表示。一诺希望把它们排成一行，并且按照字典序排列（即 B→G→R 的顺序）。然后以一红二绿三蓝为一组串成一串幸运珠，多余的放回罐子里，请问可以串成多少串幸运珠（输入输出结果见图 15-5）？

（输入为一行由若干个 R、G、B 乱序组成的字符串，长度小于 10 000，每个字母至少出现一次；输出排序后的字符串以及串成幸运珠的数目。）

图 15-5 输入输出结果

• 参考代码如下：

```
#include <iostream>
#include <algorithm>
#include <string>
using namespace std;
main()
{
  string s;
```

```
    cout <<"请输入不同颜色组成的字符串:";
   cin >> s;
   sort(s.begin(),s.end());
   cout <<"排序后的字符串为:"<< s << endl;
   int r = 0,g = 0,b = 0;
   for(int i = 0;i < s.size();i++)
    {
       if(s[i] == 'R')
         {
           r++;
       }
         else if(s[i] == 'G')
         {
           g++;
       }
         else
         {
         b++;
       }
     }
     if(g/2 < r)
      {
       r = g/2;
     }
      if(b/3 < r)
     {
         r = b/3;
     }
      cout <<"能穿成"<< r <<"串幸运珠"<< endl;
 }
```

（3）一诺想对数组中的某些元素进行排序。现有 n 个数，她想先将数组中第 l_1 到第 r_1 的数字按从小到大的顺序排序。再将数组中第 l_2 到第 r_2 的数字按从大到小的顺序排序。

（输入格式：第一行五个整数 N、l_1、r_1、l_2、r_2，其中 $0<l_1<r_1<N$，$0<l_2<r_2<N$，这五个数不超 10 000；第二行为 N 个整数；输出样例为一行 N 个整数，表示数组排序以后的结果，数字之间用空格隔开，末尾换行。）

• 参考代码如下：

```
#include < iostream >
#include < algorithm >
using namespace std;
main()
{
  int n,l1,l2,r1,r2,i;
  int a[10000];
  cin >> n >> l1 >> r1 >> l2 >> r2;
    for( i = 0;i < n;i++)
    {
```

```
            cin >> a[i];
        }
        sort(a + l1 - 1,a + r1);
        sort(a + l2 - 1,a + r2,greater < int >());
        for( i = 0;i < n;i++)
        {
          cout << a[i]<<" ";
        }
}
```

(4) 一诺的老师希望了解班上的信息学尖子生的水平如何。老师请一诺帮忙算出班上信息学成绩前 K 名的平均成绩。

(输入共有 3 行：第一行为一诺所在班级的人数 N(其中 $1 \leqslant N \leqslant 30$)；第二行为 N 个用 1 个空格隔开的信息学分数，其中分数为 700 及以内正整数；第三行为老师想计算平均数的尖子生人数 K。输出一行共一个实数，为信息学分数前 K 名同学的分数平均数。四舍五入保留两位小数。)

• 参考代码如下：

```
#include < iostream >
#include < algorithm >
#include < string >
#include < iomanip >
using namespace std;
main()
{
  int n,k,i;
  cin >> n;
  int a[30];
  for(i = 0;i < n;i++)
  {
    cin >> a[i];
  }
  cin >> k;
  sort(a,a + n,greater < int >());
  int sum = 0;
  for( i = 0;i < k;i++)
  {
    sum += a[i];
  }
  cout << fixed << setprecision(2)<< sum * 1.0/k << endl;
}
```

15.3 枚举算法思维拓展

(1) 一诺想买两根双节棍。她到商店里发现共有 $n(2 \leqslant n \leqslant 100)$根双节棍，第 i 根的长度为 $L_i(1 \leqslant L_i \leqslant 10\,000)$。她希望买下的两根双节棍的长度差尽可能小，请编程找到两根最合适的双节棍，并输出最小的长度差值(输入输出结果见图 15-6)。

（输入第一行是一个整数 n，表示商店里出售双节棍的数量，第二行是 n 个正整数，第 i 个数 L_i 表示第 i 根双节棍的长度。）

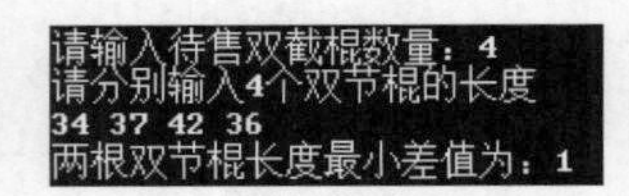

图 15-6 输入输出结果

- 参考代码如下：

```
#include <cstdio>
#include <iostream>
using namespace std;
int a[105];
main()
{
    int n,i,min = 1000;
      cout <<"请输入待售双截棍数量:";
    cin >> n;
      cout <<"请分别输入"<< n <<"个双节棍的长度"<< endl;
    for (i = 0; i < n; i++)
     {
      cin >> a[i];
    }
     for(i = 0;i < n;i++)
     {
       for(int j = i + 1;j < n;j++)
          {
          if(a[i] - a[j]< min&&a[i] - a[j]> = 0)
            min = a[i] - a[j];
          else if(a[i] - a[j]< 0)
            {
            if(a[j] - a[i]< min)
               {
               min = a[j] - a[i];
            }
          }
       }
    }
    cout <<"两根双节棍长度最小差值为:"<< min << endl;
}
```

（2）一诺在民族奶茶店打工，她把 n 个杯子排成一行，然后随意地往里面加上珍珠，已知第 i 个杯子的珍珠数目是 a_i。突然她想起来老板让她少用珍珠，必须满足相邻两个杯子里的珍珠数目不超过 m。现在她只能把多余的珍珠去掉，放回冰箱里。请计算最少需要去掉多少颗珍珠(输入输出结果见图 15-7)。

（第一行输入两个整数 n 和 m，第二行输入 n 个整数表示初始时每个杯子里的珍珠数目 a_i。）

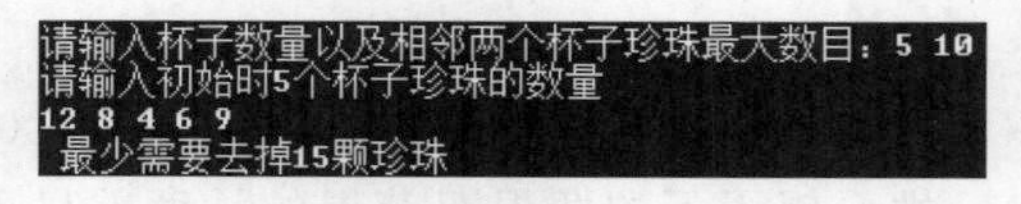

图 15-7 输入输出结果

• 参考代码如下：

```
#include <cstdio>
#include <iostream>
using namespace std;
int a[100005];
main()
{
   int n,m,i;
     cout <<"请输入杯子数量以及相邻两个杯子珍珠最大数目:";
   cin >> n >> m;
    cout <<"请输入初始时"<< n <<"个杯子珍珠的数量"<< endl;
   long ans = 0;
   for (i = 0; i < n; i++)
    {
     cin >> a[i];
   }
   for (i = 1; i < n; i++)
    {
     if (a[i] + a[i - 1] > m)
         {
          ans += a[i] + a[i - 1] - m;
          a[i] = m - a[i - 1];
          if(a[i]< 0)
               {
                 a[i] = 0;
                 a[i - 1] -= a[i] + a[i - 1];
          }
      }
   }
   cout <<" 最少需要去掉"<< ans <<"颗珍珠" << endl;
}
```

15.4 贪心算法思维拓展

(1) 由于乳制品产业利润较低，所以降低原材料(牛奶)价格显得尤为重要。请帮助一诺乳业找到最优的牛奶采购方案。一诺乳业从奶农手中采购牛奶，并且每一位奶农为乳制品加工企业提供的价格不同。每位奶农每天能提供的牛奶数量是一定的，一诺乳业每天可以从奶农手中采购到小于或者等于奶农最大产量的整数数量的牛奶。

若已知一诺乳业每天的牛奶需求量，以及每位奶农提供的牛奶单价和产量，请计算采购足够数量的牛奶所需的最小花费(输入输出结果见图 15-8)。

(第一行输入乳业每天的牛奶需求量 n 和奶农的数量 m，接下来的 m 行分别输入不同奶农牛奶的单价和可提供的产量。)

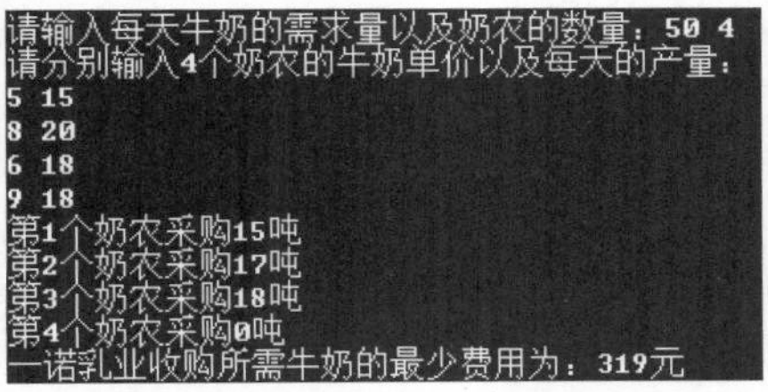

```
请输入每天牛奶的需求量以及奶农的数量: 50 4
请分别输入4个奶农的牛奶单价以及每天的产量:
5 15
8 20
6 18
9 18
第1个奶农采购15吨
第2个奶农采购17吨
第3个奶农采购18吨
第4个奶农采购0吨
一诺乳业收购所需牛奶的最少费用为: 319元
```

图 15-8 输入输出结果

• 参考代码如下：

```
#include <cstdio>
```

```
#include <algorithm>
#include <iostream>
using namespace std;
struct Node
{
  int p, x,f,l;
} a[5005];
bool cmp(Node p1,Node p2)
{
  return p1.p < p2.p;
}
int min(int a, int b)
{
 if (a < b)
      return a;
 else
      return b;
}
bool in(Node v1,Node v2){
return v1.f < v2.f;
}
main()
{
  int n, m,i;
   cout <<"请输入每天牛奶的需求量以及奶农的数量:";
  cin >> n >> m;
  cout <<"请分别输入"<< m <<"个奶农的牛奶单价以及每天的产量:"<< endl;
  for (i = 0; i < m; i++)
   {
      a[i].f = i + 1;
      cin >> a[i].p >> a[i].x;
  }
  sort(a,a + m,cmp);
  int ans = 0;
  for(i = 0;i < m;i++)
   {
    if(n!= 0)
      {
      int t = min(a[i].x,n);
      n -= t;
      ans += a[i].p * t;
      a[i].l = t;
    }
      else
      a[i].l = 0;
  }
   sort(a,a + m,in);
   for( i = 0;i < m;i++)
   {
      cout <<"第"<< a[i].f <<"个奶农采购"<< a[i].l <<"吨"<< endl;
   }
   cout <<"一诺乳业收购所需牛奶的最少费用为:"<< ans <<"元"<< endl;
}
```

15.5 指针与链表思维拓展

(1) 一诺在做实验时,记录了 n 次温度数据,现需编写一个函数计算所有温度的平均值,并取出其中小于 0°的温度数据。

• 参考代码如下:

```
#include <iostream>
#include <vector>
using namespace std;
double cal(vector<double> &a,vector<double> &res)
{
  double sum = 0;
   int i;
  for(i=0;i<a.size();i++)
   {
    sum+=a[i];
    if(a[i]<0)
      {
        res.push_back(a[i]);
      }
    }
    return sum/a.size();
  }
  int main()
  {
    int n,i;
    cin >> n;
    vector<double> vec(n), ans;
    for ( i = 0; i<n; i++)
     {
      cin >> vec[i];
   }
     cout << cal(vec,ans)<< endl;
    for (i = 0; i<ans.size(); i++)
     {
      cout << ans[i] << " ";
    }
    return 0;
}
```

15.6 数学问题思维拓展

(1) 小笨猪的词汇量很少,每次做英语选择题都很头疼。但是它找到了一种方法,经试验证明,用这种方法做选项时选对的概率非常大。方法具体描述如下:假设 max_n 是单词中出现次数最多的字母的出现次数,min_n 是单词中出现次数最少的字母的出现次数,如果 max_n-min_n 是一个质数,则小笨猪将该单词标识为“Lucky Word”,这样的单词是正确答案的可能性很大(输入输出结果见图 15-9)。

(输入 1 个单词,其中只出现小写字母,且长度小于 100；输出两行,如果输入的单词是 Lucky Word,则第 1 行输出“Lucky Word”,第二行输出 max_n－min_n 的值,否则第 1 行输出“Not Lucky ”,第 2 行输出 0。)

```
请输入一个单词：wolikebenzhupiglalblclalclml
Lucky Word
字母数量差为质数?
```

图 15-9　输入输出结果

- 参考代码如下：

```
#include <bits/stdc++.h>
using namespace std;
int a[26];
main()
{
  int f = 0,d = 100,j = 0,i;
  bool is = false;
  string s;
    cout <<"请输入一个单词:";
  cin >> s;
  for(i = 0;i < s.size();i++)
  {
    a[s[i] - 'a']++;
}
  for(i = 0;i < 26;i++)
  {
    if(a[i]> f)
    {
        f = a[i];
    }
    if(a[i]> 0&&a[i]< d)
    {
        d = a[i];
    }
  }
  j = f - d;
  if(j == 0||j == 1)
  {
    is = true;
  }
  for(i = 2;i * i <= j;i++)
  {
        if(j % i == 0)
        {
            is = true;
            break;
        }
  }
```

```
    if(is == false)
    {
        cout <<"Lucky Word"<< endl <<"字母数量差为质数"<< j << endl;
    }
    else
    {
        cout <<"No Answer"<< endl << 0 << endl;
    }
}
```

(2) 已知正整数 n 是两个不同质数的乘积,试求出两者中较大的那个质数(输入输出结果见图 15-10)。

请输入任意两个质数的乘积结果：39
较大的质数为：13

图 15-10　输入输出结果

- 参考代码如下:

```
#include <bits/stdc++.h>
using namespace std;
main()
{
    int n,a[2],x = 0,i;
    bool is = true,io = true;
    cout <<"请输入任意两个质数的乘积结果:";
    cin >> n;
    for(i = 2;i * i <= n;i++)
    {
        int p = n/i;
        if(p * i == n)
        {
            a[0] = i;
            a[1] = p;
        }
    }
    for(i = 2;i * i <= a[0];i++)
    {
        if(a[0] % i == 0)
        {
            is = false;
            break;
        }
    }
    for(i = 2;i * i <= a[1];i++)
    {
        if(a[1] % i == 0)
        {
            io = false;
            break;
        }
    }
    if(io == true&&is == true)
    {
        cout <<"较大的质数为:"<< a[1]<< endl;
    }
}
```

(3) 一诺为出国留学要准备雅思考试，她每天早上起来都要背英语单词。小叶子经常来考一诺：小叶子会询问一诺某个单词，如果一诺背过这个单词，她会告诉小叶子这个单词的意思，否则一诺会跟小叶子说没有背过。单词是由连续的大写或者小写字母组成。注意：单词中字母的大小写是等价的，即不区分大小写(输入输出结果见图 15-11)。

```
请输入事件数: 6
请输入具体的6个事件（测试或记住过单词）:
0 Congratulation
1 holiday
No
0 holiday
0 Minzu
1 Holiday
Yes
1 Congratulation
Yes
```

图 15-11　输入输出结果

(首先输入一个 n ($1 \leqslant n \leqslant 100\ 000$) 表示事件数。接下来的 n 行，每行表示一个事件。每个事件输入为一个整数 d 和一个单词 *word*(单词长度不大于20)。如果 $d=0$，表示一诺已经记住该单词，如果 $d=1$，表示这是小叶子对一诺进行的测试，测试其是否记住过该单词，如果测试记住过该单词，输出 Yes，否则输出 No。)

• 参考代码如下：

```
#include < bits/stdc++.h >
using namespace std;
main()
{
    set < string > n;
    string a;
    int m;
    cout <<"请输入事件数:";
    cin >> m;
    cout <<"请输入具体的"<< m <<"个事件(测试或记住过单词): "<< endl;
     for(int i = 0;i < m;i++)
     {
       int b;
       cin >> b;
       cin >> a;
       for(int j = 0;j < a.size();j++)
        {
           if(a[j]> = 'A'&&a[j]< = 'Z')
          {
              a[j] -= 'A' - 'a';
           }
        }
       if(b == 0)
        {
           n.insert(a);
        }
        else
        {
           if(n.count(a))
            {
              cout <<"Yes"<< endl;
            }
            else
            {
```

```
                    cout <<"No"<< endl;
                }
            }
        }
    }
```

(4) 现有两个集合{A}和{B},计算其并集,即{A}+{B}。{A}+{B} 中不允许出现重复元素,但是{A}与{B} 之间可有相同元素(输入输出结果见图 15-12)。

(输入数据分为 3 行,第一行两个数字 n,m ($0<n,m\leqslant 10\ 000$),分别表示集合 A 和集合 B 的元素个数;后两行分别表示集合 A 和集合 B,且每个元素是不超出 int 范围的整数;输出合并后的集合数据且按照升序排序。)

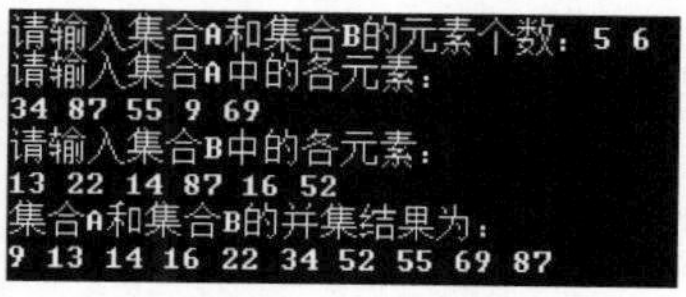

```
请输入集合A和集合B的元素个数: 5 6
请输入集合A中的各元素:
34 87 55 9 69
请输入集合B中的各元素:
13 22 14 87 16 52
集合A和集合B的并集结果为:
9 13 14 16 22 34 52 55 69 87
```

图 15-12 输入输出结果

• 参考代码如下:

```
#include<bits/stdc++.h>
using namespace std;
main(){
    set<int> c;
    int n,m,i;
    cout <<"请输入集合 A 和集合 B 的元素个数:";
    cin>> n>> m;
    cout <<"请输入集合 A 中的各元素:"<< endl;
    for(i = 0;i < n;i++)
     {
        int x;
        cin>> x;
        c.insert(x);
    }
     cout <<"请输入集合 B 中的各元素:"<< endl;
    for(i = 0;i < m;i++)
     {
        int x;
        cin>> x;
        c.insert(x);
    }
     cout <<"集合 A 和集合 B 的并集结果为:"<< endl;
     for(set<int>::iterator it = c.begin();it!= c.end();it++)
     {
        cout << * it <<" ";
    }
    cout << endl;
}
```

习题参考答案

参 考 文 献

［1］ 钱能. C++程序设计教程[M]. 3 版. 北京：清华大学出版社，2019.

［2］ 谭浩强. C++程序设计[M]. 3 版. 北京：清华大学出版社，2019.

［3］ MEYERS S. Effective C++中文版[M]. 侯捷，译. 2 版. 武汉：华中科技大学出版社，2001.

［4］ ECKEL B. C++编程思想[M]. 刘宗田，等译. 北京：机械工业出版社，2000.

［5］ DEITEL H M，DEITEL P J. C++程序设计教程[M]. 施平安，译. 4 版. 北京：清华大学出版社，2004.

［6］ 杨进才，沈显君，刘蓉. C++语言程序设计教程[M]. 北京：清华大学出版社，2006.

［7］ 郑莉，董渊. C++语言程序设计[M]. 4 版. 北京：清华大学出版社，2020.

图书资源支持

感谢您一直以来对清华大学出版社图书的支持和爱护。为了配合本书的使用，本书提供配套的资源，有需求的读者请扫描下方的“书圈”微信公众号二维码，在图书专区下载，也可以拨打电话或发送电子邮件咨询。

如果您在使用本书的过程中遇到了什么问题，或者有相关图书出版计划，也请您发邮件告诉我们，以便我们更好地为您服务。

我们的联系方式：

地　　址：北京市海淀区双清路学研大厦 A 座 714

邮　　编：100084

电　　话：010-83470236　010-83470237

资源下载：http://www.tup.com.cn

客服邮箱：tupjsj@vip.163.com

QQ：2301891038（请写明您的单位和姓名）

教学资源 · 教学样书 · 新书信息

人工智能科学与技术
人工智能|电子通信|自动控制

资料下载 · 样书申请

书圈

用微信扫一扫右边的二维码，即可关注清华大学出版社公众号。